电工一本通

主编 ◎ 韩雪涛

副主编 ◎ 吴 瑛 韩广兴

人民邮电出版社

北 京

图书在版编目（CIP）数据

电工一本通 / 韩雪涛主编. -- 北京 ：人民邮电出版社，2018.10（2023.1重印）
ISBN 978-7-115-49010-0

Ⅰ．①电… Ⅱ．①韩… Ⅲ．①电工技术－图解 Ⅳ.
①TM-64

中国版本图书馆CIP数据核字(2018)第171763号

内 容 提 要

　　本书采用全彩色图解的形式，以电工行业的工作要求和规范作为依据，全面系统地介绍了电工的相关知识。通过对内容的学习，电工初学者不仅可以轻松入门掌握电工的基础知识，而且还可以深入掌握电工相关技能，并在工作中熟练应用，最终成为一名合格的电工技术人员。

　　本书内容包括：电工基础、电工操作安全与急救、电气部件的特点与电路控制关系、变压器与电动机、电工焊接技能、电工工具与电工检测仪表、电工布线技能、供配电电路、照明控制电路、电动机控制电路、农机控制电路、照明控制系统、供配电系统、电力拖动系统的设计安装与调试检修、变频器与变频电路、PLC 与 PLC 控制电路等。本书对电工知识的讲解全面详细，理论和实践操作相结合，内容由浅入深，语言通俗易懂，全书层次分明，重点突出，非常方便读者学习。

　　本书采用微视频讲解互动的全新教学模式，在内页重要知识点相关图文的旁边附印了二维码。读者只要用手机扫描书中相关知识点的二维码，即可在手机上实时浏览对应的教学视频，视频内容与图书涉及的知识完全匹配，复杂难懂的图文知识通过相关专家的语言讲解，帮助读者轻松领会，这不仅进一步方便了学习，而且还大大提升了本书内容的学习价值。

　　本书可供电工学习使用，也可供职业院校、培训学校相关专业的师生学习使用。

　◆　主　　编　韩雪涛
　　　副 主 编　吴　瑛　韩广兴
　　　责任编辑　黄汉兵
　　　责任印制　彭志环
　◆　人民邮电出版社出版发行　　北京市丰台区成寿寺路 11 号
　　　邮编　100164　电子邮件　315@ptpress.com.cn
　　　网址　http://www.ptpress.com.cn
　　　固安县铭成印刷有限公司印刷
　◆　开本：787×1092　1/16
　　　印张：24.5　　　　　　2018 年 10 月第 1 版
　　　字数：588 千字　　　　2023 年 1 月河北第 12 次印刷

定价：99.00 元

读者服务热线：(010)81055493　印装质量热线：(010)81055316
反盗版热线：(010)81055315

前言

随着社会整体电气化水平的提升、城镇建设步伐的加快，电工领域的就业空间越来越大。从生活用电到工业用电，从电工操作到电气规划设计，社会为从业者提供了广阔的就业岗位。越来越多的人希望从事电工领域的相关工作，大量农村劳动力也逐渐转向电气技能型的工作岗位。然而，人力资源市场充足的人员储备并没有及时解决强烈的市场需求的问题。如何让初学者能够在短时间内掌握电工从业的知识和技能成为目前电工培训过程中面临的最大问题。

与其他就业岗位不同，电工领域的很多工作都存在一定程度的危险，需要从业人员不仅具备专业的理论知识，同时还要经过专业的技能培训，掌握技能操作的要点，知晓作业过程中的风险，并兼具处理解决突发事故的能力。因此，对于电工技能类培训图书而言不单单是讲授专业知识，更要注重技能的培养和能力的锻炼。

本书是一本适合电工入门与提高的图书，其内容由浅入深，语言通俗易懂，电工初学者可以通过对本书的学习建立系统的电工知识架构。为使读者能够在短时间内掌握电工的技能，本书在知识技能的讲授中充分发挥图解的特色，根据读者的需求，进行知识架构的全新整合，依托实训项目，通过以"图"代"解"，以"解"说"图"的形式向读者传授电工的知识技能。力求将电工的知识及应用以最直观的方式呈现给读者。

本书以行业标准为依托，注重知识性、系统性、操作性的结合。内容具备很强的实用性，能在读者从事电工及相关技术工作中真正起到良好的指导作用。

为了确保专业品质，本书由数码维修工程师鉴定指导中心组织编写，由全国电子行业专家韩广兴教授亲自指导，编写人员有行业资深工程师、高级技师和一线教师，使读者在学习过程中如同有一群专家在身边指导，将学习和实践中需要注意的重点、难点一一化解，大大提升学习效果。另外，本书充分结合多媒体教学的特点，首先，图书在内容的制作上大胆进行多媒体教学模式的创新，将传统的"读文"学习变为"读图"学习。其次，图书还开创了数字媒体与传统纸质载体交互的全新教学方式。学习者可以通过手机扫描书中的二维码，同步实时浏览对应知识点的数字媒体资源。数字媒体教学资源与图书的图文资源相互衔接，相互补充，充分调动学习者的主观能动性，确保学习者在短时间内获得最佳的学习效果。

丛书得到了数码维修工程师鉴定指导中心的大力支持。读者可登录数码维修工程师的官方网站获得超值技术服务。

本书由韩雪涛任主编，吴瑛、韩广兴任副主编，参加本书内容整理工作的还有张丽梅、宋明芳、朱勇、吴玮、吴惠英、张湘萍、高瑞征、韩雪冬、周文静、吴鹏飞、唐秀鸯、王新霞、马梦霞、张义伟。

编 者

读者通过学习与实践还可参加相关资质的国家职业资格或工程师资格认证，可获得相应等级的国家职业资格或数码维修工程师资格证书。如果读者在学习和考核认证方面有什么问题，可通过以下方式与我们联系：
数码维修工程师鉴定指导中心
联系电话：022-83718162/83715667/13114807267
E-mail:chinadse@163.com
地址：天津市南开区榕苑路 4 号天发科技园 8-1-401
邮编 300384

■ 编委会

目录

第 9 章 照明控制电路（P182）

第 10 章 电动机控制电路（P198）

第1章　电工基础

1.1　直流电路和交流电路

1.1.1　直流电路

直流电路是指电流流向不变的电路，是由直流电源、控制器件及负载（电阻、灯泡、电动机等）构成的闭合导电回路。

图 1-1 为简单的直流电路。

精彩演示

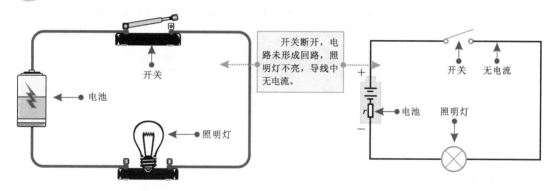

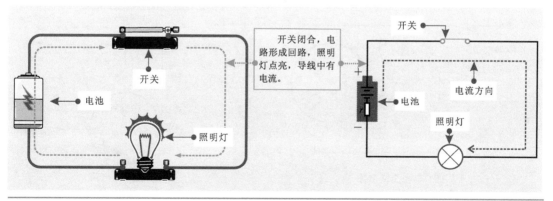

图 1-1　简单的直流电路

重要提示

图 1-1 所示电路是将一个控制器件（开关）、一个电池和一个灯泡（负载）通过导线首尾相连构成的简单直流电路。当开关闭合时，直流电流可以流通，灯泡点亮，此时灯泡处的电压与电池电压值相等；当开关断开时，电流被切断，灯泡熄灭。

在直流电路中，电流和电压是两个非常重要的基本参数，如图 1-2 所示。

📹 精彩演示

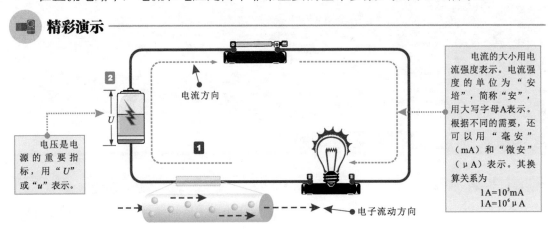

电流方向

电压是电源的重要指标，用"U"或"u"表示。

U

电子流动方向

电流的大小用电流强度表示。电流强度的单位为"安培"，简称"安"，用大写字母A表示。根据不同的需要，还可以用"毫安"（mA）和"微安"（μA）表示。其换算关系为

1A=10³mA
1A=10⁶μA

图 1-2　直流电路中的基本参数

🚩 重要提示

电流是指在一个导体的两端加上电压，导体中的电子在电场作用下做定向运动形成的电子流。
电压就是带正电体与带负电体之间的电势差。

1.1.2　交流电路

交流电路是指电压和电流的大小和方向随时间做周期性变化的电路，是由交流电源、控制器件和负载（电阻、灯泡、电动机等）构成的。常见的交流电路主要有单相交流电路和三相交流电路两种，如图 1-3 所示。

📹 精彩演示

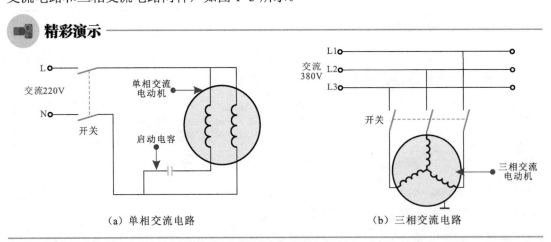

L
交流220V
N
开关
单相交流电动机
启动电容

（a）单相交流电路

L1
交流 L2
380V L3
开关
三相交流电动机

（b）三相交流电路

图 1-3　常见的交流电路

① 单相交流电路

单相交流电路一般是指交流 220V/50Hz 的供电电路。这是我国公共用电的统一标准，交流 220V 电压是指火线（相线）对零线的电压，一般的家庭用电都是单相交流电路。

　　单相交流电路主要由单相供电电源、控制器件和负载构成。图1-4为典型家庭照明供电电路，属于典型的单相交流电路。

精彩演示

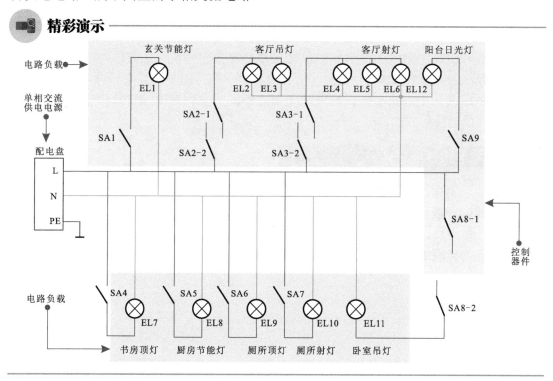

图1-4　典型家庭照明供电电路

2 三相交流电路

　　三相交流电路是指电源由三条相线来传输，三条相线之间的电压大小相等，都为380V，频率相同，都为50Hz，每条相线与零线之间的电压均为220V。

　　三相交流电路主要由三相供电电源、控制器件和负载构成。图1-5为一种简单的电力拖动控制电路，属于典型的三相交流电路。

精彩演示

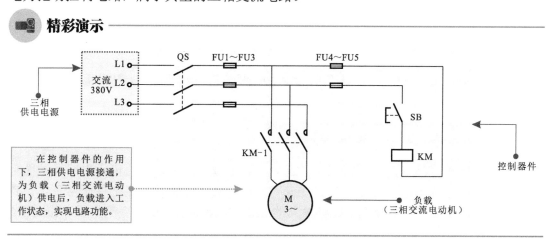

图1-5　一种简单的电力拖动控制电路

1.2 直流供电方式与交流供电方式

1.2.1 直流供电方式

在生活和生产中用电池供电的电器都采用直流供电方式，如低压小功率照明、直流电动机等，还有许多电器利用交流—直流变换器，将交流变成直流后再为电器供电。

直流电路的供电方式根据直流电源类型的不同，主要有电池直接供电、交流—直流变换电路供电两种方式。

1 电池直接供电方式

干电池、蓄电池都是家庭最常见的直流电源，由这类电池供电是直流电路的最直接供电方式。一般采用直流电动机的小型电器产品、小灯泡、指示灯及大多电工用仪表类设备（万用表、钳形表等）都采用这种供电方式。

图 1-6 为典型的电池直接供电电路（直流电动机供电电路）。

📹 **精彩演示**

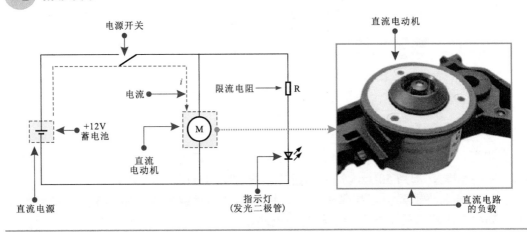

图 1-6 典型的电池直接供电电路

重要提示

+12V 蓄电池经电源开关为直流电动机供电；当闭合电源开关时，由蓄电池正极输出电流，经电源开关、直流电动机到蓄电池负极构成回路。直流电动机线圈中有电流流过，启动运转。

2 交流—直流变换电路供电方式

在家用电子产品中，一般都连接 220V 交流电源，而电路中的单元电路及功能部件多需要直流方式供电。因此，若想使家用电子产品各电路及功能部件正常工作，首先就需要通过交流—直流变换电路将输入的 220V 交流电压变换成直流电压，如图 1-7 所示。

图 1-8 为采用交流—直流变换电路供电的电路。

📹 精彩演示

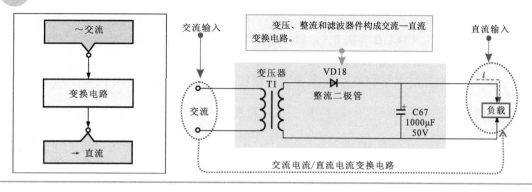

图 1-7　交流—直流变换电路供电方式

🪧 重要提示

交流 220V 电压经变压器降压后输出交流低压，再经整流二极管整流、滤波电容器滤波后变为直流低压，为负载提供稳定的直流电压。

📹 精彩演示

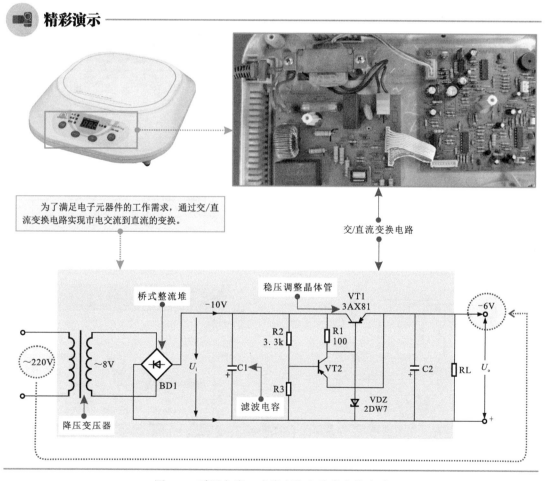

图 1-8　采用交流—直流变换电路供电的电路

1.2.2 单相交流供电方式

单相交流电路主要有单相两线式、单相三线式两种供电方式。

单相两线式是指仅由一根相线（L）和一根零线（N）构成，通过这两根线获取220V 单相电压，为用电设备供电。

一般的家庭照明支路和两孔插座多采用单相两线式供电方式，如图 1-9 所示。

精彩演示

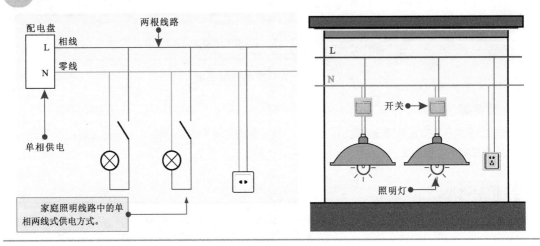

图 1-9　单相两线式供电方式

图 1-10 为单相三线式供电方式。

精彩演示

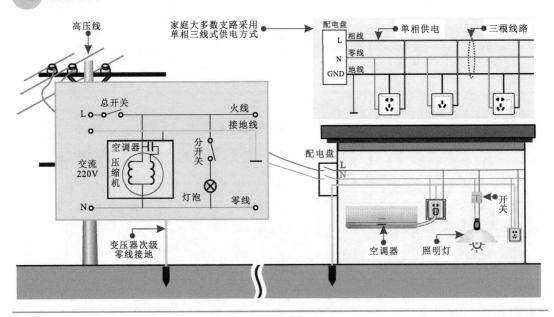

图 1-10　单相三线式供电方式

重要提示

单相三线式交流电路是指由一根火线（相线）、一根零线和一根地线组成的交流电路。用户的火线和零线来自高压变压器，地线则是住宅的接地线。由于不同的接地点存在一定的电位差，因而零线与地线之间可能有一定的电压。

1.2.3　三相交流供电方式

三相交流电路主要有三相三线式、三相四线式和三相五线式 3 种供电方式。

图 1-11 为三相三线式供电方式。

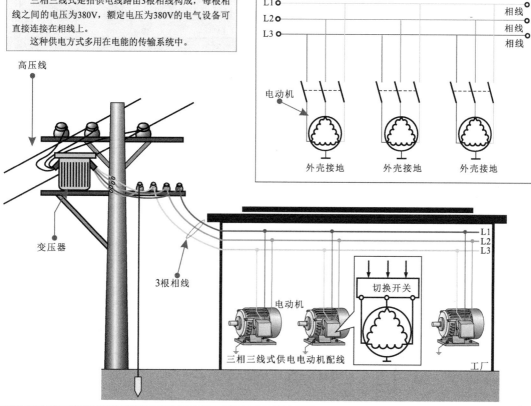

精彩演示

三相三线式是指供电线路由3根相线构成，每根相线之间的电压为380V，额定电压为380V的电气设备可直接连接在相线上。

这种供电方式多用在电能的传输系统中。

图 1-11　三相三线式供电方式

图 1-12 为典型的三相四线式供电方式。

 重要提示

在三相四线式供电方式中，在三相负载不平衡和低压电网的零线过长且阻抗过大时，零线将有零序电流通过，过长的低压电网，由于环境恶化、导线老化、受潮等因素，导线的漏电电流通过零线形成闭合回路，致使零线也带一定的电位，这对安全运行十分不利。在零线断线的特殊情况下，单相设备和所有保护接零的设备会产生危险电压，这是不允许的。

精彩演示

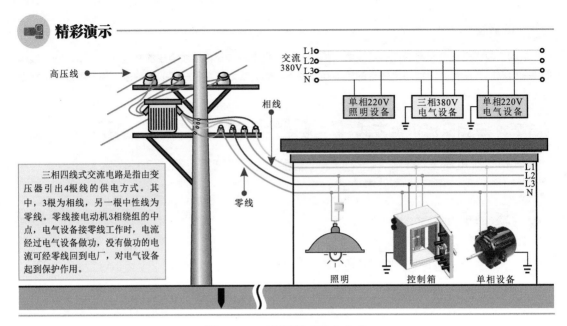

图 1-12　三相四线式供电方式

图 1-13 为三相五线式供电方式。

精彩演示

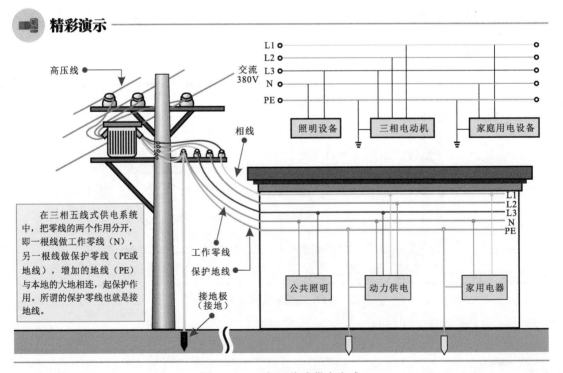

图 1-13　三相五线式供电方式

重要提示

采用三相五线式供电方式时，用电设备上所连接的工作零线 N 和保护零线 PE 是分别敷设的。工作零线上的电压不能传递到用电设备的外壳上，能消除设备产生危险电压的隐患。

第2章 电工操作安全与急救

2.1 电工触电危害与产生原因

2.1.1 触电的危害

触电是电工作业中最常发生的，也是危害最大的一类事故。触电所造成的危害主要体现在，当人体接触或接近带电体造成触电事故时，电流流经人体可对接触部位和人体内部器官等造成不同程度的伤害，甚至威胁到生命，造成严重的伤亡事故。

触电电流是造成人体伤害的主要原因。触电电流的大小不同，触电引起的伤害也会不同。触电电流按照伤害大小可分为感觉电流、摆脱电流、伤害电流和致死电流，如图2-1所示。

精彩演示

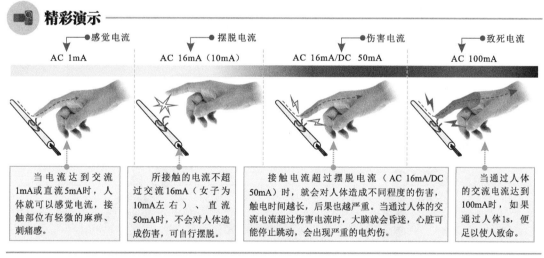

图2-1 触电电流的大小

根据触电电流危害程度的不同，触电的危害主要表现为"电伤"和"电击"两大类。

其中，"电伤"主要是指电流通过人体某一部分或电弧效应而造成的人体表面伤害，主要表现为烧伤或灼伤，如图2-2所示。

在一般情况下，虽然"电伤"不会直接造成十分严重的伤害，但可能会因电伤造成精神紧张等情况，从而导致摔倒、坠落等二次事故，间接造成严重危害，需要注意防范，如图2-3所示。

"电击"是指电流通过人体内部造成内部器官，如心脏、肺部和中枢神经等的损伤。电流通过心脏时，危害性最大。相比较来说，"电击"比"电伤"造成的危害更大，如图2-4所示。

精彩演示

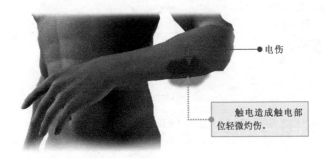

电伤

触电造成触电部位轻微灼伤。

图 2-2　电伤对人体的危害

精彩演示

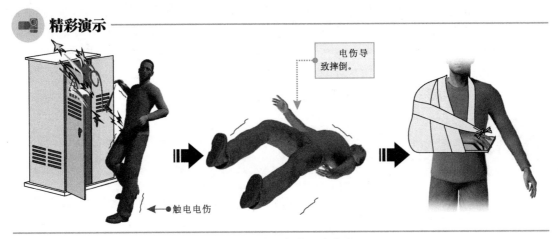

电伤导致摔倒。

触电电伤

图 2-3　电伤引起的二次伤害

精彩演示

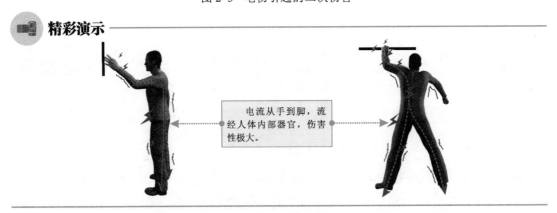

电流从手到脚，流经人体内部器官，伤害性极大。

图 2-4　电击对人体的伤害

重要提示

　　值得一提的是，不同的触电电流频率对触电者造成的损害也会有差异。实验证明，触电电流的频率越低，对人身的伤害越大，频率为 40 ～ 60Hz 的交流电对人体更为危险，随着频率的增高，触电危险的程度会随之下降。

　　除此之外，触电者自身的状况也在一定程度上会影响触电造成的伤害。身体健康状况、精神状态及表面皮肤的干燥程度、触电的接触面积和穿着服饰的导电性都会对触电伤害造成影响。

2.1.2 触电事故的分类

人体组织中有 60% 以上是由含有导电物质的水分组成的。人体是导体，当人体接触设备的带电部分并形成电流通路时，就会有电流流过人体造成触电，如图 2-5 所示。

精彩演示

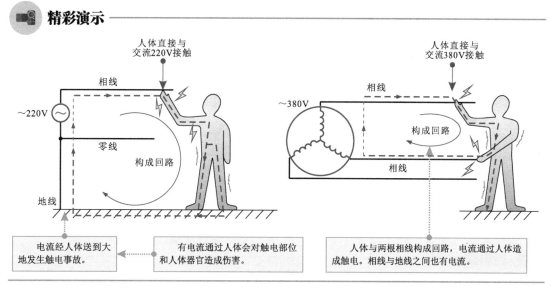

图 2-5   人体触电的原因

触电事故是电工作业中威胁人身安全的严重事故。触电事故产生的原因多种多样，大多是因作业疏忽或违规操作，使身体直接或间接接触带电部位造成的。在电工操作过程中容易发生的触电危险有 3 类：一是单相触电，二是两相触电，三是跨步触电。

1   **单相触电**

单相触电是指在地面上或其他接地体上，人体的某一部分触及带电设备或线路中的某相带电体时，一相电流通过人体经大地回到中性点引起的触电。常见的单相触电多为电工操作人员在工作中因操作失误、工作不规范、安全防护不到位或非电工专业人员用电安全意识不到位等原因引起的。

（1）作业疏忽或违规操作易引发单相触电事故

电工人员连接线路时，因为操作不慎，手碰到线头引起单相触电事故；或是因为未在线路开关处悬挂警示标志和留守监护人员，致使不知情人员闭合开关，导致正在操作的人员发生单相触电，如图 2-6 所示。

（2）设备安全措施不完善易引发单相触电事故

电工人员进行作业时，若工具绝缘失效、绝缘防护措施不到位、未正确佩戴绝缘防护工具等，极易与带电设备或线路碰触，进而造成触电事故，如图 2-7 所示。

（3）安全防护不到位易引发单相触电事故

电工操作人员在进行线路调试或维修过程中，未佩戴绝缘手套、绝缘鞋等防护措施，碰触到裸露的电线（正常工作中的配电线路，有电流流过），造成单相触电事故，如图 2-8 所示。

精彩演示

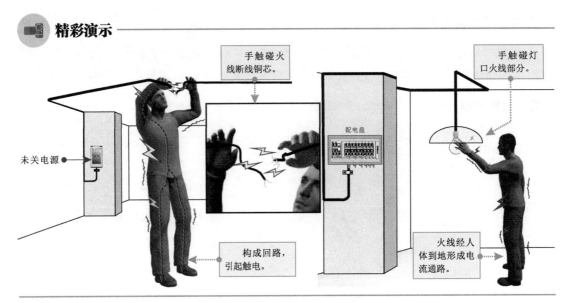

图 2-6 作业疏忽或违规操作易引发单相触电事故

精彩演示

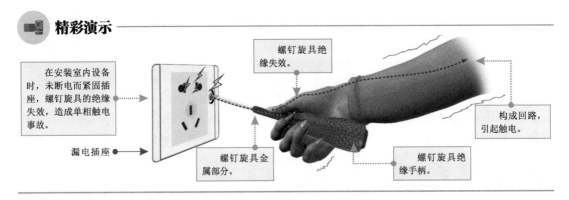

图 2-7 设备安全措施不完善易引发单相触电事故

精彩演示

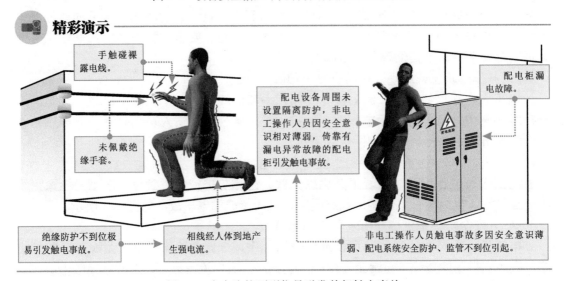

图 2-8 安全防护不到位易引发单相触电事故

（4）安全意识薄弱易引发单相触电事故

电工作业的危险性要求所有电工人员必须具备强烈的安全意识，安全意识薄弱易引发触电事故，如图 2-9 所示。

精彩演示

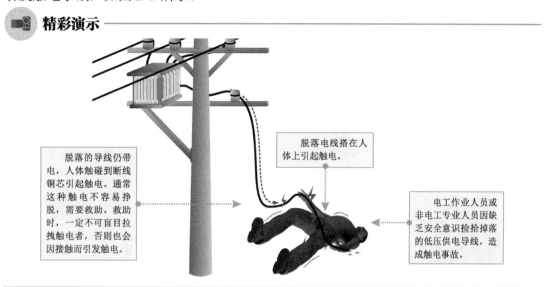

图 2-9　安全意识薄弱易引发单相触电事故

2　两相触电

两相触电是指人体两处同时触及两相带电体（三根相线中的两根）所引起的触电事故。这时人体承受的是交流 380V 电压，危险程度远大于单相触电，轻则导致烧伤或致残，严重会引起死亡。图 2-10 为两相触电示意图。

精彩演示

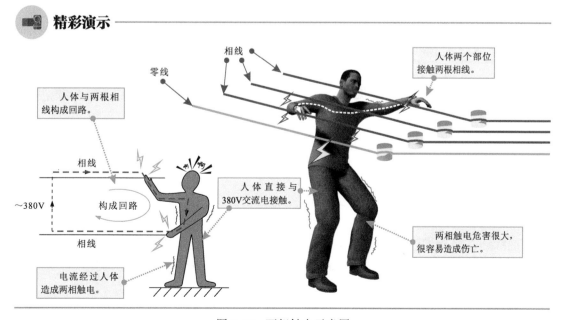

图 2-10　两相触电示意图

3   **跨步触电**

　　高压输电线掉落到地面上时，由于电压很高，因此电线断头会使一定范围（半径为 8～10m）的地面带电。以电线断头处为中心，离电线断头越远，电位越低。如果此时有人走入这个区域，则会造成跨步电压触电，步幅越大，造成的危害也就越大。

　　图 2-11 为跨步触电示意图。

📷 **精彩演示**

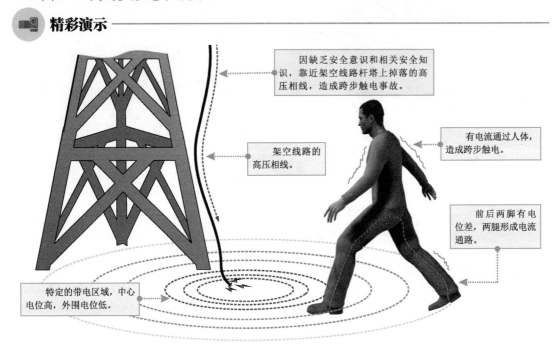

因缺乏安全意识和相关安全知识，靠近架空线路杆塔上掉落的高压相线，造成跨步触电事故。

架空线路的高压相线。

有电流通过人体，造成跨步触电。

前后两脚有电位差，两腿形成电流通路。

特定的带电区域，中心电位高，外围电位低。

图 2-11　跨步触电示意图

2.2　电工触电的防护措施与应急处理

2.2.1　防止触电的基本措施

　　由于触电的危害性较大，造成的后果非常严重，为了防止触电的发生，必须采用可靠的安全技术措施。目前，常用的防止触电的基本安全措施主要有绝缘、屏护、间距、安全电压、漏电保护、保护接地与保护接零等几种。

1   **绝缘**

　　绝缘通常是指通过绝缘材料使带电体与带电体之间、带电体与其他物体之间进行电气隔离，使设备能够长期安全、正常工作，同时防止人体触碰带电部分，避免发生触电事故。

　　良好的绝缘是设备和线路正常运行的必要条件，也是防止直接触电事故的重要措施，如图 2-12 所示。

精彩演示

绝缘手套

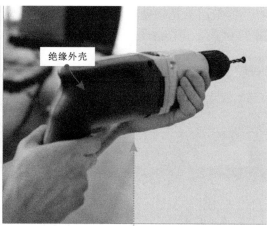

绝缘外壳

操作人员拉合电气设备刀闸时应佩戴绝缘手套，实现与电气设备操作杆之间的电气隔离。

电工操作中的大多数工具、设备等采用绝缘材料制成外壳或手柄，实现与内部带电部分的电气隔离。

图 2-12 电工操作中的绝缘措施

 重要提示

目前，常用的绝缘材料有玻璃、云母、木材、塑料、胶木、布、纸、漆等，每种材料的绝缘性能和耐压数值都有所不同，应视情况合理选择。绝缘手套、绝缘鞋及各种维修工具的绝缘手柄都是为了起到绝缘防护的作用。

绝缘材料在腐蚀性气体、蒸气、潮气、粉尘、机械损伤的作用下，绝缘性能会下降，应严格按照电工操作规程进行操作，使用专业的检测仪对绝缘手套和绝缘鞋定期进行绝缘和耐高压测试，如图 2-13 所示。

 精彩演示

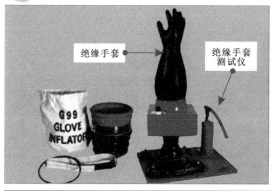

绝缘手套

绝缘手套测试仪

G99 GLOVE INFLATOR

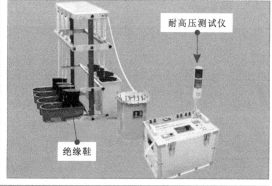

耐高压测试仪

绝缘鞋

图 2-13 绝缘和耐高压测试

 重要提示

对绝缘工具的绝缘性能、绝缘等级进行定期检查，周期通常为一年左右。防护工具应当进行定期耐压检测，周期通常为半年左右。

2 **屏护**

屏护通常是指使用防护装置将带电体所涉及的场所或区域范围进行防护隔离，如图 2-14 所示，防止电工操作人员和非电工人员因靠近带电体而引发直接触电事故。

精彩演示

图 2-14　屏护措施

重要提示

常见的屏护防护措施有围栏屏护、护盖屏护、箱体屏护等。屏护装置必须具备足够的机械强度和较好的耐火性能。若材质为金属材料，则必须采取接地（或接零）处理，防止屏护装置意外带电造成触电事故。屏护应按电压等级的不同而设置，变配电设备必须安装完善的屏护装置。通常，室内围栏屏护高度不应低于 1.2m，室外围栏屏护高度不应低于 1.5m，栏条间距不应大于 0.2m。

3 **间距**

间距一般是指进行作业时，操作人员与设备之间、带电体与地面之间、设备与设备之间应保持的安全距离，如图 2-15 所示。正确的间距可以防止人体触电、防止电气短路事故、防止火灾等事故的发生。

 精彩演示

  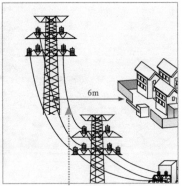

图 2-15　间距措施

资料扩展

　　带电体电压不同，类型不同，安装方式不同等，要求操作人员作业时所需保持的间距也不一样。安全间距一般取决于电压、设备类型、安装方式等相关的因素。表 2-1 为间距类型及说明。

表 2-1　间距类型及说明

间距类型	说明
线路间距	线路间距是指厂区、市区、城镇低压架空线路的安全距离。一般情况下，低压架空线路导线与地面或水面的距离不应低于6m。330kV线路与附近建筑物之间的距离不应小于6m
设备间距	电气设备或配电装置的装设应考虑到搬运、检修、操作和试验的方便性。为确保安全，电气设备周围需要保持必要的安全通道。例如，在配电室内，低压配电装置正面通道宽度，单列布置时应不小于1.5m。另外，带电设备与围栏之间也应满足安全距离要求（具体数值参考本书中的"带电设备部分到各种围栏的安全距离"表中规定）
检修间距	检修间距是指在维护检修中人体及所带工具与带电体之间、与停电设备之间必须保持的足够的安全距离（具体数值参考本书中的"工作人员工作中正常活动范围与带电设备的安全距离"和"设备不停电时的安全距离"表中规定）。 起重机械在架空线路附近进行作业时，要注意其与线路导线之间应保持足够的安全距离

4 安全电压

　　安全电压是指为了防止触电事故而规定的一系列不会危及人体的安全电压值，即把可能加在人身上的电压限制在某一范围之内，在该范围内电压下通过人体的电流不超过允许的范围，不会造成人身触电，如图 2-16 所示。

 精彩演示

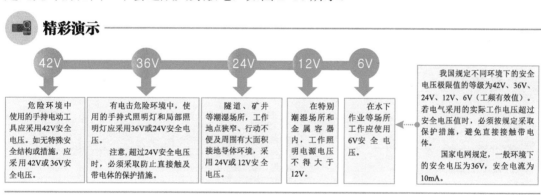

图 2-16　安全电压

 重要提示

　　需要注意，安全电压仅为特低电压保护形式，不能认为仅采用了"安全"特低电压电源就可以绝对防止电击事故发生。安全特低电压必须由安全电源供电，如安全隔离变压器、蓄电池及独立供电的柴油发电机，即使在故障时仍能够确保输出端子上的电压不超过特低电压值的电子装置电源等。

5 漏电保护

　　漏电保护是指借助漏电保护器件实现对线路或设备的保护，防止人体触及漏电线路或设备时发生触电危险。

　　漏电是指电气设备或线路绝缘损坏或其他原因造成导电部分破损时，如果电气设备的金属外壳接地，那么此时电流就由电气设备的金属外壳经大地构成通路，从而形成电流，即漏电电流。当漏电电流达到或超过其规定允许值（一般不大于 30mA）时，漏电保护器件能够自动切断电源或报警，以保证人身安全，如图 2-17 所示。

精彩演示

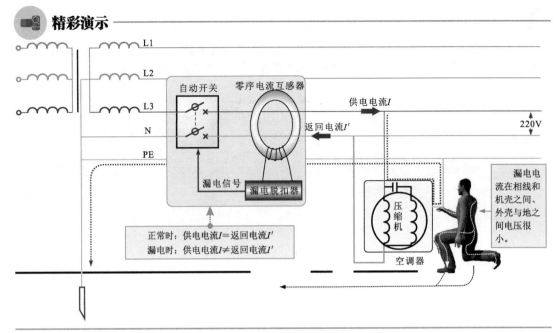

图 2-17　电工线路的漏电保护

6　**保护接地与保护接零**

保护接地和保护接零是间接触电防护措施中最基本的措施，如图 2-18 所示。

精彩演示

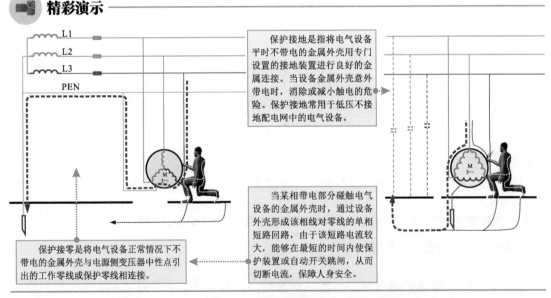

图 2-18　保护接地和保护接零是间接触电防护措施中最基本的措施

2.2.2　摆脱触电的应急措施

触电事故发生后，救护者要保持冷静，首先观察现场，推断触电原因后，采取最直接、最有效的方法实施救援，让触电者尽快摆脱触电环境，如图 2-19 所示。

精彩演示

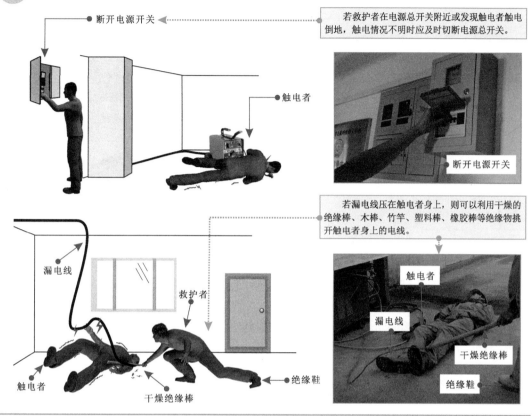

图 2-19 摆脱触电环境

 重要提示

整个施救过程要迅速、果断。尽可能利用现场现有资源实施救援以争取宝贵的救护时间。绝对不可直接拉拽触电者，否则极易造成连带触电。

2.2.3 触电急救的应急措施

触电者脱离触电环境后，应让触电者仰卧，并迅速解开触电者的衣服、腰带等，保证其正常呼吸，疏散围观者，保证周围空气畅通，同时拨打120急救电话。做好以上准备工作后，就可以根据触电者的情况做相应的救护。

1 呼吸、心跳情况的判断

当发生触电事故时，若触电者意识丧失，应在10s内迅速观察并判断伤者呼吸及心跳情况，如图2-20所示。

若触电者神志清醒，但有心慌、恶心、头痛、头昏、出冷汗、四肢发麻、全身无力等症状，则应让触电者平躺在地，并仔细观察触电者，最好不要让触电者站立或行走。

若触电者已经失去知觉，但仍有轻微的呼吸和心跳，则应让触电者就地仰卧平躺，要让气道通畅，应把触电者衣服及有碍于其呼吸的腰带等物解开，帮助其呼吸，并且

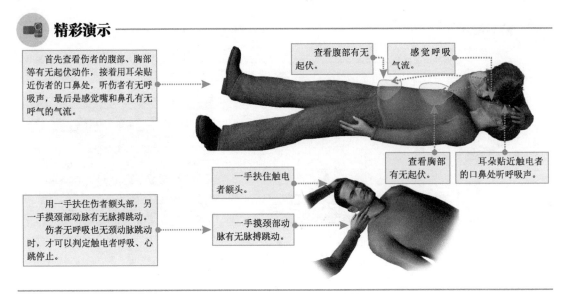

精彩演示

首先查看伤者的腹部、胸部等有无起伏动作，接着用耳朵贴近伤者的口鼻处，听伤者有无呼吸声，最后是感觉嘴和鼻孔有无呼气的气流。

查看腹部有无起伏。

感觉呼吸气流

查看胸部有无起伏。

耳朵贴近触电者的口鼻处听呼吸声。

一手扶住触电者额头。

用一手扶住伤者额头部，另一手摸颈部动脉有无脉搏跳动。
伤者无呼吸也无颈动脉跳动时，才可以判定触电者呼吸、心跳停止。

一手摸颈部动脉有无脉搏跳动。

图 2-20　判断伤者呼吸及心跳情况

在 5s 内呼叫触电者或轻拍触电者肩部，以判断触电者意识是否丧失。在触电者神志不清时，不要摇动触电者的头部或呼叫触电者。

图 2-21 为触电者的正确躺卧姿势。天气炎热时，应让触电者在阴凉的环境下休息。天气寒冷时，应帮触电者保温并等待医生到来。

精彩演示

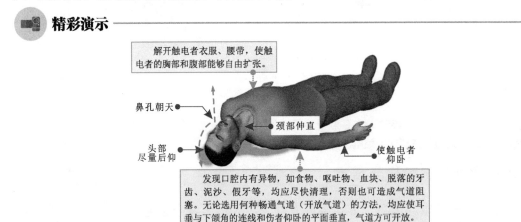

解开触电者衣服、腰带，使触电者的胸部和腹部能够自由扩张。

鼻孔朝天

颈部伸直

头部尽量后仰

使触电者仰卧

发现口腔内有异物，如食物、呕吐物、血块、脱落的牙齿、泥沙、假牙等，均应尽快清理，否则也可造成气道阻塞。无论选用何种畅通气道（开放气道）的方法，均应使耳垂与下颌角的连线和伤者仰卧的平面垂直，气道方可开放。

图 2-21　触电者的正确躺卧姿势

② 急救措施

通常情况下，若正规医疗救援不能及时到位，而触电者已无呼吸，但有心跳时，应立即采用人工呼救法进行救治。

在进行人工呼吸前，首先要确保触电者口鼻的畅通。救护者最好用一只手捏紧触电者的鼻孔，使鼻孔紧闭，另一只手掰开触电者的嘴巴，除去口腔里的黏液、食物、假牙等杂物。如果触电者牙关紧闭，无法将嘴张开，可采取口对鼻吹气的方法。如果触电者的舌头后缩，应把舌头拉出来使其呼吸畅通，如图 2-22 所示。

精彩演示

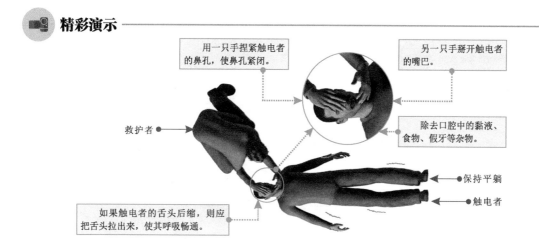

用一只手捏紧触电者的鼻孔，使鼻孔紧闭。

另一只手掰开触电者的嘴巴。

救护者

除去口腔中的黏液、食物、假牙等杂物。

保持平躺

触电者

如果触电者的舌头后缩，则应把舌头拉出来，使其呼吸畅通。

图 2-22 人工呼吸前的准备

做完前期准备后，开始进行人工呼吸，如图 2-23 所示。

精彩演示

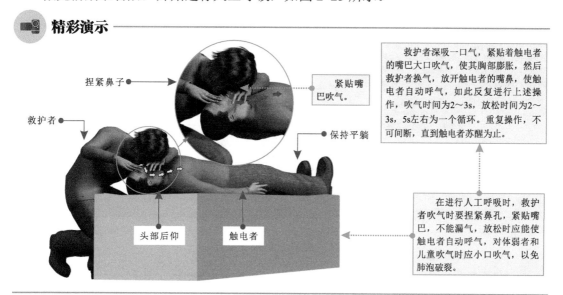

捏紧鼻子

救护者

紧贴嘴巴吹气。

保持平躺

头部后仰

触电者

救护者深吸一口气，紧贴着触电者的嘴巴大口吹气，使其胸部膨胀，然后救护者换气，放开触电者的嘴鼻，使触电者自动呼气，如此反复进行上述操作，吹气时间为 2～3s，放松时间为 2～3s，5s 左右为一个循环。重复操作，不可间断，直到触电者苏醒为止。

在进行人工呼吸时，救护者吹气时要捏紧鼻孔，紧贴嘴巴，不能漏气，放松时应能使触电者自动呼气，对体弱者和儿童吹气时应小口吹气，以免肺泡破裂。

图 2-23 人工呼吸急救措施

若触电者嘴或鼻被电伤，无法进行口对口人工呼吸或口对鼻人工呼吸时，也可以采用牵手呼吸法进行救治，如图 2-24 所示。

在触电者心音微弱、心跳停止或脉搏短而不规则的情况下，可采用胸外心脏按压救治的方法来帮助触电者恢复正常心跳，如图 2-25 所示。

在抢救过程中，要不断观察触电者面部动作，若嘴唇稍有开合，眼皮微微活动，喉部有吞咽动作，则说明触电者已有呼吸，可停止救助；如果触电者仍没有呼吸，需要同时利用人工呼吸和胸外心脏按压法进行治疗。

在抢救的过程中，如果触电者身体僵冷，医生也证明无法救治时，才可以放弃治疗。反之，如果触电者瞳孔变小，皮肤变红，则说明抢救收到了效果，应继续救治。

精彩演示

牵手呼吸法最好在有多位救护者时进行，因为这种救护法比较消耗体力，需要几名救护者轮流对触电者进行救治，以免救护者反复操作导致疲劳，耽误给触电者的救治时间。

用柔软物品垫高肩部。

保持仰卧平躺。

保持头部后仰。

垫高肩部。首先使触电者仰卧，将其肩部垫高，最好用柔软物品（如衣服等），这时头部应后仰。

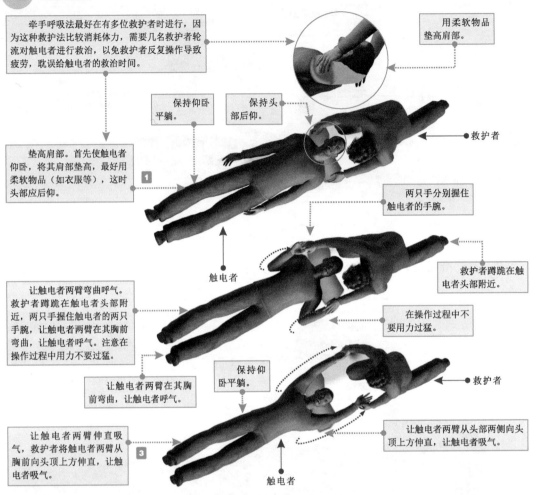

救护者

两只手分别握住触电者的手腕。

触电者

救护者蹲跪在触电者头部附近。

让触电者两臂弯曲呼气。救护者蹲跪在触电者头部附近，两只手握住触电者的两只手腕，让触电者两臂在其胸前弯曲，让触电者呼气。注意在操作过程中用力不要过猛。

在操作过程中不要用力过猛。

让触电者两臂在其胸前弯曲，让触电者呼气。

保持仰卧平躺。

救护者

让触电者两臂伸直吸气，救护者将触电者两臂从胸前向头顶上方伸直，让触电者吸气。

让触电者两臂从头部两侧向头顶上方伸直，让触电者吸气。

触电者

图 2-24 牵手呼吸法救治

精彩演示

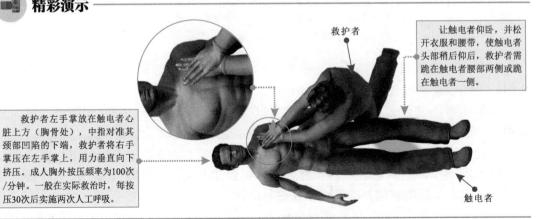

救护者

让触电者仰卧，并松开衣服和腰带，使触电者头部稍后仰后，救护者需跪在触电者腰部两侧或跪在触电者一侧。

救护者左手掌放在触电者心脏上方（胸骨处），中指对准其颈部凹陷的下端，救护者将右手掌压在左手掌上，用力垂直向下挤压。成人胸外按压频率为100次/分钟。一般在实际救治时，每按压30次后实施两次人工呼吸。

触电者

图 2-25 胸外心脏按压救治

重要提示

　　寻找正确的按压点位时，可将右手食指和中指沿着触电者的右侧肋骨下缘向上，找到肋骨和胸骨结合处的中点，如图 2-26 所示。将两根手指并齐，中指放置在胸骨与肋骨结合处的中点位置，食指平放在胸骨下部（按压区），将左手的手掌根紧挨着食指上缘，置于胸骨上；然后将定位的右手移开，并将掌根重叠放于左手背上，有规律按压即可。

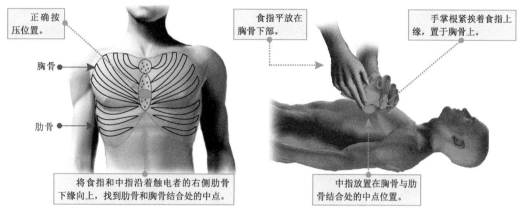

正确按压位置。

食指平放在胸骨下部。

手掌根紧挨着食指上缘，置于胸骨上。

胸骨

肋骨

将食指和中指沿着触电者的右侧肋骨下缘向上，找到肋骨和胸骨结合处的中点。

中指放置在胸骨与肋骨结合处的中点位置。

图 2-26　胸外心脏按压救治的按压点

2.3　外伤急救与电气灭火

2.3.1 外伤急救措施

　　在电工作业过程中，碰触尖锐利器、电击、高空作业等可能会造成电工操作人员出现各种体表外部的伤害事故，其中较易发生的外伤主要有割伤、摔伤和烧伤 3 种，对不同的外伤要采取正确的急救措施。

① 割伤应急处理

　　在电工作业过程中，割伤是比较常见的一类外伤事故。割伤是指电工操作人员在使用电工刀或钳子等尖锐的利器进行相应操作时，由于操作失误或操作不当造成的割伤或划伤。

　　伤者割伤出血时，需要在割伤的部位用棉球蘸取少量的酒精或盐水将伤口清洗干净，另外，为了保护伤口，应用纱布（或干净的毛巾等）包扎，如图 2-27 所示。

精彩演示

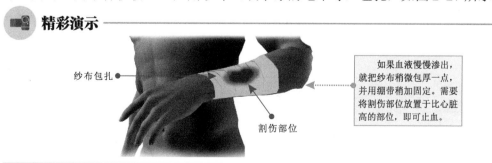

纱布包扎

割伤部位

如果血液慢慢渗出，就把纱布稍微包厚一点，并用细带稍加固定。需要将割伤部位放置于比心脏高的部位，即可止血。

图 2-27　割伤的应急处理

重要提示

若经初步救护还不能止血或是血液大量渗出时，则需要赶快请救护车来。在救护车到来以前，要压住患处接近心脏的血管，接着可用下列方法进行急救：

（1）手指割伤出血：受伤者可用另一只手用力压住受伤处两侧。

（2）手、手肘割伤出血：受伤者需要用四个手指，用力压住上臂内侧隆起的肌肉，若压住后仍出血不止，则说明没有压住出血的血管，需要重新改变手指的位置。

（3）上臂、腋下割伤出血：这种情形必须借助救护者来完成。救护者拇指向下、向内用力压住伤者锁骨下凹处的位置即可。

（4）脚、胫部割伤出血：这种情形也需要借助救护者来完成。首先让受伤者仰躺，将其脚部微微垫高，救护者用两只拇指压住受伤者的股沟、腰部、阴部间的血管即可。

指压方式止血只是临时应急措施。若将手松开，则血还会继续流出。因此，一旦发生事故，要尽快呼叫救护车。在医生尚未到来时，若有条件，最好使用止血带止血，即在伤口血管距离心脏较近的部位用干净的布绑住，并用木棍加以固定，便可达到止血效果，如图 2-28 所示。

止血带每隔 30min 左右就要松开一次，让血液循环；否则，伤口部位被捆绑的时间过长，会对受伤者身体造成危害。

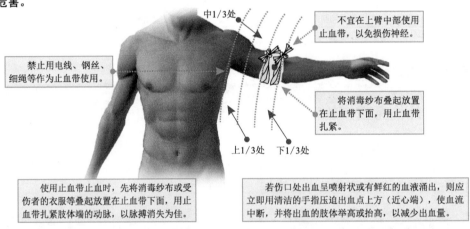

图 2-28　止血带止血

2　摔伤应急处理

在电工作业过程中，摔伤主要发生在一些登高作业中。摔伤应急处理的原则是先抢救、后固定。首先快速准确查看受伤者的状态，应根据不同受伤程度和部位进行相应的应急救护措施，如图 2-29 所示。

精彩演示

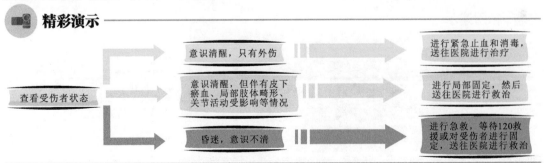

图 2-29　不同程度摔伤伤害的应急措施

若受伤者是从高处坠落、受挤压等，则可能有胸腹内脏破裂出血，需采取恰当的救治措施，如图 2-30 所示。

 精彩演示

对于摔伤，应在6～8h之内进行处理及缝合伤口。如果摔伤的同时有异物刺入体内，则切忌擅自将异物拔除，要保持异物与身体相对固定，及时送到医院进行处理。

小心抬起下肢。

保持平躺　保持肢体温暖　垫高下肢　椅子

保持平躺

从外观看，若受伤者并无出血，但有脸色苍白、脉搏细弱、全身出冷汗、烦躁不安，甚至神志不清等休克症状，则应让受伤者迅速躺平，使用椅子将其下肢垫高，并让其肢体保持温暖，然后迅速送到医院救治。若送往医院的路途时间较长，则可给受伤者饮用少量的糖盐水。

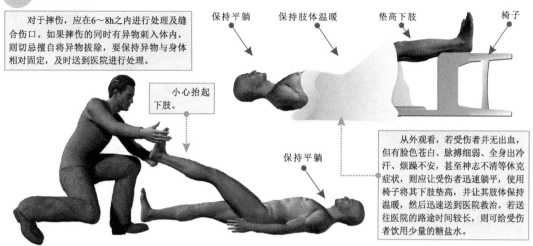

图 2-30　摔伤应急处理

肢体骨折时，一般使用夹板、木棍、竹竿等将断骨上、下两个关节固定，也可用受伤者的身体进行固定，如图 2-31 所示，以免骨折部位移动，减少受伤者疼痛，防止受伤者的伤势恶化。

 精彩演示

利用受伤者身体固定。

利用夹板固定骨折部位。

利用夹板固定骨折部位。

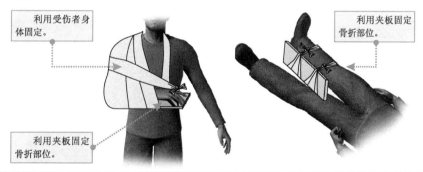

图 2-31　肢体骨折的固定方法

颈椎骨折时，一般先让伤者平卧，将沙土袋或其他代替物放在头部两侧，使颈部固定不动。切忌使受伤者头部后仰、移动或转动其头部。

当出现腰椎骨折时，应让受伤者平卧在平硬的木板上，并将腰椎躯干及两侧下肢一起固定在木板上，预防受伤者瘫痪，如图 2-32 所示。

 重要提示

值得注意的是，若出现开放性骨折，有大量出血，则先止血再固定，并用干净布片覆盖伤口，然后迅速送往医院进行救治，切勿将外露的断骨推回伤口内。若没有出现开放性骨折，最好不要自行或让非医务人员进行揉、拉、捏、掰等操作，应该等急救医生赶到或到医院后让医务人员进行救治。

精彩演示

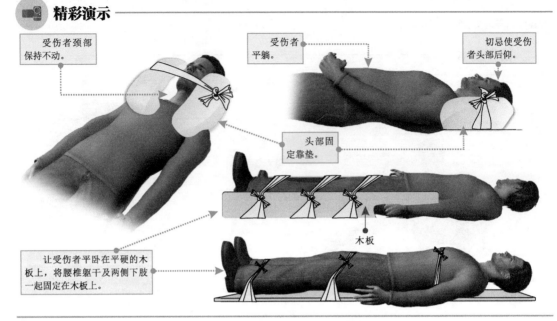

受伤者颈部保持不动。

受伤者平躺。

切忌使受伤者头部后仰。

头部固定靠垫。

让受伤者平卧在平硬的木板上，将腰椎躯干及两侧下肢一起固定在木板上。

木板

图 2-32　颈椎和腰椎骨折的急救方法

③　烧伤的应急处理

　　烧伤多由于触电及火灾事故引起。一旦出现烧伤，应及时对烧伤部位进行降温处理，并在降温过程中小心除去衣物，尽可能降低伤害，如图 2-33 所示，然后等待就医。

精彩演示

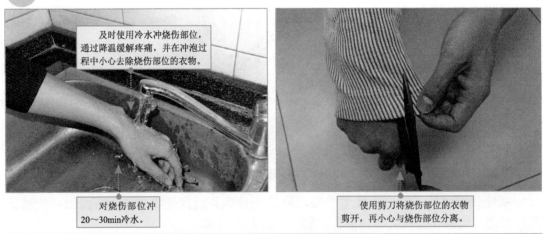

及时使用冷水冲烧伤部位，通过降温缓解疼痛，并在冲泡过程中小心去除烧伤部位的衣物。

对烧伤部位冲 20～30min 冷水。

使用剪刀将烧伤部位的衣物剪开，再小心与烧伤部位分离。

图 2-33　烧伤的应急处理措施

2.3.2　电气灭火应急处理

　　电气火灾通常是指由于电气设备或电气线路操作、使用或维护不当而直接或间接引发的火灾事故。一旦发生电气火灾事故，应及时切断电源，拨打火警电话 119 报警，并使用身边的灭火器灭火。

图 2-34 为几种电气火灾中常用灭火器的类型。

精彩演示

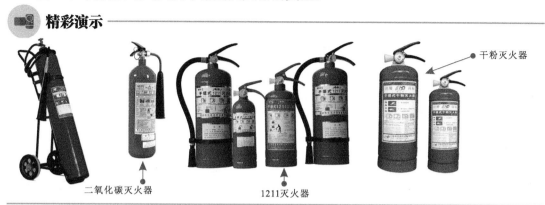

干粉灭火器

二氧化碳灭火器

1211灭火器

图 2-34　几种电气火灾中常用灭火器的类型

资料扩展

　　一般来说，对于电气线路引起的火灾，应选择干粉灭火器、二氧化碳灭火器、二氟一氯一溴甲烷灭火器（1211 灭火器）或二氟二溴甲烷灭火器，这些灭火器中的灭火剂不具有导电性。

　　注意，电气类火灾不能使用泡沫灭火器、清水灭火器或直接用水灭火，因为泡沫灭火器和清水灭火器都属于水基类灭火器，这类灭火器其内部灭火剂有导电性，适用于扑救油类等其他易燃液体引发的火灾，不能用于扑救带电体火灾及其他导电物体火灾。

　　使用灭火器灭火，要先除掉灭火器的铅封，拔出位于灭火器顶部的保险销后，压下压把，将喷管（头）对准火焰根部进行灭火，如图 2-35 所示。

精彩演示

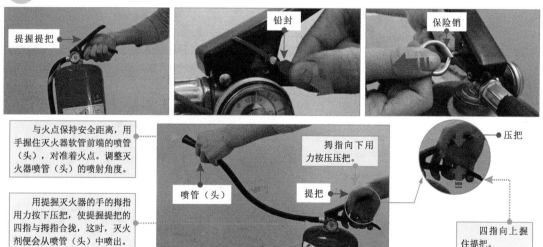

提握提把

铅封

保险销

压把

与火点保持安全距离，用手握住灭火器软管前端的喷管（头），对准着火点。调整灭火器喷管（头）的喷射角度。

拇指向下用力按压压把。

用提握灭火器的手的拇指用力按下压把，使提握提把的四指与拇指合拢，这时，灭火剂便会从喷管（头）中喷出。

喷管（头）

提把

四指向上握住提把。

图 2-35　灭火器的使用方法

　　灭火时，应保持有效喷射距离和安全角度（不超过 45°），如图 2-36 所示，对火点由远及近，猛烈喷射，并用手控制喷管（头）左右、上下来回扫射，与此同时，快速推进，保持灭火剂猛烈喷射的状态，直至将火扑灭。

精彩演示

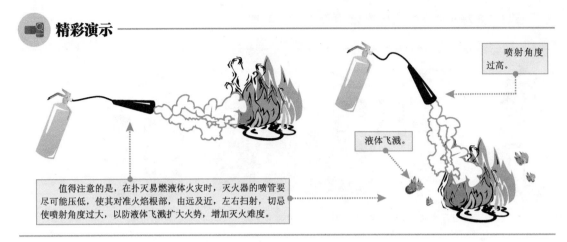

喷射角度
过高。

液体飞溅。

　　值得注意的是，在扑灭易燃液体火灾时，灭火器的喷管要尽可能压低，使其对准火焰根部，由远及近，左右扫射，切忌使喷射角度过大，以防液体飞溅扩大火势，增加灭火难度。

图 2-36　灭火器的操作要领

　　灭火人员在灭火过程中需具备良好的心理素质，遇事不要惊慌，保持安全距离和安全角度，严格按照操作规程进行灭火操作，如图 2-37 所示。

精彩演示

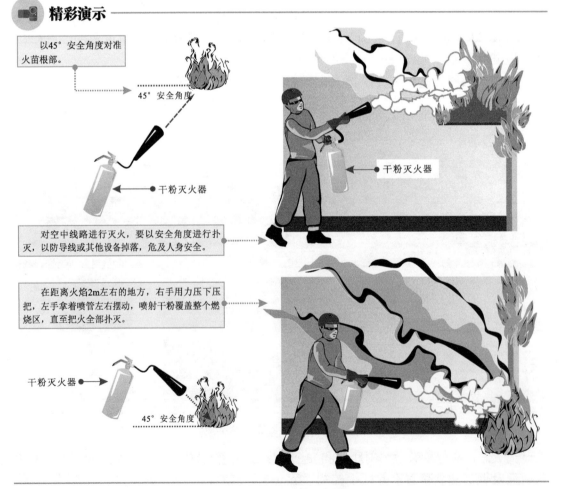

以45°安全角度对准火苗根部。

45°安全角度

干粉灭火器

干粉灭火器

　　对空中线路进行灭火，要以安全角度进行扑灭，以防导线或其他设备掉落，危及人身安全。

　　在距离火焰2m左右的地方，右手用力压下压把，左手拿着喷管左右摆动，喷射干粉覆盖整个燃烧区，直至把火全部扑灭。

干粉灭火器

45°安全角度

图 2-37　灭火的规范操作

第3章 电气部件的特点与电路控制关系

3.1 开关在电工电路中的控制关系

3.1.1 电源开关在电工电路中的控制关系

电源开关在电工电路中主要用于接通用电设备的供电电源，实现电路的闭合与断开。图 3-1 为电源开关（三相断路器）的连接关系。

■ 精彩演示

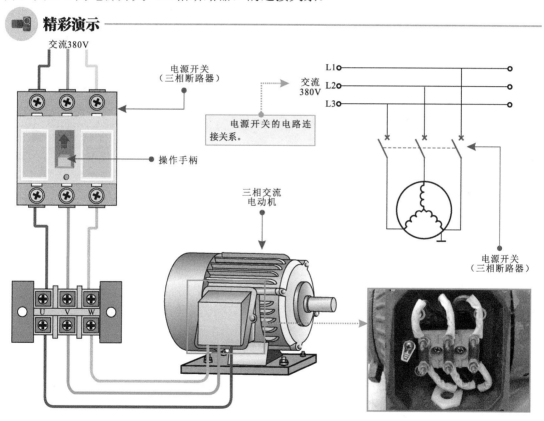

图 3-1　电源开关（三相断路器）的连接关系

资料扩展

图 3-1 中的电源开关采用的是三相断路器，通过断路器控制三相交流电动机电源的接通与断开，实现对三相交流电动机运转与停机的控制。

在电工电路中，电源开关有两种状态，即不动作（断开）时和动作（闭合）时。
当电源开关不动作时，内部触点处于断开状态，三相交流电动机不能启动。

在拨动电源开关后，内部触点处于闭合状态，三相交流电动机得电后启动运转。图 3-2 为电源开关在电工电路中的控制关系。

精彩演示

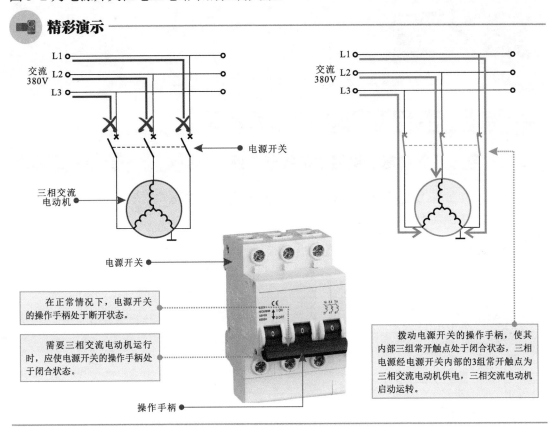

图 3-2   电源开关在电工电路中的控制关系

电源开关未动作时，内部三组常开触点处于断开状态，切断三相交流电动机的三相供电电源，三相交流电动机不能启动运转。

拨动电源开关的操作手柄，内部三组常开触点处于闭合状态，三相电源经电源开关内部的三组常开触点为三相交流电动机供电，三相交流电动机启动运转。

3.1.2 按钮开关在电工电路中的控制关系

按钮开关在电工电路中主要用于发出远距离控制信号或指令去控制继电器、接触器或其他负载设备，实现控制电路的接通与断开，实现对负载设备的控制。

按钮开关根据内部结构的不同可分为不闭锁按钮开关和可闭锁按钮开关。

不闭锁按钮开关是指按下按钮开关时，内部触点动作，松开按钮时，内部触点自动复位；可闭锁按钮开关是指按下按钮开关时内部触点动作，松开按钮时内部触点不能自动复位，需要再次按下按钮开关，内部触点才可复位。

按钮开关是电路中的关键控制部件，不论是不闭锁按钮开关还是闭锁按钮开关，根据电路需要都可以分为常开、常闭和复合三种形式。下面以不闭锁按钮开关为例介绍三种形式的控制功能。

1 不闭锁的常开按钮开关

不闭锁的常开按钮开关是指在操作前内部触点处于断开状态，手指按下时内部触点处于闭合状态，手指放松后，按钮开关自动复位断开，在电工电路中常用作启动控制按钮。图 3-3 为不闭锁的常开按钮开关的连接关系。

精彩演示

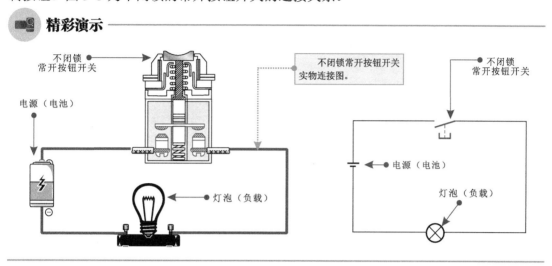

图 3-3 不闭锁常开按钮开关的连接关系

由不闭锁常开按钮开关的连接关系图可以看出，该不闭锁常开按钮开关连接在电池与灯泡（负载）之间，操作时灯泡点亮；未操作时，灯泡熄灭，具体控制关系如图 3-4 所示。

精彩演示

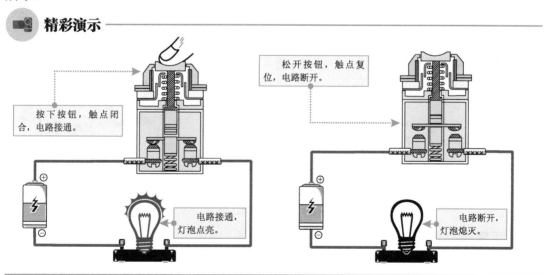

图 3-4 不闭锁常开按钮开关的控制关系

重要提示

按下按钮时，内部常开触点闭合，电源经按钮内部闭合的常开触点为灯泡供电，灯泡点亮。

松开按钮时，内部常开触点复位断开，切断灯泡供电电源，灯泡熄灭。

2   **不闭锁的常闭按钮开关**

不闭锁的常闭按钮开关是指操作前内部触点处于闭合状态，手指按下时，内部触点处于断开状态，手指放松后，按钮开关自动复位闭合。该按钮开关在电工电路中常用作停止控制开关。图 3-5 为不闭锁的常闭按钮开关在电工电路中的连接关系。

📹 **精彩演示**

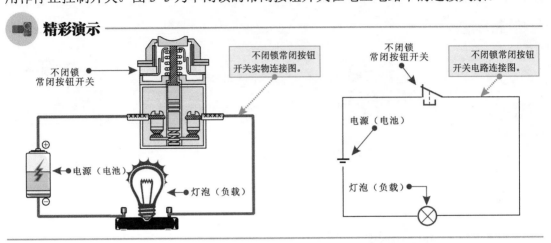

图 3-5   不闭锁常闭按钮开关在电工电路中的连接关系

不闭锁常闭按钮开关在电工电路中的控制关系如图 3-6 所示。

📹 **精彩演示**

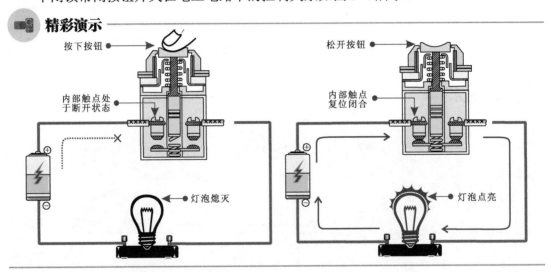

图 3-6   不闭锁常闭按钮开关在电工电路中的控制关系

🚩 **重要提示**

按下按钮后，内部常闭触点断开，切断灯泡供电电源，灯泡熄灭。
松开按钮后，内部常闭触点复位闭合，接通灯泡供电电源，灯泡点亮。

3   **不闭锁的复合按钮开关**

不闭锁的复合按钮开关是指内部设有两组触点，分别为常开触点和常闭触点。操作前，常闭触点闭合，常开触点断开。当手指按下按钮开关时，常闭触点断开，常开触点闭合；手指放松后，常闭触点复位闭合，常开触点复位断开。该按钮开关在电工电路中常用作启动联锁控制按钮开关。

图 3-7 为不闭锁的复合按钮开关在电工电路中的连接关系。

精彩演示 ────────

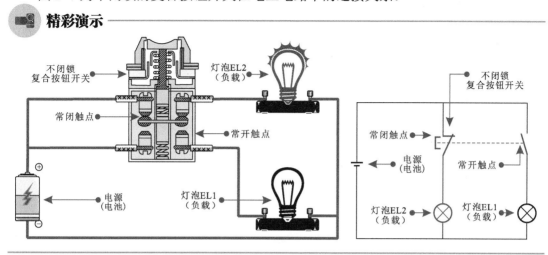

图 3-7 不闭锁复合按钮开关在电工电路中的连接关系

图中，不闭锁复合按钮连接在电池与灯泡（负载）之间，分别控制灯泡 EL1 和灯泡 EL2 的点亮与熄灭。未按下按钮时，灯泡 EL2 处于点亮状态，灯泡 EL1 处于熄灭状态。

不闭锁复合按钮开关在电工电路中的控制关系如图 3-8 所示。

精彩演示 ────────

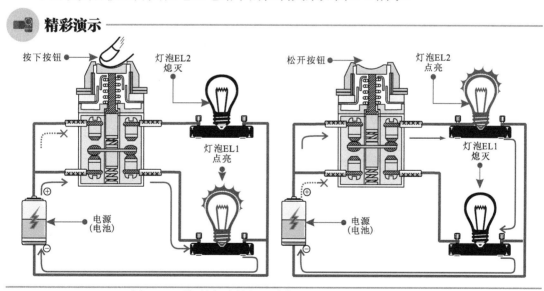

图 3-8 不闭锁复合按钮开关在电工电路中的控制关系

重要提示 ────────

按下按钮后，内部常开触点闭合，接通灯泡 EL1 的供电电源，灯泡 EL1 点亮；常闭触点断开，切断灯泡 EL2 的供电电源，灯泡 EL2 熄灭。

松开按钮后，内部常开触点复位断开，切断灯泡 EL1 的供电电源，灯泡 EL1 熄灭；常闭触点复位闭合，接通灯泡 EL2 的供电电源，灯泡 EL2 点亮。

3.2 继电器在电工电路中的控制关系

3.2.1 继电器常开触点在电工电路中的控制关系

继电器是电工电路中常用的一种具有隔离功能的电气部件，主要是由铁芯、线圈、衔铁、触点等组成的。图 3-9 为典型继电器的内部结构。

精彩演示

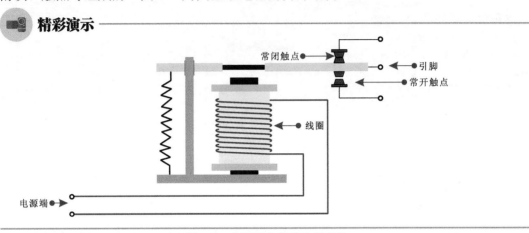

图 3-9　典型继电器的内部结构

重要提示

继电器工作时，通过在线圈两端加一定的电压产生电流，从而产生电磁效应，在电磁引力的作用下，常闭触点断开、常开触点闭合；线圈失电后，电磁引力消失，在复位弹簧的反作用力下，常开触点断开、常闭触点闭合，返回到原来的位置。

继电器常开触点的含义是继电器内部的动触点和静触点通常处于断开状态，当线圈得电时，动触点和静触点立即闭合，接通电路；当线圈失电时，动触点和静触点立即复位，切断电路，图 3-10 为继电器常开触点的连接关系。

精彩演示

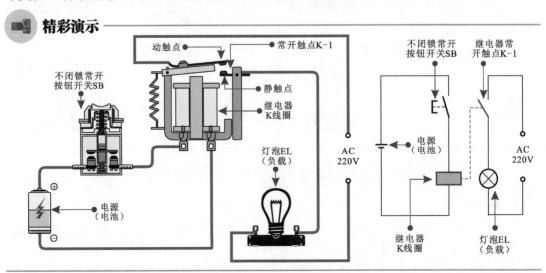

图 3-10　继电器常开触点的连接关系

重要提示

图中，继电器 K 线圈连接在不闭锁常开按钮与电池之间，常开触点 K-1 连接在电池与灯泡 EL（负载）之间，用于控制灯泡的点亮与熄灭，在未接通电路时，灯泡 EL 处于熄灭状态。

图 3-11 为继电器常开触点在电工电路中的控制关系。

精彩演示

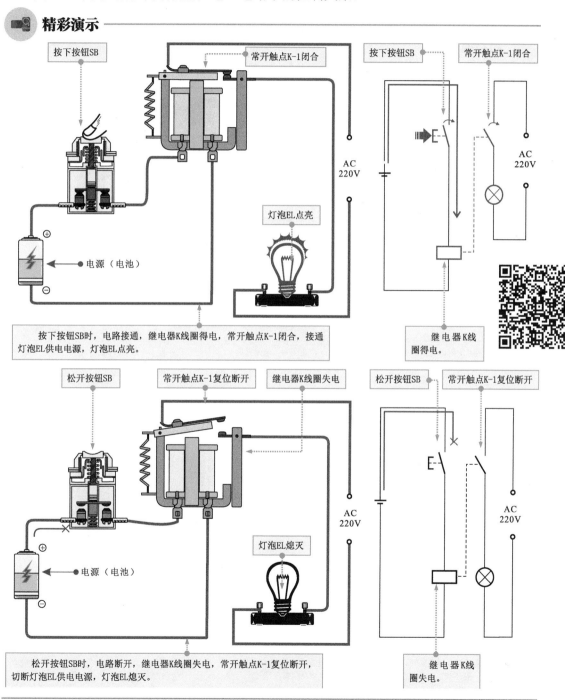

按下按钮SB时，电路接通，继电器K线圈得电，常开触点K-1闭合，接通灯泡EL供电电源，灯泡EL点亮。

松开按钮SB时，电路断开，继电器K线圈失电，常开触点K-1复位断开，切断灯泡EL供电电源，灯泡EL熄灭。

图 3-11 继电器常开触点在电工电路中的控制关系

3.2.2 继电器常闭触点在电工电路中的控制关系

继电器的常闭触点是指继电器线圈断电时内部的动触点和静触点处于闭合状态，当线圈得电时，动触点和静触点立即断开切断电路；当线圈失电时，动触点和静触点立即复位闭合接通电路。

图 3-12 为继电器常闭触点在电工电路中的控制关系。

精彩演示

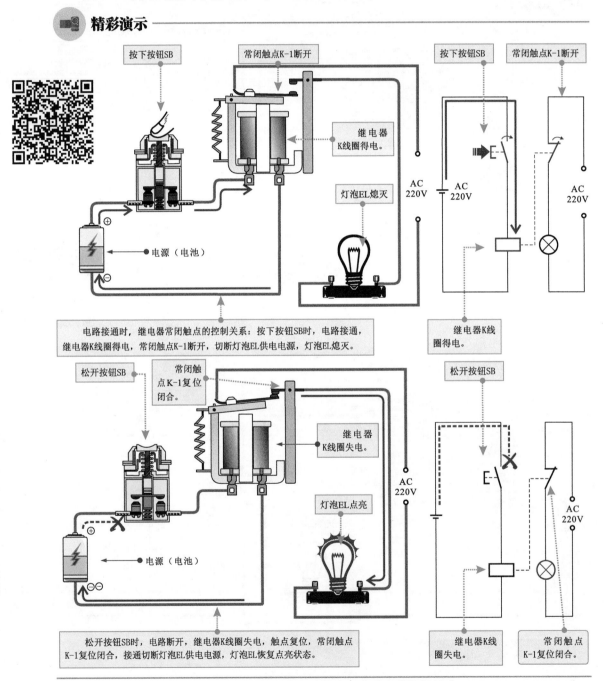

按下按钮SB
常闭触点K-1断开
继电器K线圈得电。
灯泡EL熄灭
电源（电池）
AC 220V

电路接通时，继电器常闭触点的控制关系：按下按钮SB时，电路接通，继电器K线圈得电，常闭触点K-1断开，切断灯泡EL供电电源，灯泡EL熄灭。

按下按钮SB
常闭触点K-1断开
AC 220V
AC 220V
继电器K线圈得电。

松开按钮SB
常闭触点K-1复位闭合。
继电器K线圈失电。
灯泡EL点亮
电源（电池）
AC 220V

松开按钮SB时，电路断开，继电器K线圈失电，触点复位，常闭触点K-1复位闭合，接通切断灯泡EL供电电源，灯泡EL恢复点亮状态。

松开按钮SB
AC 220V
继电器K线圈失电。
常闭触点K-1复位闭合。

图 3-12 继电器常闭触点在电工电路中的控制关系

3.2.3 继电器转换触点在电工电路中的控制关系

继电器的转换触点是指继电器内部设有一个动触点和两个静触点。其中，动触点与静触点 1 处于闭合状态，称为常闭触点；动触点与静触点 2 处于断开状态，称为常开触点。图 3-13 为继电器转换触点的结构图。

精彩演示

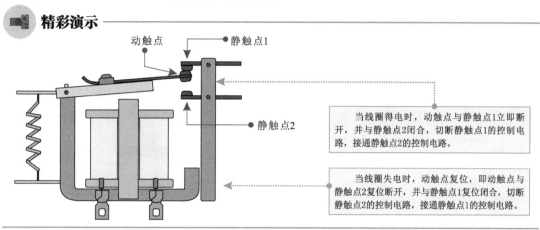

当线圈得电时，动触点与静触点1立即断开，并与静触点2闭合，切断静触点1的控制电路，接通静触点2的控制电路。

当线圈失电时，动触点复位，即动触点与静触点2复位断开，并与静触点1复位闭合，切断静触点2的控制电路，接通静触点1的控制电路。

图 3-13　继电器转换触点的结构图

图 3-14 为继电器转换触点的连接关系。

精彩演示

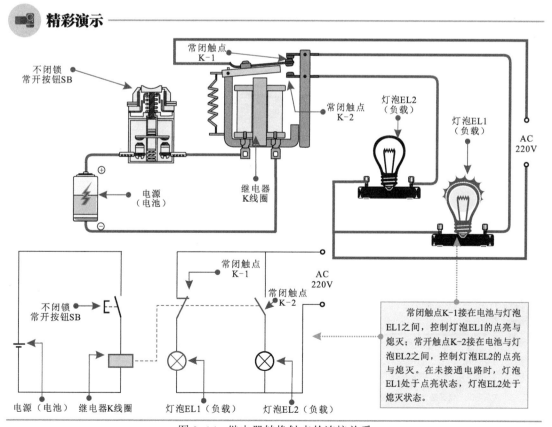

常闭触点 K-1 接在电池与灯泡 EL1 之间，控制灯泡 EL1 的点亮与熄灭；常开触点 K-2 接在电池与灯泡 EL2 之间，控制灯泡 EL2 的点亮与熄灭。在未接通电路时，灯泡 EL1 处于点亮状态，灯泡 EL2 处于熄灭状态。

图 3-14　继电器转换触点的连接关系

图 3-15 为继电器转换触点在不同状态下的控制关系。

精彩演示

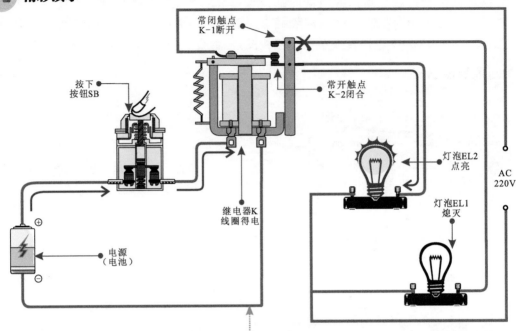

　　按下按钮SB时，电路接通，继电器K线圈得电，常闭触点K-1断开，切断灯泡EL1的供电电源，灯泡EL1熄灭；同时，常开触点K-2闭合，接通灯泡EL2的供电电源，灯泡EL2点亮。

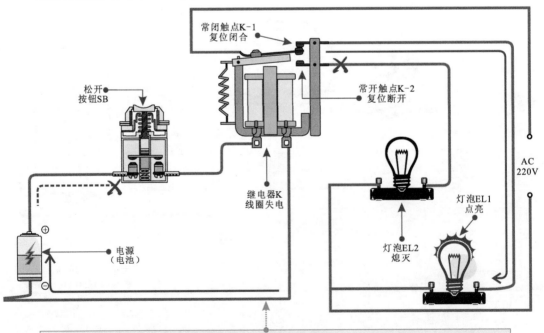

　　松开按钮SB时，电路断开，继电器K线圈失电，常闭触点K-1复位闭合，接通灯泡EL1的供电电源，灯泡EL1点亮；同时，常开触点K-2复位断开，切断灯泡EL2的供电电源，灯泡EL2熄灭。

图 3-15　继电器转换触点在不同状态下的控制关系

3.3 接触器在电工电路中的控制关系

3.3.1 直流接触器在电工电路中的控制关系

直流接触器主要用于远距离接通与分断直流电路。在控制电路中，直流接触器由直流电源为线圈提供工作条件，从而控制触点动作。其电路控制关系如图3-16所示。

精彩演示

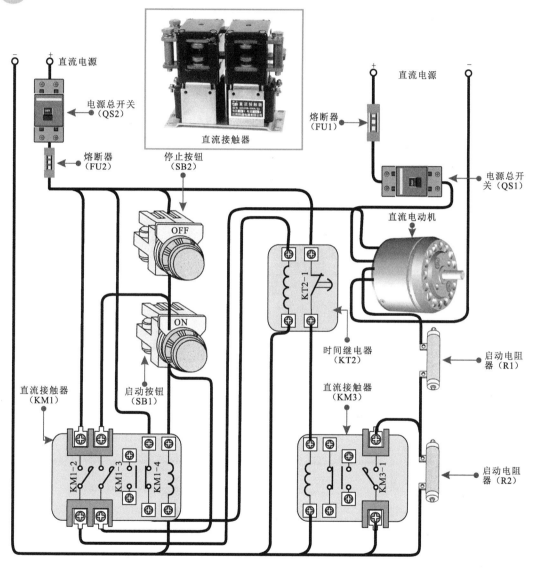

图3-16 直流接触器的电路控制关系

资料扩展

直流接触器是由直流电源驱动的，通过线圈得电控制常开触点闭合、常闭触点断开；当线圈失电时，控制常开触点复位断开、常闭触点复位闭合。

3.3.2 交流接触器在电工电路中的控制关系

交流接触器是主要用于远距离接通与分断交流供电电路的器件。图 3-17 为交流接触器的内部结构，其内部主要由常闭触点、常开触点、动触点、线圈及动铁芯、静铁芯、弹簧等部分构成。

精彩演示

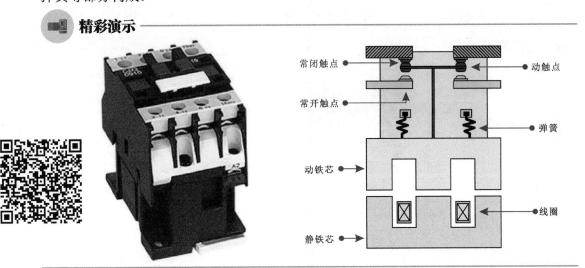

图 3-17 交流接触器的内部结构

图 3-18 为交流接触器在电路中的连接关系。

精彩演示

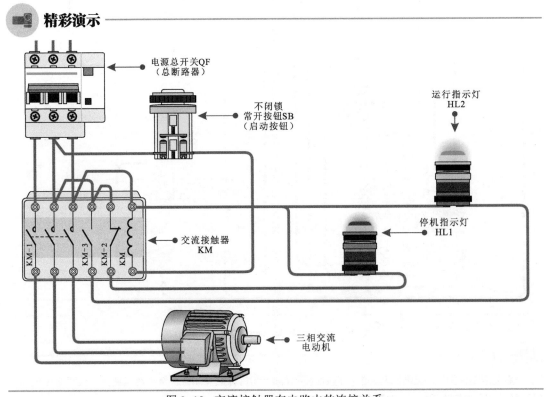

图 3-18 交流接触器在电路中的连接关系

图 3-19 为交流接触器的电路控制关系。

 精彩演示

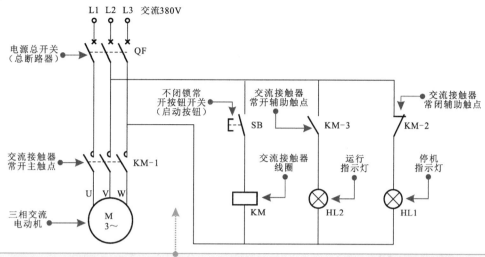

交流接触器KM线圈连接在不闭锁常开按钮开关SB（启动按钮）与电源总开关QF（总断路器）之间；常开主触点KM-1连接在电源总开关QF与三相交流电动机之间控制电动机的启动与停机；常闭辅助触点KM-2连接在电源总开关QF与停机指示灯HL1之间控制指示灯HL1的点亮与熄灭；常开辅助触点KM-3连接在电源总开关QF与运行指示灯HL2之间控制指示灯HL2的点亮与熄灭。

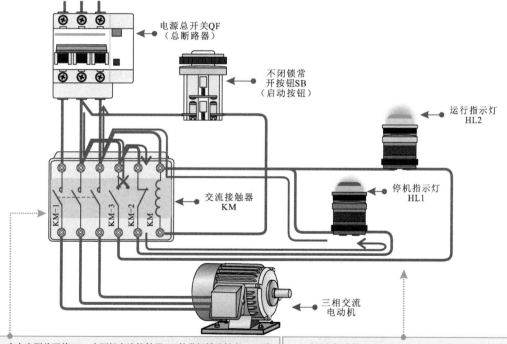

　　合上电源总开关QF，电源经交流接触器KM的常闭辅助触点KM-2为停机指示灯HL1供电，HL1点亮。按下启动按钮SB时，电路接通，交流接触器KM线圈得电，常开主触点KM-1闭合，三相交流电动机接通三相电源并启动运转；常闭辅助触点KM-2断开，切断停机指示灯HL1的供电电源，HL1熄灭；常开辅助触点KM-3闭合，运行指示灯HL2点亮，指示三相交流电动机处于工作状态。

　　松开启动按钮SB时，电路断开，交流接触器KM线圈失电，常开主触点KM-1复位断开，切断三相交流电动机的供电电源，电动机停止运转；常闭辅助触点KM-2复位闭合，停机指示灯HL1点亮，指示三相交流电动机处于停机状态；常开辅助触点KM-3复位断开，切断运行指示灯HL2的供电电源，HL2熄灭。

图 3-19　交流接触器的电路控制关系

3.4 传感器在电工电路中的控制关系

3.4.1 温度传感器在电工电路中的控制关系

温度传感器是将物理量（温度信号）变成电信号的器件，是利用电阻值随温度变化而变化这一特性来测量温度变化的，主要用于各种需要对温度进行测量、监视、控制及补偿的场合，如图 3-20 所示。

精彩演示

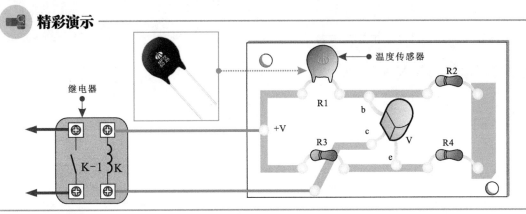

图 3-20　温度传感器的连接关系

资料扩展

温度传感器根据感应特性的不同可分为 PTC 传感器和 NTC 传感器。PTC 传感器为正温度系数传感器，阻值随温度的升高而增大，随温度的降低而减小；NTC 传感器为负温度系数传感器，阻值随温度的升高而减小，随温度的降低而增大。

图 3-21 为温度传感器在不同温度环境下的控制关系。

精彩演示

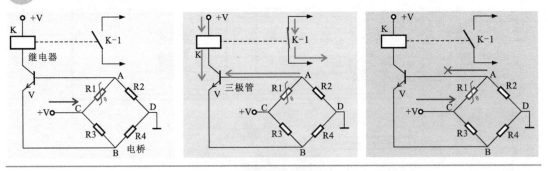

图 3-21　温度传感器在不同温度环境下的控制关系

在图 3-21 中，在正常环境温度下时，电桥的电阻值 $R_1/R_2=R_3/R_4$，电桥平衡，此时 A、B 两点间电位相等，输出端 A 与 B 间没有电流流过，三极管 V 的基极 b 与发射极 e 间的电位差为零，三极管 V 截止，继电器 K 线圈不能得电。

当环境温度逐渐上升时，温度传感器 R1 的阻值不断减小，电桥失去平衡，此时 A 点电位逐渐升高，三极管 V 基极 b 的电压逐渐增大，基极 b 电压高于发射极 e 电压 0.6V

后，V 导通，继电器 K 线圈得电，常开触点 K-1 闭合，接通负载设备的供电电源，负载设备得电工作。

当环境温度逐渐下降时，温度传感器 R1 的阻值不断增大，此时 A 点电位逐渐降低，使三极管 V 的基极 b 电压低于 e 极电压时，V 截止，继电器 K 线圈失电，常开触点 K-1 复位断开，切断负载设备的供电电源，负载设备停止工作。

3.4.2 湿度传感器在电工电路中的控制关系

湿度传感器是一种将湿度信号转换为电信号的器件，主要用于工业生产、天气预报、食品加工等行业中对各种湿度进行控制、测量和监视。湿度传感器的电路连接关系如图 3-22 所示。

精彩演示

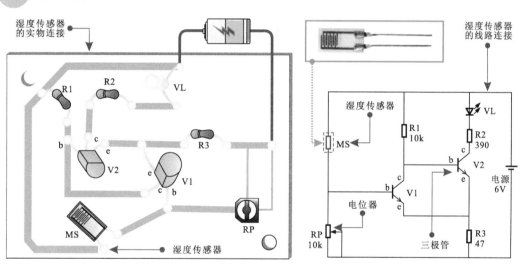

图 3-22　湿度传感器的电路连接关系

资料扩展

湿度传感器采用湿敏电阻器作为湿度测控器件，利用湿敏电阻器的阻值随湿度的变化而变化这一特性来测量湿度变化。

图 3-23 为湿度传感器在不同湿度环境下的控制关系。

图 3-23 中，当环境湿度较小时，湿度传感器 MS 的阻值较大，三极管 V1 的基极 b 为低电平，基极 b 电压低于发射极 e 电压，三极管 V1 截止；此时，三极管 V2 基极 b 电压升高，基极 b 电压高于发射极 e 电压 0.6V 后，三极管 V2 导通，发光二极管 VL 点亮。当环境湿度增加时，湿度传感器 MS 的阻值逐渐变小，三极管 V1 的基极 b 电压逐渐升高，使基极 b 电压高于发射极 e 电压 0.6V 后，三极管 V1 导通，三极管 V2 基极 b 电压降低，三极管 V2 截止，发光二极管 VL 熄灭。

精彩演示

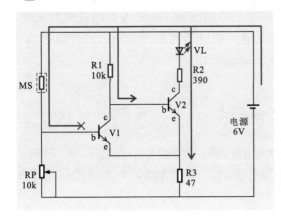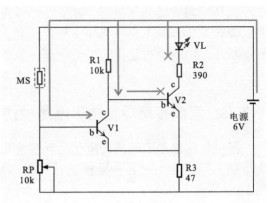

图 3-23 湿度传感器在不同湿度环境下的控制关系

3.4.3 光电传感器在电工电路中的控制关系

光电传感器是一种能够将可见光信号转换为电信号的器件，主要用于光控开关、光控照明、光控报警等领域中对各种可见光进行控制。图 3-24 为光电传感器的实物外形及在电路中的连接关系。

精彩演示

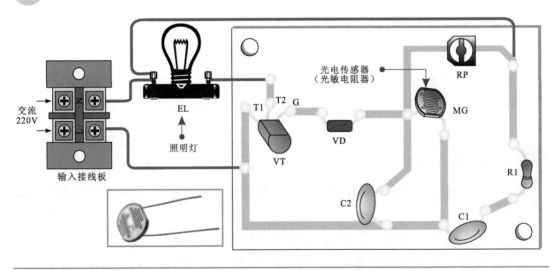

图 3-24 光电传感器的实物外形及在电路中的连接关系

资料扩展

光电传感器采用光敏电阻器作为光电测控器件。光敏电阻是一种对光敏感的器件，阻值随入射光线强弱的变化而变化。

图 3-25 为光电传感器在不同光线环境下的控制关系。

精彩演示 ━━━━━━━━━━━━━━━━━━━━━━━━━━━━━━

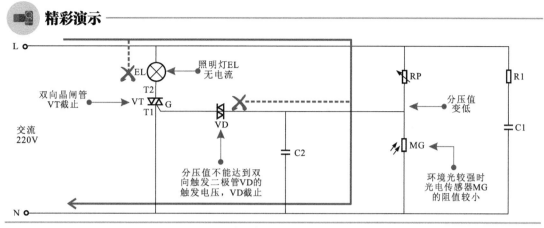

图 3-25　光电传感器在不同光线环境下的控制关系

当环境光较强时，光电传感器 MG 的阻值较小，电位器 RP 与光电传感器 MG 的分压值变低，不能达到双向触发二极管 VD 的触发电压，双向触发二极管 VD 截止，不能触发双向晶闸管 VT，VT 处于截止状态，照明灯 EL 不亮。

当环境光较弱时，光电传感器 MG 的阻值变大，电位器 RP 与光电传感器 MG 的分压值变高，随着光照强度的逐渐减弱，光电传感器 MG 的阻值逐渐变大，当电位器 RP 与光电传感器 MG 的分压值达到双向触发二极管 VD 的触发电压时，双向二极管 VD 导通，进而触发双向晶闸管 VT 导通，照明灯 EL 点亮。

3.4.4 气敏传感器在电工电路中的控制关系

气敏传感器是一种将某种气体的有无或浓度转换为电信号的器件，可检测出环境中某种气体及其浓度，并转换成相应的电信号，主要用于可燃或有毒气体泄漏的报警电路中。图 3-26 为气敏传感器在实际电路中的连接关系。

精彩演示 ━━━━━━━━━━━━━━━━━━━━━━━━━━━━━━

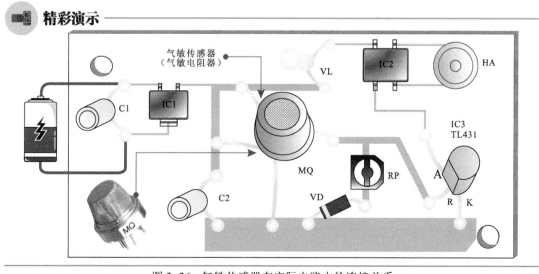

图 3-26　气敏传感器在实际电路中的连接关系

资料扩展

气敏传感器采用气敏电阻器作为气体检测器件。气敏电阻器是利用阻值随气体浓度变化而变化这一特性来进行气体测量的。

图 3-27 为气敏传感器在不同环境下的控制关系。

 精彩演示

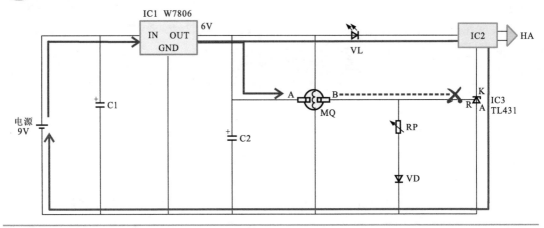

图 3-27　气敏传感器在不同环境下的控制关系

在图 3-27 中，电路开始工作时，9V 直流电源经滤波电容器 C1 滤波后，由三端稳压器 IC1 稳压，输出 6V 直流电源，再经滤波电容器 C2 滤波后，为气体检测控制电路提供工作条件。

在空气中，气敏传感器 MQ 中 A、B 电极之间的阻值较大，B 端为低电平，误差检测电路 IC3 的输入极 R 电压较低，IC3 不能导通，发光二极管不能点亮，报警器 HA 无报警声。

当有害气体泄漏时，气敏传感器 MQ 中 A、B 电极间的阻值逐渐变小，B 端电压逐渐升高，当 B 端电压升高到预设的电压值时（可通过电位器 RP 调节），误差检测电路 IC3 导通，接通 IC2 的接地端，IC2 工作，发光二极管点亮，报警器 HA 发出报警声。

3.5　保护器在电工电路中的控制关系

3.5.1　熔断器在电工电路中的控制关系

熔断器是一种保护电路的器件，只允许限制内的电流通过。当电路中的电流超过熔断器的额定电流时，熔断器会自动切断电路，对电路中的负载进行保护。图 3-28 为熔断器在电路中的连接关系。

 资料扩展

熔断器在电路中的作用是检测电流通过的量，当电路中的电流超过熔断器规定值一段时间时，熔断器会以自身产生的热量使熔体熔化，使电路断开，起到保护电路的作用。

精彩演示

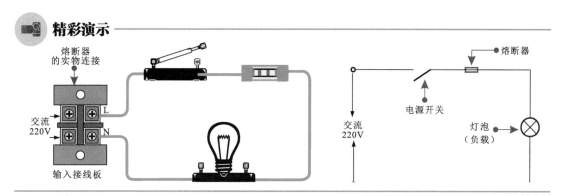

图 3-28　熔断器在电路中的连接关系

图 3-29 为熔断器在电工电路中的控制关系。

精彩演示

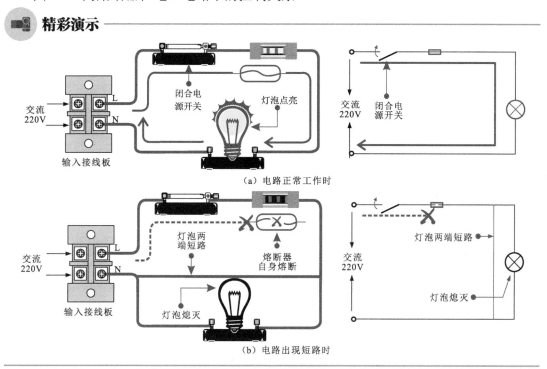

（a）电路正常工作时

（b）电路出现短路时

图 3-29　熔断器在电工电路中的控制关系

在图 3-29 中，闭合电源开关，接通灯泡电源，正常情况下，灯泡点亮，电路可以正常工作。

当灯泡两极之间由于某种原因而被导体连在一起时，电源被短路，电流由短路的路径通过，不再流过灯泡，此时回路中仅有很小的电源内阻，使电路中的电流很大，流过熔断器的电流也很大，熔断器会熔断，切断电路，进行保护。

3.5.2　漏电保护器在电工电路中的控制关系

漏电保护器是一种具有漏电、触电、过载、短路保护功能的保护器件，对于防止触电伤亡事故及避免因漏电电流而引起的火灾事故具有明显的效果。

图 3-30 为漏电保护器在电路中的连接关系。

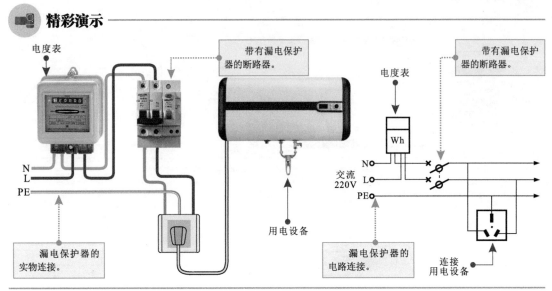

图 3-30　漏电保护器在电路中的连接关系

　　单相交流电经过电度表及漏电保护器后为用电设备供电，正常时，相线端 L 的电流与零线端 N 的电流相等，回路中剩余电流几乎为零。

　　当发生漏电或触电情况时，相线 L 的一部分电流流过触电人身体到地，相线端 L 的电流大于零线端 N 的电流，回路中产生剩余的电流量，剩余的电流量驱动保护器动作，切断电路进行保护。

　　图 3-31 为漏电保护器在电路中的控制关系。

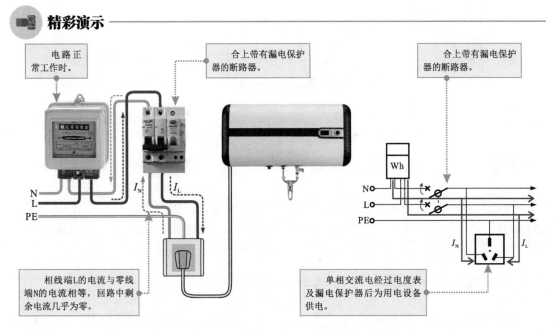

图 3-31　漏电保护器在电路中的控制关系

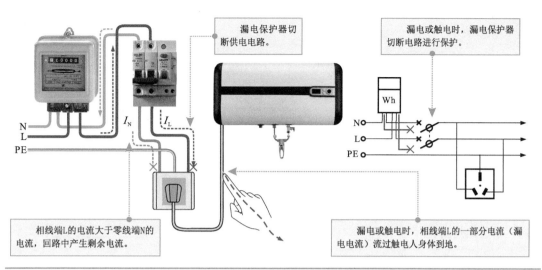

漏电保护器切断供电电路。

漏电或触电时，漏电保护器切断电路进行保护。

I_N　　I_L

相线端L的电流大于零线端N的电流，回路中产生剩余电流。

漏电或触电时，相线端L的一部分电流（漏电电流）流过触电人身体到地。

图 3-31　漏电保护器在电路中的控制关系（续）

 资料扩展

　　在接有漏电保护器的电路中，当被保护电路发生漏电或有人触电时，由于漏电电流的存在，经过漏电保护器内部的供电电流大于返回电流，两路电流向量和不再等于零，在漏电保护器中的环形铁芯中出现交变磁通。在交变磁通的作用下，环形铁芯输出端就有感应电流产生，达到额定值时，脱扣器驱动断路器自动跳闸，切断故障电路，实现保护。

3.5.3　过热保护器在电工电路中的控制关系

　　过热保护器也称过热保护继电器，是利用电流的热效应来推动动作机构使内部触点闭合或断开的，用于电动机的过载保护、断相保护、电流不平衡保护及热保护，实物外形及内部结构如图 3-32 所示。

 精彩演示

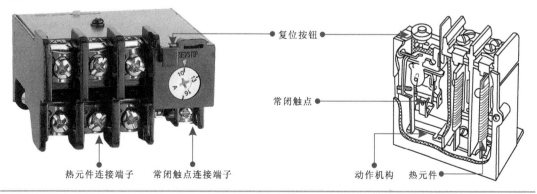

复位按钮

常闭触点

热元件连接端子　　常闭触点连接端子

动作机构　热元件

图 3-32　过热保护器的实物外形及内部结构

　　过热保护器安装在主电路中，用于主电路的过载、断相、电流不平衡及三相交流电动机的热保护，如图 3-33 所示。

精彩演示

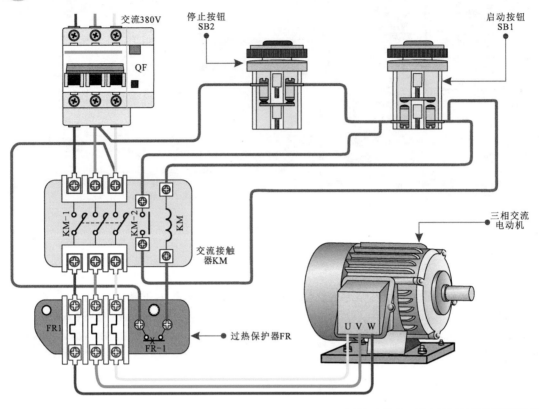

图 3-33　过热保护器的连接关系

　　图 3-34 为过热保护器在电路中根据运行状态（正常温度情况下和异常温度情况下）起到的控制作用。

　　图 3-34 中，在正常情况下，合上电源总开关 QF，按下启动按钮 SB1，过热保护继电器 FR 的常闭触点 FR-1 接通，控制电路的供电，KM 线圈得电，常开主触点 KM-1 闭合，接通三相交流电源，电动机启动运转；常开辅助触点 KM-2 闭合，实现自锁功能，即使松开启动按钮 SB1，三相交流电动机仍能保持运转状态。

　　当主电路中出现过载、断相、电流不平衡或三相交流电动机过热等现象时，由过热保护器 FR 的热元件产生的热效应来推动动作机构，使常闭触点 FR-1 断开，切断控制电路供电电源，交流接触器 KM 线圈失电，常开主触点 KM-1 复位断开，切断电动机供电电源，电动机停止运转；常开辅助触点 KM-2 复位断开，解除自锁功能，实现对电路的保护。

　　待主电路中的电流正常或三相交流电动机逐渐冷却时，过热保护器 FR 的常闭触点 FR-1 复位闭合，再次接通电路，此时只需重新启动电路，三相交流电动机便可启动运转。

📹 **精彩演示**

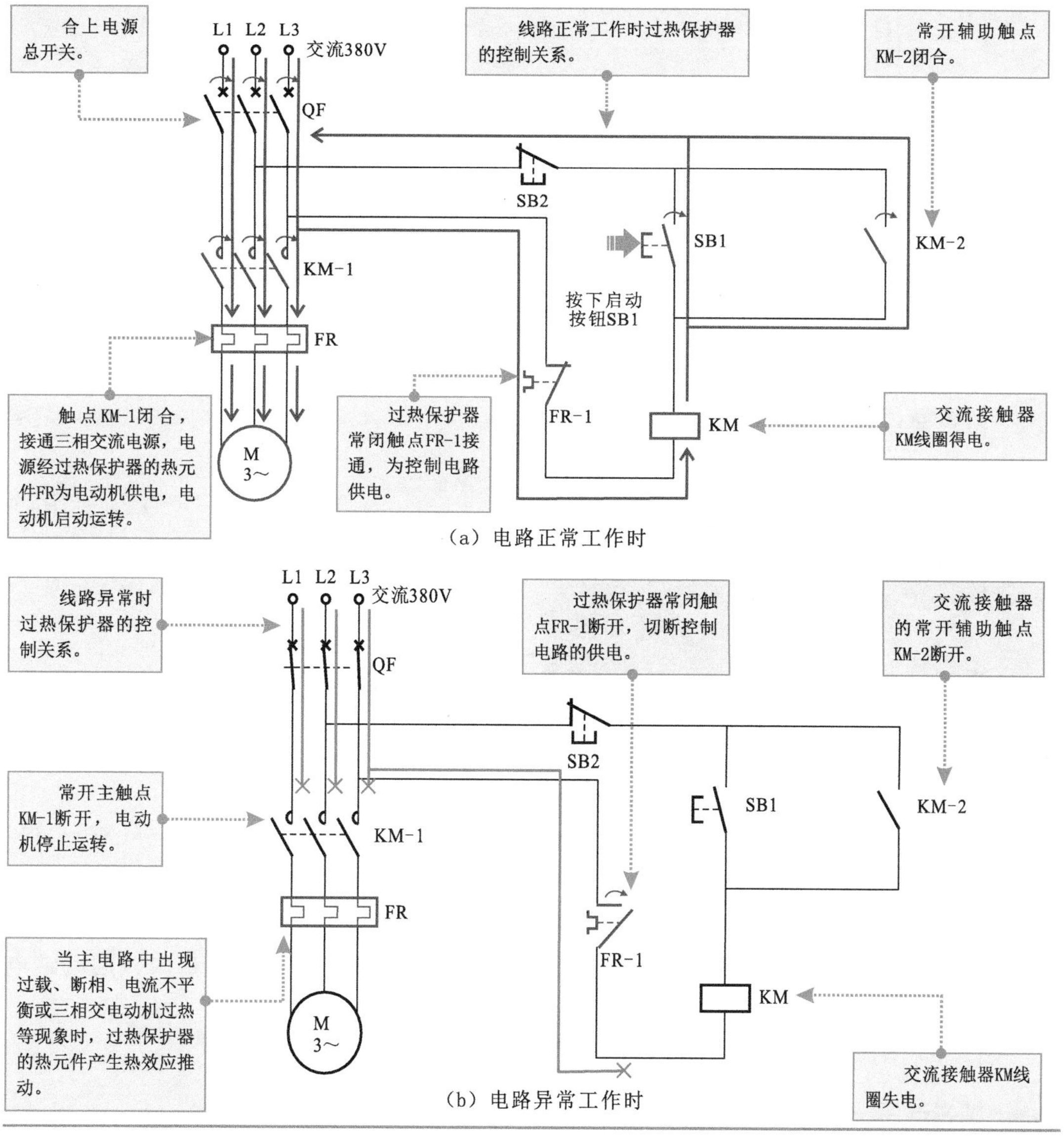

合上电源
总开关。

L1 L2 L3 交流380V

QF

线路正常工作时过热保护器
的控制关系。

常开辅助触点
KM-2闭合。

SB2

SB1

KM-2

KM-1

按下启动
按钮SB1

FR

触点KM-1闭合，
接通三相交流电源，
电源经过热保护器的热元
件FR为电动机供电，电
动机启动运转。

过热保护器
常闭触点FR-1接
通，为控制电路
供电。

FR-1

KM

交流接触器
KM线圈得电。

M
3~

（a）电路正常工作时

线路异常时
过热保护器的控
制关系。

L1 L2 L3 交流380V

QF

过热保护器常闭触
点FR-1断开，切断控制
电路的供电。

交流接触器
的常开辅助触点
KM-2断开。

SB2

常开主触点
KM-1断开，电动
机停止运转。

SB1

KM-2

KM-1

FR

当主电路中出现
过载、断相、电流不平
衡或三相交流电动机过热
等现象时，过热保护器
的热元件产生热效应推
动。

FR-1

KM

M
3~

交流接触器KM线
圈失电。

（b）电路异常工作时

图 3-34　过热保护器在电路中根据运行状态起到的控制作用

3.5.4　温度继电器在电工电路中的控制关系

温度继电器是一种用于防止负载设备因温度过高或过电流而烧坏的保护器件，具
有过流、过热双重保护功能。通常由电阻加热丝、碟形双金属片、一对动 / 静触点和两
个接线端子组成。

图 3-35 为温度继电器的外形及内部结构。

温度继电器在电工电路中通常由接线端子与供电电路串联在一起，对电路起保护
作用。图 3-36 为温度继电器在电工电路中的连接关系。

电阻加热丝　　　调节螺钉　　　接线端子　　　　温度继电器的实物外形。

静触点

动触点

感温面　　　　　外壳

图 3-35　温度继电器的外形及内部结构

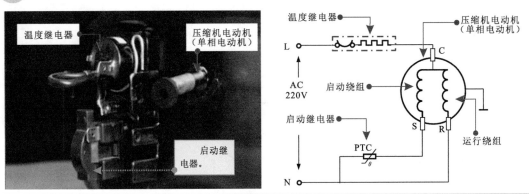

温度继电器　　　　压缩机电动机（单相电动机）

温度继电器　　　　　　　压缩机电动机（单相电动机）

启动继电器。

L　　AC 220V

启动绕组

启动继电器　　PTC

N　　　　　S　R　　运行绕组

C

图 3-36　温度继电器在电工电路中的连接关系

在正常温度下，交流 220V 电源经温度继电器内部闭合触点为压缩机电动机供电，启动继电器启动压缩机电动机工作，待压缩机电动机转速升高到一定值时，启动继电器断开启动绕组，启动结束，压缩机电动机进入正常运转状态。

图 3-37 为在正常温度下温度继电器的控制关系。

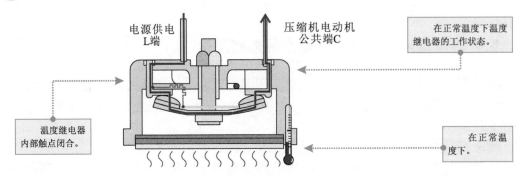

电源供电 L端　　　压缩机电动机公共端C　　　在正常温度下温度继电器的工作状态。

温度继电器内部触点闭合。　　　　　　　　　在正常温度下。

图 3-37　在正常温度下温度继电器的控制关系

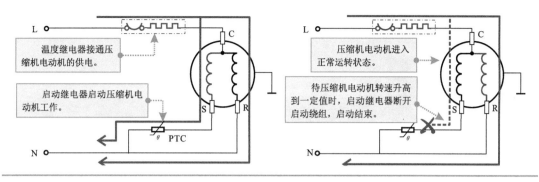

图 3-37　在正常温度下温度继电器的控制关系（续）

　　当压缩机电动机温度过高时，温度继电器的碟形双金属片受热反向弯曲变形，断开压缩机电动机的供电回路，起到保护作用。图 3-38 为温度过高时温度继电器的控制关系。

精彩演示

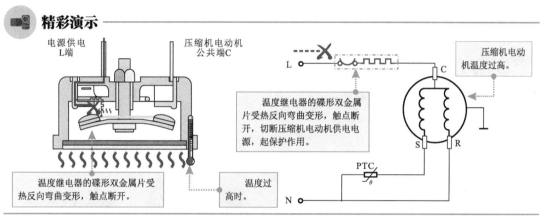

图 3-38　温度过高时温度继电器的控制关系

　　待压缩机电动机和温度继电器的温度逐渐降低时，双金属片又恢复到原来的形态，触点再次接通，压缩机电动机再次启动运转。

资料扩展

　　温度继电器除了具有过热保护功能外，还有过流保护功能。在该过程中，温度继电器内部电阻加热丝和蝶形双金属片起主要作用。图 3-39 为温度继电器的过流保护过程。

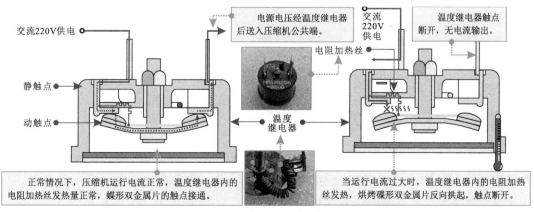

图 3-39　温度继电器的过流保护过程

第4章 变压器与电动机

4.1 变压器的结构原理与检测技能

4.1.1 变压器的结构

变压器是一种利用电磁感应原理制成的，可以传输、改变电能或信号的功能部件，主要用来提升或降低交流电压、变换阻抗等。变压器的应用十分广泛，如在供配电线路、电气设备及电子设备中可传输交流电，起到电压变换、电流变化、阻抗变换或隔离等作用。

图4-1为典型变压器的实物外形。变压器的分类方式很多，根据电源相数的不同，可分为单相变压器和三相变压器。

🎬 精彩演示

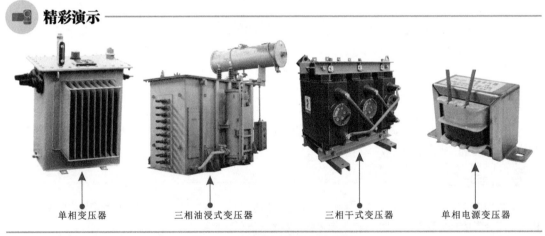

| 单相变压器 | 三相油浸式变压器 | 三相干式变压器 | 单相电源变压器 |

图4-1　典型变压器的实物外形

变压器是将两组或两组以上的线圈绕制在同一个线圈骨架上或绕在同一铁芯上制成的。通常，与电源相连的线圈称为初级绕组，其余的线圈称为次级绕组。

图4-2为变压器的结构及电路图形符号。

① 单相变压器的结构特点

单相变压器是一种初级绕组为单相绕组的变压器。单相变压器的初级绕组和次级绕组均缠绕在铁芯上，初级绕组为交流电压输入端，次级绕组为交流电压输出端。次级绕组的输出电压与线圈的匝数成正比。

图4-3为单相变压器的结构特点。

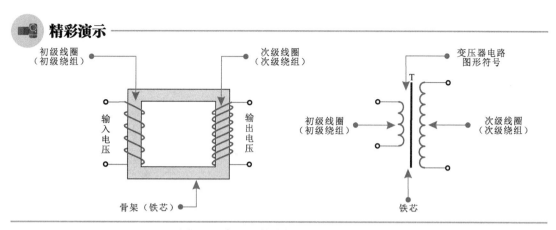

图 4-2　变压器的结构及电路图形符号

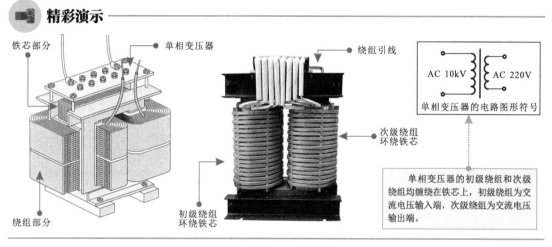

图 4-3　单相变压器的结构特点

2　三相变压器的结构特点

　　三相变压器是电力设备中应用比较多的一种变压器。三相变压器实际上是由 3 个相同容量的单相变压器组合而成的。初级绕组（高压线圈）为三相，次级绕组（低压线圈）也为三相。

　　三相变压器和单相变压器的内部结构基本相同，均由铁芯（器身）和绕组两部分组成。绕组是变压器的电路，铁芯是变压器的磁路，二者构成变压器的核心，即电磁部分。三相电力传输变压器的内部有六组绕组。

　　图 4-4 为三相变压器的结构特点。

4.1.2　变压器的原理

　　单相变压器可将高压供电变成单相低压供各种设备使用，如可将交流 6600V 高压经单相变压器变为交流 220V 低压，为照明灯或其他设备供电。单相变压器具有结构简单、体积小、损耗低等优点，适宜在负荷较小的低压配电线路（60Hz 以下）中使用。

　　图 4-5 为单相变压器的功能示意图。

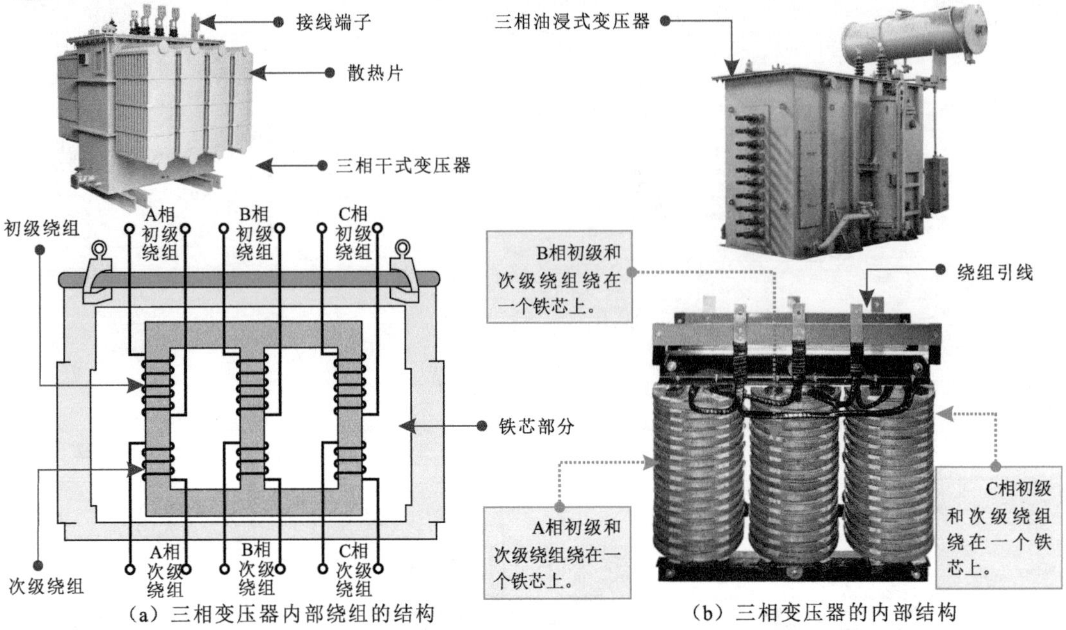

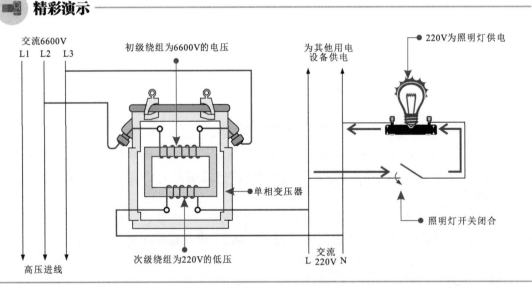

图 4-4 三相变压器的结构特点

（a）三相变压器内部绕组的结构　　　　　（b）三相变压器的内部结构

图 4-5 单相变压器的功能示意图

三相变压器主要用于三相供电系统中的升压或降压，常用的就是将几千伏的高压变为380V的低压，为用电设备提供动力电源。图 4-6 为三相变压器的功能示意图。

变压器利用电感线圈靠近时的互感原理，将电能或信号从一个电路传向另一个电路。变压器是变换电压的器件，提升或降低交流电压是变压器的主要功能。

图 4-7 为变压器的电压变换功能示意图。

精彩演示

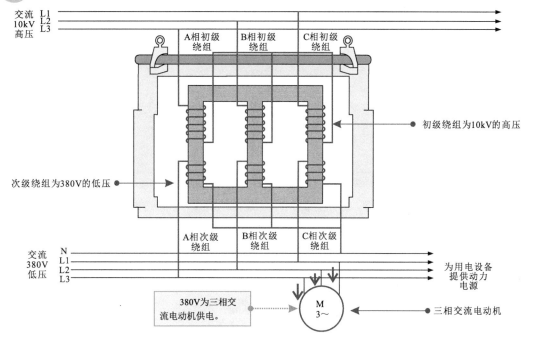

图 4-6 三相变压器的功能示意图

精彩演示

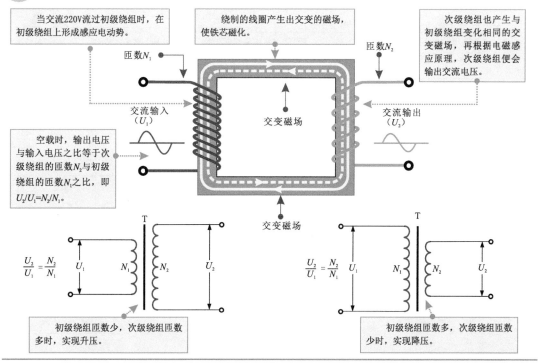

图 4-7 变压器的电压变换功能示意图

　　变压器通过初级线圈、次级线圈可实现阻抗变换，即初级与次级线圈的匝数比不同，输入与输出的阻抗也不同。图 4-8 为变压器的阻抗变换功能示意图。

精彩演示

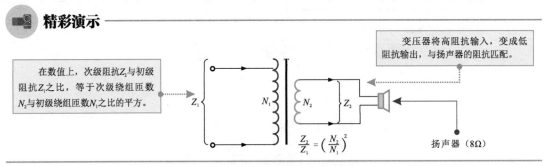

图 4-8　变压器的阻抗变换功能示意图

　　根据变压器的变压原理，初级部分的交流电压是通过电磁感应原理"感应"到次级绕组上的，而没有进行实际的电气连接，因而变压器具有电气隔离功能。

　　图 4-9 为变压器电气隔离功能示意图。

精彩演示

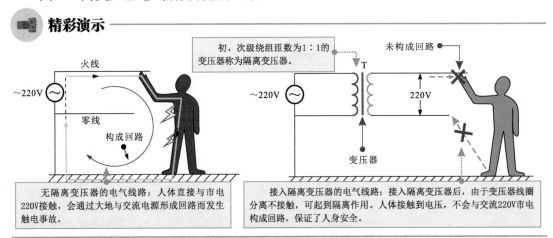

图 4-9　变压器电气隔离功能示意图

　　通过改变变压器初级和次级绕组的接法，可以很方便地将变压器输入信号的相位倒相。图 4-10 为变压器的相位变换功能示意图。

精彩演示

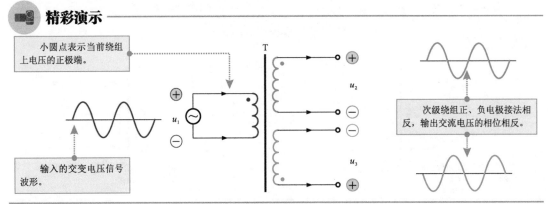

图 4-10　变压器的相位变换功能示意图

4.1.3 变压器的检测

检测变压器时，可先检查待测变压器的外观，看是否损坏，确保无烧焦、引脚无断裂等，如有上述情况，则说明变压器已经损坏。接着根据实测变压器的功能特点，确定检测的参数类型，如检测变压器的绝缘电阻、检测绕组间的电阻、检测输入和输出电压等。

① 变压器绝缘电阻的检测方法

使用兆欧表测量变压器的绝缘电阻是检测设备绝缘状态最基本的方法。通过这种测量手段能有效发现设备受潮、部件局部脏污、绝缘击穿、瓷件破裂、引线接外壳及老化等问题。

以三相变压器为例。三相变压器绝缘电阻的测量主要分低压绕组对外壳的绝缘电阻测量、高压绕组对外壳的绝缘电阻测量和高压绕组对低压绕组的绝缘电阻测量。以测量低压绕组对外壳的绝缘电阻为例，将低压侧的绕组桩头用短接线连接，接好兆欧表，按 120r/min 的速度顺时针摇动兆欧表的摇杆，读取 15 秒和 1 分钟时的绝缘电阻值。将实测数据与标准值比对，即可完成测量，如图 4-11 所示。

精彩演示

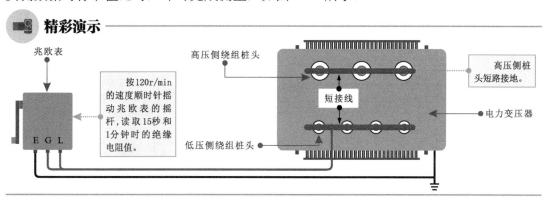

图 4-11 三相变压器低压绕组对外壳绝缘电阻的测量

资料扩展

使用兆欧表测量电力变压器绝缘电阻前，要断开电源，并拆除或断开设备外接的连接线缆，使用绝缘棒等工具对电力变压器充分放电（约 5 分钟为宜）。

接线测量时，要确保测试线的接线必须准确无误，且测试连接要使用单股线分开独立连接，不得使用双股绝缘线或绞线。

在测量完毕断开兆欧表时，要先将"电路"端测试引线与测试桩头分开，再降低兆欧表摇速，否则会烧坏兆欧表。测量完毕，在对电力变压器测试桩头充分放电后，方可允许拆线。

使用兆欧表检测电力变压器的绝缘电阻时，要根据电气设备及回路的电压等级选择相应规格的兆欧表，见表 4-1。

表 4-1 不同电气设备及回路的电压等级应选择兆欧表的规格

电气设备或回路级别	100V以下	100~500V	500~3000V	3000~10000V	10000V及以上
兆欧表规格	250V/50MΩ及以上兆欧表	500V/100MΩ及以上兆欧表	1000V/2000MΩ及以上兆欧表	2500V/10000MΩ及以上兆欧表	5000V/10000MΩ及以上兆欧表

2 变压器绕组阻值的检测方法

变压器绕组阻值的测量，主要是用来检查变压器绕组接头的焊接质量是否良好、绕组层匝间有无短路、分接开关各个位置接触是否良好及绕组或引出线有无折断等情况。通常，检测中、小型三相变压器多采用直流电桥法。

以典型小型三相变压器为例，借助直流电桥可精确测量变压器绕组的阻值，如图 4-12 所示。

在测量前，将待测变压器的绕组与接地装置连接进行放电操作。放电完成后，拆除一切连接线，连接好直流电桥，检测变压器各相绕组（线圈）的阻值。

估计被测变压器绕组的阻值，将直流电桥倍率旋钮置于适当位置，检流计灵敏度旋钮调至最低位置，将非被测线圈短路接地。先打开电源开关按钮（B）充电，充足电后，按下检流计开关按钮（G），迅速调节测量臂，使检流计指针向检流计刻度中间的零位线方向移动，增大灵敏度微调，待指针平稳停在零位上时记录被测线圈的阻值（被测线圈电阻值＝倍率数×测量臂电阻值）。

测量完毕，为防止在测量具有电感的阻值时损坏检流计，应先按检流计开关按钮（G），再放开电源开关按钮（B）。

📹 精彩演示

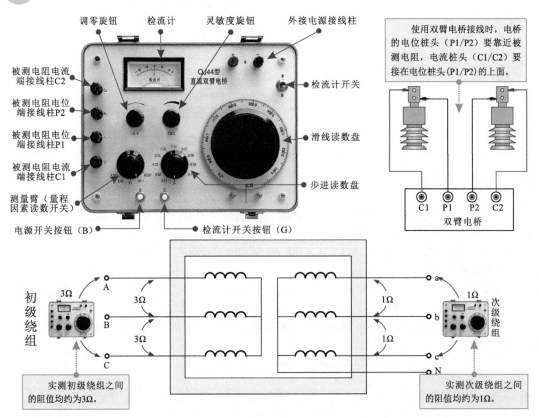

图 4-12 变压器绕组阻值的检测方法

重要提示

由于测量精度及接线方式的误差，测出的三相阻值也不相同，可使用误差公式判别，即

$$\Delta R\% = [(R_{max} - R_{min})/R_p] \times 100\%.$$

$$R_p = (R_{ab} + R_{bc} + R_{ca})/3.$$

式中，$\Delta R\%$ 为误差百分数；R_{max} 为实测中的最大值（Ω）；R_{min} 为实测中的最小值（Ω）；R_p 为三相中实测的平均值（Ω）

在比对分析当次测量值与前次测量值时，一定要在相同的温度下，如果温度不同，则要按下式换算至 20℃时的阻值，即

$$R_{20℃} = R_t K, \quad K = (T+20)/(T+t).$$

式中，$R_{20℃}$ 为 20℃时的直流电阻值（Ω）；R_t 为 t℃时的直流阻值（Ω）；T 为常数（铜导线为 234.5，铝导线为 225）；t 为测量时的温度。

3   **变压器输入、输出电压的检测方法**

变压器输入、输出电压的检测主要是指在通电情况下，检测输入电压值和输出电压值，在正常情况下，输出端应有变换后的电压输出。

以电源变压器为例。检测前，应先了解电源变压器输入电压和输出电压的具体参数值和检测方法，如图 4-13 所示。

精彩演示

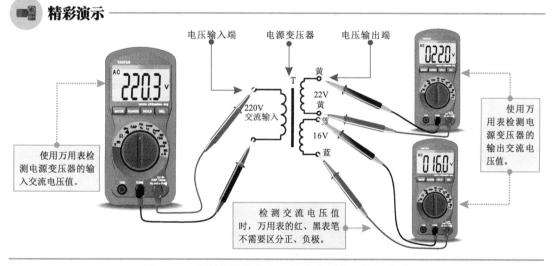

图 4-13   电源变压器输入、输出电压值及检测方法

图 4-14 为典型产品中电源变压器输入、输出电压的检测方法。

4.2   电动机的结构原理与检测技能

4.2.1 电动机的结构

电动机是利用电磁感应原理将电能转换为机械能的动力部件，广泛应用在电气设备、控制线路或电子产品中。按照电动机供电类型的不同，电动机可分为直流电动机和交流电动机两大类。

精彩演示 ————————————————————————

电压输入端

将万用表的红、黑表笔分别搭在电源变压器的交流输入端上，测量值为220.3V，属于正常范围。

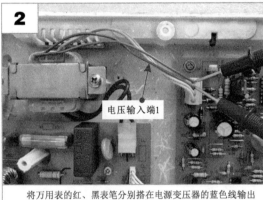

电压输入端1

将万用表的红、黑表笔分别搭在电源变压器的蓝色线输出端上。

万用表测得的电压值约为16.1V，属于正常范围。

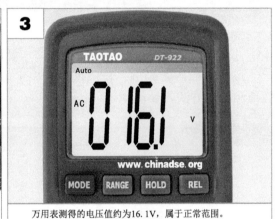

电压输入端2

将万用表的红、黑表笔分别搭在电源变压器的黄色线输出端上。

万用表测得电压值约为22.4V，属于正常范围。

图 4-14　典型产品中电源变压器输入、输出电压的检测方法

1　直流电动机的结构特点

　　直流电动机是通过直流电源（电源具有正、负极之分）供给电能，并将电能转变为机械能的一类电动机。该类电动机广泛应用在电动产品中。

常见的直流电动机可分为有刷直流电动机和无刷直流电动机。这两种直流电动机的外形相似，主要通过内部是否包含电刷和换向器（换相器）进行区分。

图 4-15 为常见直流电动机的实物外形。

 精彩演示

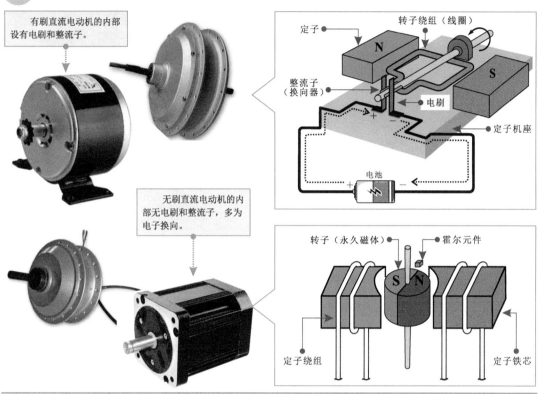

图 4-15　常见直流电动机的实物外形

■ **资料扩展**

有刷直流电动机的定子是永磁体，转子由绕组线圈和整流子构成。电刷安装在定子机座上，电源通过电刷及整流子（换向器）实现电动机绕组（线圈）中电流方向的变化；无刷直流电动机将绕组安装在不旋转的定子上，由定子产生磁场驱动转子旋转。转子由永久磁体制成，不需要为转子供电，因此省去了电刷和整流子，转子磁极受到定子磁场的作用即会转动。

2　交流电动机的结构特点

交流电动机是通过交流电源供给电能，并将电能转变为机械能的一类电动机。交流电动机根据供电方式的不同，可分为单相交流电动机和三相交流电动机。

图 4-16 为常见交流电动机的实物外形。

4.2.2　电动机的原理

电动机是将电能转换成机械能的电气部件，不同的供电方式，具体的工作原理也有所不同。下面以典型直流电动机和交流电动机为例介绍电动机的工作原理。

精彩演示

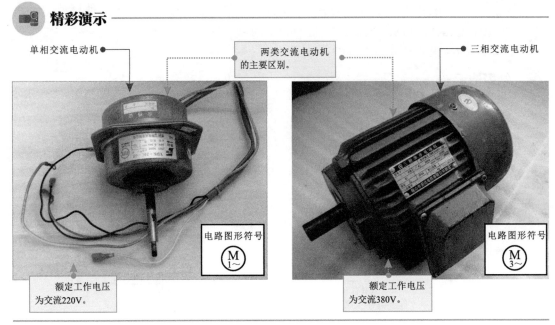

图 4-16　常见交流电动机的实物外形

1 **直流电动机的工作原理**

直流电动机可分为有刷直流电动机和无刷直流电动机。

（1）有刷直流电动机的工作原理

有刷直流电动机工作时，绕组和换向（相）器旋转，主磁极（定子）和电刷不旋转，直流电源经电刷加到转子绕组上，绕组电流方向的交替变化是随电动机转动的换向器及与其相关的电刷位置变化而变化的。图 4-17 为典型有刷直流电动机的工作原理。

精彩演示

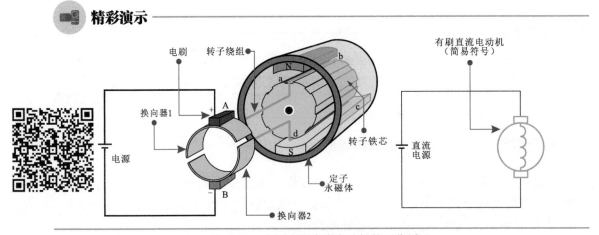

图 4-17　典型有刷直流电动机的工作原理

有刷直流电动机接通电源瞬间，直流电源的正、负两极通过电刷 A 和 B 与直流电动机的转子绕组接通，直流电流经电刷 A、换向器 1、绕组 ab 和 cd、换向器 2、电刷 B 返回到电源的负极。绕组 ab 中的电流方向由 a 到 b；绕组 cd 中的电流方向由 c 到 d。

两绕组的受力方向均为逆时针方向，这样就产生了一个转矩，使转子铁芯逆时针方向旋转。

当有刷直流电动机转子转到 90°时，两个绕组边处于磁场物理中性面，且电刷不与换向器接触，绕组中没有电流流过，$F=0$，转矩消失。

由于机械惯性的作用，有刷直流电动机的转子将冲过 90°继续旋转至 180°，这时绕组中又有电流流过，此时直流电流经电刷 A、换向器 2、绕组 dc 和 ba、换向器 1、电刷 B 返回到电源的负极。根据左手定则可知，两个绕组受力的方向仍是逆时针，转子依然逆时针旋转。

（2）无刷直流电动机的工作原理

无刷直流电动机的转子由永久磁钢构成，圆周设有多对磁极（N、S），绕组绕制在定子上，当接通直流电源时，电源为定子绕组供电，磁钢受到定子磁场的作用而产生转矩并旋转。

图 4-18 为典型无刷直流电动机的工作原理。

精彩演示

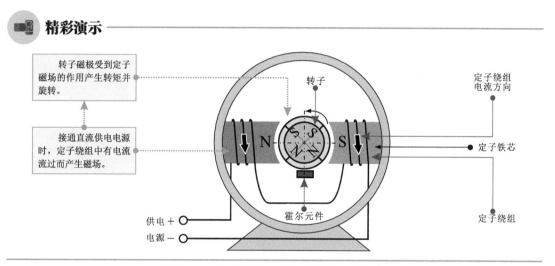

图 4-18　典型无刷直流电动机的工作原理

无刷直流电动机定子绕组必须根据转子的磁极方位切换其中的电流方向才能使转子连续旋转，在无刷直流电动机内必须设置一个转子磁极位置的传感器，这种传感器通常采用霍尔元件。

图 4-19 为典型霍尔元件的工作原理。

2　交流电动机的工作原理

图 4-20 为典型交流同步电动机的工作原理。电动机的转子是一个永磁体，具有 N、S 磁极，置于定子磁场中时，定子磁场的磁极 n 吸引转子磁极 S，定子磁极 s 吸引转子磁极 N。如果此时使定子磁极转动，则由于磁力的作用，转子会与定子磁场同步转动。

若三相绕组用三相交流电源代替永磁磁极，则定子绕组在三相交流电源的作用下会形成旋转磁场，定子本身不需要转动，同样可以使转子跟随磁场旋转。

图 4-21 为典型交流同步电动机的驱动原理。

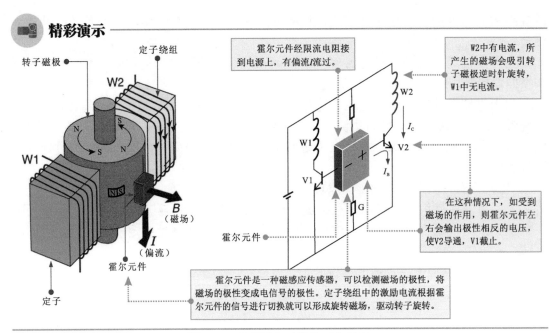

图 4-19 典型霍尔元件的工作原理

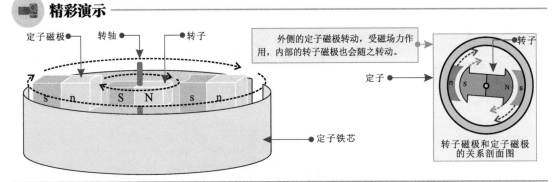

图 4-20 典型交流同步电动机的工作原理

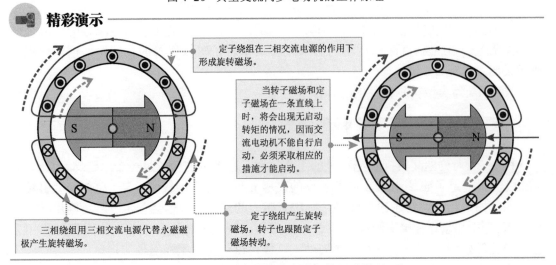

图 4-21 典型交流同步电动机的驱动原理

图 4-22 为单相交流异步电动机的工作原理。交流电源加到电动机的定子线圈中，使定子磁场旋转，从而带动转子旋转，最终实现将电能转换成机械能。可以看到，单相交流异步电动机将闭环线圈（绕组）置于磁场中，交变电流加到定子绕组中所形成的磁场是变化的，闭环线圈受到磁场作用会产生电流，从而产生转动力矩。

 精彩演示

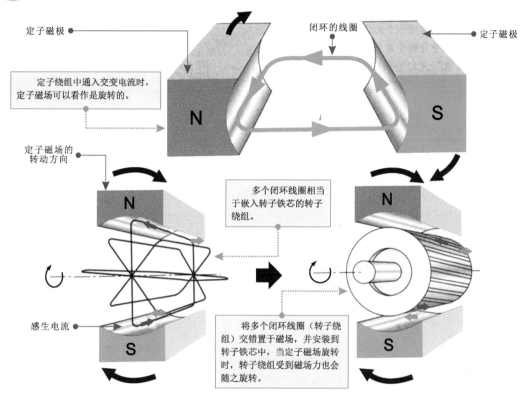

定子磁极

闭环的线圈

定子磁极

定子绕组中通入交变电流时，定子磁场可以看作是旋转的。

N

S

i

定子磁场的转动方向

N

多个闭环线圈相当于嵌入转子铁芯的转子绕组。

N

感生电流

S

将多个闭环线圈（转子绕组）交错置于磁场，并安装到转子铁芯中，当定子磁场旋转时，转子绕组受到磁场力也会随之旋转。

S

图 4-22　单相交流异步电动机的工作原理

重要提示

　　单相交流电是频率为 50Hz 的正弦交流电。如果电动机定子只有一个运行绕组，则当单相交流电加到电动机的定子绕组上时，定子绕组就会产生交变的磁场。该磁场的强弱和方向是随时间按正弦规律变化的，但在空间上是固定的。

　　三相交流异步电动机在三相交流供电的条件下工作。图 4-23 为三相交流异步电动机的工作原理。三相交流异步电动机的定子是圆筒形的，套在转子的外部，电动机的转子是圆柱形的，位于定子的内部。三相交流电源加到定子绕组中，由定子绕组产生的旋转磁场使转子旋转。

　　三相交流异步电动机需要三相交流电源提供工作条件，满足工作条件后，三相交流异步电动机的转子之所以会旋转、实现能量转换，是因为转子气隙内有一个沿定子内圆旋转的磁场。

　　图 4-24 为三相交流电的相位关系。

精彩演示

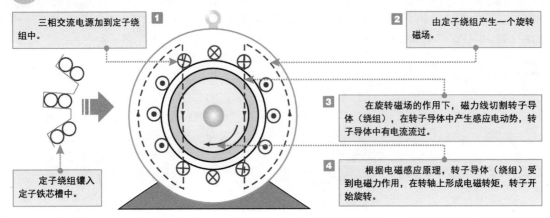

图 4-23　三相交流异步电动机的工作原理

精彩演示

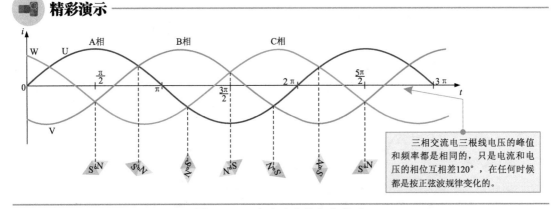

图 4-24　三相交流电的相位关系

重要提示

　　三相交流异步电动机接通三相电源后，定子绕组有电流流过，产生一个转速为 n_0 的旋转磁场。在旋转磁场的作用下，电动机转子受电磁力的作用，以转速 n 开始旋转。这里 n 始终不会加速到 n_0，因为只有这样，转子导体（绕组）与旋转磁场之间才会有相对运动而切割磁力线，转子导体（绕组）中才能产生感应电动势和电流，从而产生电磁转矩，使转子按照旋转磁场的方向连续旋转。定子磁场对转子的异步转矩是异步电动机工作的必要条件，"异步"的名称也由此而来。

4.2.3　电动机的检测

　　检测电动机性能是否正常时，可借助万用表、万用电桥、兆欧表等检测仪表检测电动机的绕组阻值、绝缘电阻、转速等参数值。

❶ 电动机绕组阻值的检测

　　绕组是电动机的主要组成部件。检测时，一般可用万用表的电阻挡粗略检测，也可以使用万用电桥精确检测，进而判断绕组有无短路或断路故障。

图 4-25 为用万用表检测直流电动机绕组的阻值，根据检测结果可大致判断电动机绕组有无短路或断路故障。

精彩演示 ────

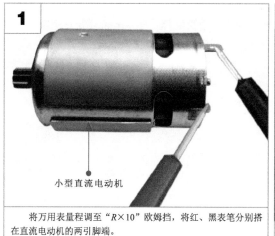

小型直流电动机

将万用表量程调至"R×10"欧姆挡，将红、黑表笔分别搭在直流电动机的两引脚端。

万用表实测阻值约为100Ω，属于正常范围。

图 4-25　用万用表检测直流电动机绕组的阻值

图 4-26 为用万用表检测单相交流电动机绕组的阻值，根据检测结果可大致判断内部绕组有无短路或断路情况。

精彩演示 ────

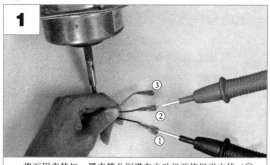

将万用表的红、黑表笔分别搭在电动机两绕组引出线（①、②）上。

从万用表的显示屏上读取出实测第一组绕组的阻值 R_1 为232.8Ω。

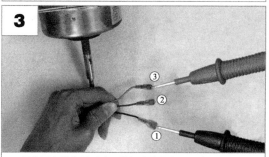

保持黑表笔位置不动，将红表笔搭在另一绕组引出线上（①、③）。

从万用表的显示屏上读取出实测第二组绕组的阻值 R_2 为256.3Ω。

图 4-26　用万用表检测单相交流电动机绕组的阻值

重要提示

　　如图 4-27 所示，若所测电动机为单相电动机，则检测两两引线之间得到的三个数值 R_1、R_2、R_3 应满足其中两个数值之和等于第三个值（$R_1+R_2=R_3$）。若 R_1、R_2、R_3 任意一阻值为无穷大，则说明绕组内部存在断路故障。

　　若所测电动机为三相电动机，则检测两两引线之间得到的三个数值 R_1、R_2、R_3 应满足三个数值相等（$R_1=R_2=R_3$）。若 R_1、R_2、R_3 任意一阻值为无穷大，则说明绕组内部存在断路故障。

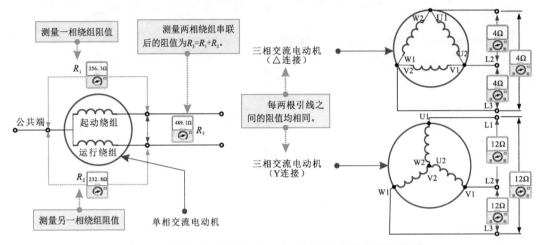

图 4-27　单相交流电动机和三相交流电动机绕组阻值关系

　　除使用万用表粗略测量电动机绕组阻值外，还可借助万用电桥精确测量电动机绕组阻值，即使微小偏差也能够被发现，这是判断电动机的制造工艺和性能是否良好的有效测试方法。

　　图 4-28 为用万用电桥精确测量三相交流电动机绕组阻值的方法。

精彩演示

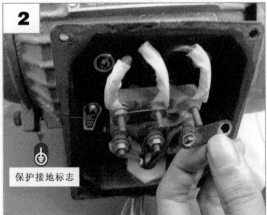

将连接端子的连接金属片拆下，使交流电动机的三组绕组互相分离（断开），以保证测量结果的准确性。

图 4-28　用万用电桥精确测量三相交流电动机绕组阻值的方法

3

将万用电桥测试线上的鳄鱼夹夹在电动机一相绕组的两端引出线上，检测电阻值。

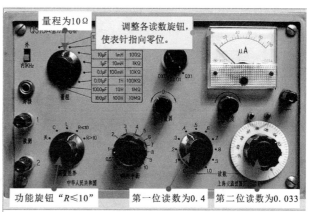

本例中，万用电桥实测数值为 $0.433 \times 10\Omega = 4.33\Omega$，属于正常范围。

4

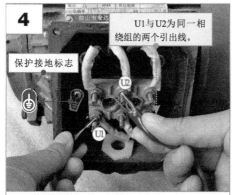

使用相同的方法，将鳄鱼夹夹在电动机第二相绕组的两端引出线上，检测电阻值。

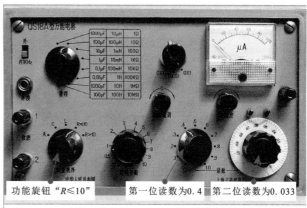

本例中，万用电桥实测数值为 $0.433 \times 10\Omega = 4.33\Omega$，属于正常范围。

5

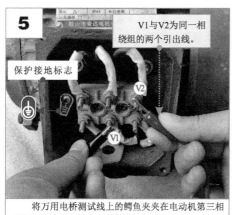

将万用电桥测试线上的鳄鱼夹夹在电动机第三相绕组的两端引出线上，检测电阻值。

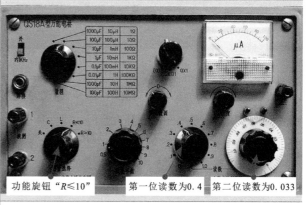

本例中，万用电桥实测数值为 $0.433 \times 10\Omega = 4.33\Omega$，属于正常范围。

图 4-28   用万用电桥精确测量三相交流电动机绕组阻值的方法（续）

❷ 电动机绝缘电阻的检测

　　电动机绝缘电阻的检测是指检测电动机绕组与外壳之间、绕组与绕组之间的绝缘电阻，以此来判断电动机是否存在漏电（对外壳短路）、绕组间短路的现象。测量绝缘电阻一般使用兆欧表。

如图 4-29 所示,将兆欧表分别与待测电动机绕组接线端子和接地端连接,转动兆欧表手柄,检测电动机绕组与外壳之间的绝缘电阻。

精彩演示

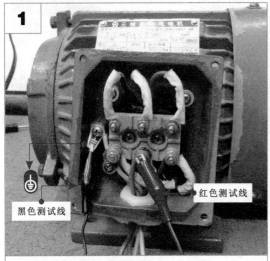

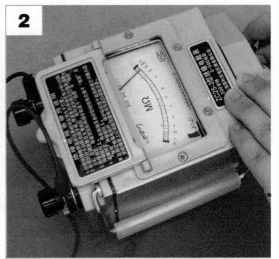

将兆欧表的黑色测试线接在交流电动机的接地端上,红色测试线接在其中一相绕组的出线端子上。

顺时针匀速转动兆欧表的手柄,观察绝缘电阻表指针的摆动情况,兆欧表实测绝缘阻值大于1MΩ,正常。

图 4-29   电动机绕组与外壳之间绝缘电阻的检测方法

重要提示

使用兆欧表检测交流电动机绕组与外壳间的绝缘电阻时,应匀速转动兆欧表的手柄,并观察指针的摆动情况。本例中,实测绝缘电阻均大于 1MΩ。

为确保测量值的准确度,需要待兆欧表的指针慢慢回到初始位置后,再顺时针摇动兆欧表的手柄检测其他绕组与外壳的绝缘电阻,若检测结果远小于 1MΩ,则说明电动机绝缘性能不良或绕组或引线与外壳之间有漏电情况。

可采用同样的方法检测电动机绕组与绕组之间的绝缘电阻。

检测绕组间绝缘电阻时,需要打开电动机接线盒,取下接线片,确保电动机绕组之间没有任何连接关系。

若测得电动机绕组与绕组之间的绝缘电阻为零或阻值较小,则说明电动机绕组与绕组之间存在短路现象。

3 电动机空载电流的检测

检测电动机的空载电流就是在电动机未带任何负载的情况下检测绕组中的运行电流,多用于单相交流电动机和三相交流电动机的检测。

图 4-30 为借助钳形表检测典型三相交流电动机(额定电流为 3.5A)的空载电流。

4 电动机转速的检测

电动机的转速是指电动机运行时每分钟旋转的转数。测试电动机的实际转速,并

精彩演示

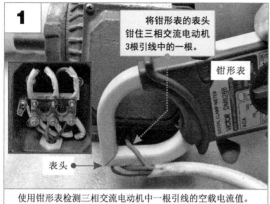 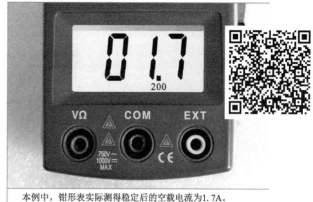

1	

将钳形表的表头钳住三相交流电动机3根引线中的一根。

钳形表

表头

使用钳形表检测三相交流电动机中一根引线的空载电流值。

本例中，钳形表实际测得稳定后的空载电流为1.7A。

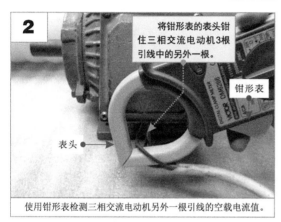

2	

将钳形表的表头钳住三相交流电动机3根引线中的另外一根。

钳形表

表头

使用钳形表检测三相交流电动机另外一根引线的空载电流值。

本例中，钳形表实际测得稳定后的空载电流为1.7A。

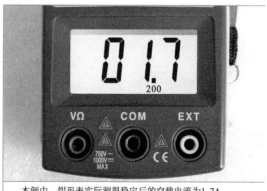

3	

将钳形表的表头钳住三相交流电动机3根引线中的最后一根。

钳形表

表头

使用钳形表检测三相交流电动机最后一根引线的空载电流值。

本例中，钳形表实际测得稳定后的空载电流为1.7A。

图 4-30　借助钳形表检测典型三相交流电动机的空载电流

 **重要提示**

　　若测得的空载电流过大或三相空载电流不均衡，则说明电动机存在异常。在一般情况下，空载电流过大的原因主要是电动机内部铁芯不良、电动机转子与定子之间的间隙过大、电动机线圈的匝数过少、电动机绕组连接错误。

　　在图 4-30 中，所测电动机为 2 极、1.5kW 容量的电动机，铭牌标称额定电流为 3.5A，空载电流为额定电流的 40% ～ 55%，上图所测结果正常。

与铭牌上的额定转速比较，可检查电动机是否存在超速或堵转现象。

如图4-31所示，检测电动机的转速一般使用专用的电动机转速表。

精彩演示

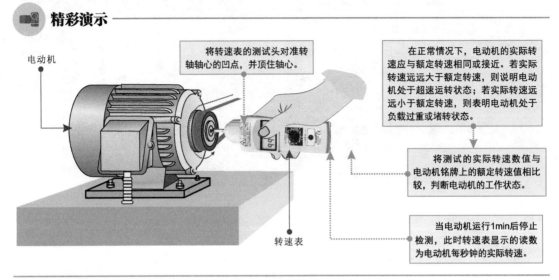

电动机

将转速表的测试头对准转轴轴心的凹点，并顶住轴心。

在正常情况下，电动机的实际转速应与额定转速相同或接近。若实际转速远远大于额定转速，则说明电动机处于超速运转状态；若实际转速远远小于额定转速，则表明电动机处于负载过重或堵转状态。

将测试的实际转速数值与电动机铭牌上的额定转速值相比较，判断电动机的工作状态。

当电动机运行1min后停止检测，此时转速表显示的读数为电动机每秒钟的实际转速。

转速表

图4-31 借助转速表检测电动机的转速

重要提示

如图4-32所示，在检测没有铭牌电动机的转速时，应先确定额定转速，通常可用指针万用表简单判断。

首先将电动机各绕组之间的连接金属片取下，使各绕组之间保持绝缘，再将万用表的量程调至0.05mA挡，将红、黑表笔分别接在某一绕组的两端，匀速转动电动机主轴一周，观测万用表指针左右摆动的次数。当万用表指针摆动一次时，表明电流正、负变化一个周期，为2极电动机；当万用表指针摆动两次时，则为4极电动机；依此类推，三次则为6极电动机，见表4-2。

表4-2 电动机极数与转速对应关系（转速单位：r/min，工频电源）

极数 类型	2极	4极	6极
同步电动机	3000	1500	1000
异步电动机	>2800	>1400	>900

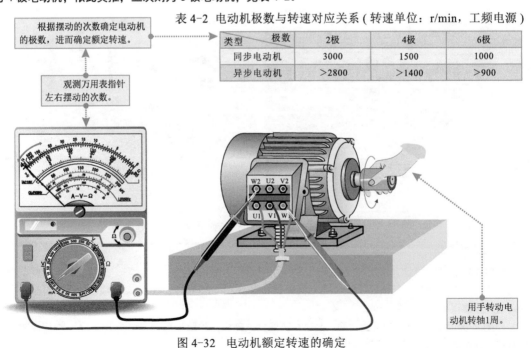

根据摆动的次数确定电动机的极数，进而确定额定转速。

观测万用表指针左右摆动的次数。

用手转动电动机转轴1周。

图4-32 电动机额定转速的确定

第5章 电工焊接技能

5.1 电子元器件的焊接规范

5.1.1 插接式元器件的焊接规范

在对插接式电子元器件进行安装或代换时，主要采用锡焊的方式对插接式元器件进行焊接。

1 预加工操作

（1）引脚校直

使用钢丝钳将元器件的引脚沿原始角度拉直，不要出现弯弯曲曲的地方，如图 5-1 所示，注意钢丝钳的钳口处不能有纹路，以防划伤元器件的引脚。

📹 **精彩演示**

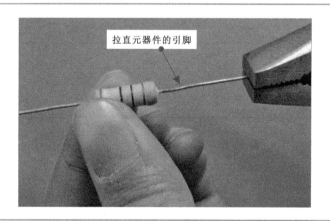

拉直元器件的引脚

图 5-1　引脚校直

（2）引脚清洁

电子元器件的引脚长时间接触空气，容易产生氧化层，影响焊接效果。对于氧化较轻的引脚可以使用蘸有酒精的软布进行擦拭；若氧化严重或有严重的腐蚀点，可使用电工刀或砂纸进行清除，如图 5-2 所示。使用电工刀或砂纸清除氧化层时，元器件两侧要留出 3mm 左右的保护带。

（3）引脚弯折

如图 5-3 所示，使用尖嘴钳或镊子对元器件的引脚进行弯折，用手捏住元器件的引脚，尖嘴钳夹住需要打弯的部位，进行弯折。

精彩演示

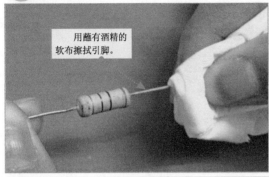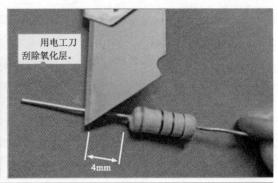

用蘸有酒精的软布擦拭引脚。

用电工刀刮除氧化层。

4mm

图 5-2　引脚清洁

精彩演示

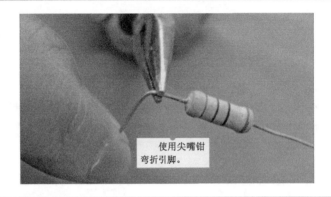

使用尖嘴钳弯折引脚。

图 5-3　引脚弯折

2 　焊接操作

（1）加热焊件

将烙铁头接触焊接点，使焊接部位均匀受热，如图 5-4 所示。烙铁头对焊点不要施加力量，也不要过长时间加热。

精彩演示

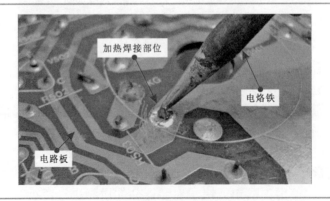

加热焊接部位

电烙铁

电路板

图 5-4　加热焊件

（2）熔化焊料

当焊点温度达到要求后，用电烙铁蘸取少量助焊剂，将焊锡丝置于焊接部位，如图 5-5 所示，电烙铁将焊锡丝熔化并润湿焊接部位，形成焊点。

 精彩演示

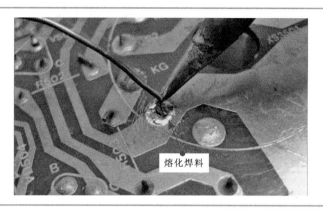

熔化焊料

图 5-5　熔化焊料

 重要提示

电烙铁的温度要保持在适当的温度上，若加热温度过高，会使助焊剂没有足够的时间在焊面上漫流而挥发失效，焊料熔化过快影响助焊剂作用的发挥。

（3）移开焊锡丝

当熔化了一定量的焊锡后将焊锡丝移开，如图 5-6 所示，所熔化的焊锡不能过多也不能过少。过多的焊锡会造成成本浪费，降低工作效率，也容易造成搭焊，形成短路。而过少的焊锡又不能形成牢固的焊点。

 精彩演示

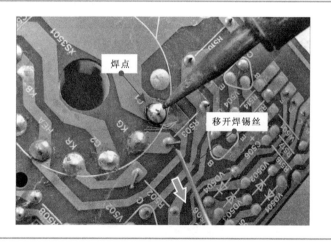

焊点

移开焊锡丝

图 5-6　移开焊锡丝

（4）移开电烙铁

当焊锡完全润湿焊点后，覆盖范围达到要求后，即可以移开电烙铁，如图 5-7 所示。移开电烙铁的方向应与电路板大致成 45°夹角，移开速度不要太慢。

精彩演示

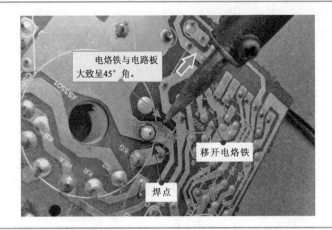

电烙铁与电路板
大致呈45°角。

移开电烙铁

焊点

图 5-7　移开电烙铁

重要提示

　　移开电烙铁是焊接操作中的重要一环，若电烙铁移开方向或速度有偏差，对焊点的质量有很大影响。移开方向不对，会使焊点出现拉尖或虚焊现象。

5.1.2　贴片式元器件的焊接规范

　　贴片元器件与直插式元器件的功能相同，但体积较小、集成度高、焊接要求高。

① 电烙铁焊接规范

　　（1）电烙铁焊接普通贴片元器件

　　先使用电烙铁，对贴片元器件的焊盘进行加热，待少量焊锡熔化后，迅速用镊子将元器件放置在安装位置上，其中一个引脚便会与电路板连接在一起，如图 5-8 所示。然后再对贴片元器件另一侧引脚进行焊接。用烙铁头蘸取少量助焊剂，将焊锡丝置于引脚部位，熔化少量焊锡覆盖住焊点即可。注意引脚的安装位置，不要放错。

精彩演示

用镊子将元器件
放到安装位置上。

使用电烙铁对
焊点进行加热。

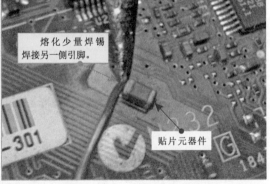

熔化少量焊锡
焊接另一侧引脚。

贴片元器件

图 5-8　使用电烙铁焊接

（2）电烙铁焊接贴片集成电路

① 涂抹焊料

将贴片集成电路放到电路板上，首先使用电烙铁随意固定几处引脚，集成电路便暂时固定到电路板上，如图5-9所示。然后，在所有引脚上均匀熔化大量的焊锡，覆盖住引脚。

精彩演示

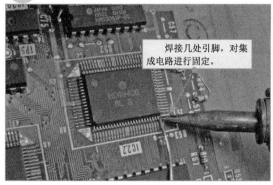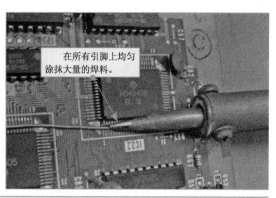

焊接几处引脚，对集成电路进行固定。

在所有引脚上均匀涂抹大量的焊料。

图 5-9　涂抹焊料

② 吸走多余焊料

将细铜丝浸泡在松香中，然后将其放置到集成电路的一排引脚上，一边用电烙铁加热铜丝，一边拉动铜丝以吸走焊锡，如图5-10所示。

精彩演示

拖拉蘸有松香的铜丝。

对铜丝进行加热

图 5-10　吸走多余焊料

③ 清洁电路板

吸走焊锡后，电路板上会残留大量的松香，这时用蘸有酒精的棉签对电路板进行清洁，如图5-11所示。

2 **热风焊枪焊接规范**

（1）选择焊枪嘴

精彩演示

清除电路板上残留的松香。

蘸有酒精的棉签

图 5-11　清洁电路板

根据贴片元器件引脚的大小和形状，选择合适的圆口焊枪嘴，如图 5-12 所示，使用十字螺丝刀拧松焊枪嘴上的螺钉，更换焊枪嘴。

 精彩演示

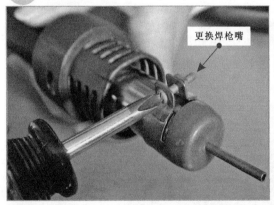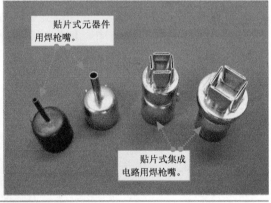

更换焊枪嘴

贴片式元器件用焊枪嘴。

贴片式集成电路用焊枪嘴。

图 5-12　选择并安装焊枪嘴

 资料扩展

针对不同封装的贴片元器件，需要更换不同型号的专用焊枪嘴。例如，普通贴片元器件需要使用圆口焊枪嘴；贴片集成电路需要使用方口焊枪嘴。

（2）涂抹助焊剂

在焊接元器件的位置上涂上一层助焊剂，然后将元器件放置在规定位置上，可用镊子微调元器件的位置，如图 5-13 所示。若焊点的焊锡过少，可先熔化一些焊锡再涂抹助焊剂。

（3）调节温度和风量

接下来打开热风焊机上的电源开关，对热风焊枪的加热温度和送风量进行调整。对于贴片元器件，选择较高的温度和较小的风量即可满足焊接要求。将温度调节旋钮调至 5 ～ 6 挡，风量调节旋钮调至 1 ～ 2 挡，如图 5-14 所示。

精彩演示

在焊点及其周围涂抹助焊剂。

图 5-13　涂抹助焊剂

精彩演示

调节温度旋钮

调节风量旋钮

图 5-14　调节温度和风量

（4）焊接贴片元器件

当热风焊机预热完成后，将焊枪垂直悬空置于器件引脚上方，对引脚进行加热，加热过程中，焊枪嘴在各引脚间做往复移动，均匀加热各引脚，如图 5-15 所示。当引脚焊料熔化后，先移开热风焊枪，待焊料凝固后，再移开镊子。

精彩演示

焊枪垂直悬空，与元器件保持一定距离。

均匀加热各引脚

图 5-15　焊接贴片元器件

 **重要提示**

针对不同贴片元器件的引脚大小和密集程度，焊枪距引脚的高度也会不同。对于引脚较大，排列较稀疏的应适当降低焊枪高度；对于引脚较小，排列较密集的应适当提高焊枪高度。

5.2　热熔焊和气焊的焊接规范

5.2.1　热熔焊接规范

1　焊接工具

线缆的配管分为塑料管路和金属管路，对塑料管路进行焊接时会用到热熔焊枪。

（1）热熔焊枪

热熔焊枪利用电热原理将电能转化成热能，对焊枪的金属部分进行加热，从而熔化接触的塑料器材。如图 5-16 所示，为典型热熔焊枪的实物外形，热熔焊枪可更换多种样式的加热模头，并且某些类型还可控制加热温度。

 精彩演示

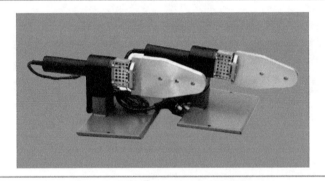

图 5-16　典型热熔焊枪的实物外形

（2）加热模头

热熔焊枪可更换多种样式的加热模头，对塑料管材进行焊接时，应选配不同直径的圆形加热模头，如图 5-17 所示。

 精彩演示

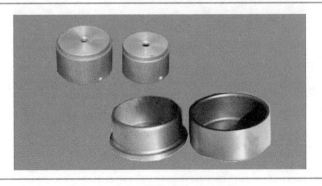

图 5-17　不同直径的圆形加热模头

焊接规范

（1）安装加热模头

使用内六角螺丝刀将适合的圆形加热模头固定到热熔焊枪加热板上，如图 5-18 所示。一侧安装的加热模头比塑料管材的直径略大，另一侧安装的则略小。

精彩演示

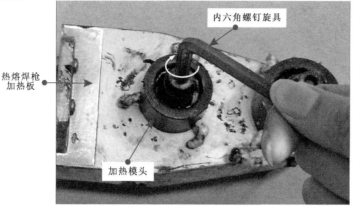

内六角螺钉旋具

热熔焊枪
加热板

加热模头

图 5-18　安装加热模头

（2）设置温度

为热熔焊枪通电后，调节加热温度至 260 ℃左右，如图 5-19 所示。

精彩演示

调节加热温度
至260 ℃左右。

图 5-19　设置温度

（3）切割管路

使用割管刀将塑料管路的多余部分切除，如图 5-20 所示。然后使用干净的软布对需要焊接的部位进行清洁，接下来便可进行加热操作。

（4）加热管口

同时对管路和接头进行加热。将接头的管口用力套在加热模头（直径较小）上，在高温高压的作用下，接头管口内部会熔化；将管路插入到另一侧加热模头（直径较大）中，管路的管口外侧会被熔化，如图 5-21 所示。

精彩演示

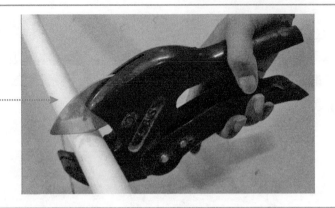

用割管刀切割
塑料管路。

图 5-20 切割管路

精彩演示

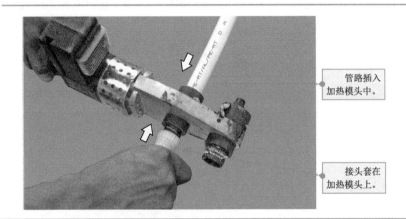

管路插入
加热模头中。

接头套在
加热模头上。

图 5-21 加热管口

（5）对接管路

加热几秒钟后，拔下塑料管路和接头，迅速将两者对接在一起，即管路插入到接头中，待管口冷却后，管路和接头便焊接在一起了，如图 5-22 所示。

精彩演示

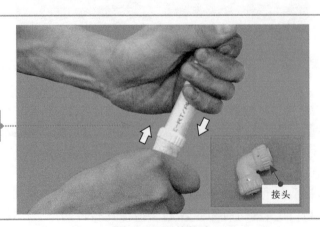

迅速将管路和
接头对接在一起。

接头

图 5-22 对接管路

5.2.2 气焊焊接规范

气焊是利用可燃气体与助燃气体混合燃烧生成的火焰作为热源，将金属管路焊接在一起；而电焊是利用电弧的原理，在焊枪与被焊物体之间产生高温电弧，融化焊条进行焊接。

1   **气焊设备**

图 5-23 为气焊设备的实物外形。气焊设备主要是由氧气瓶、燃气瓶和焊枪构成。氧气瓶上都装有控制阀门和气压表，其总阀门通常位于氧气瓶的顶端。燃气瓶内装有液化石油气，在它的顶部也设有控制阀门和压力表，燃气瓶和氧气瓶通过连接软管与焊枪相连。

 精彩演示

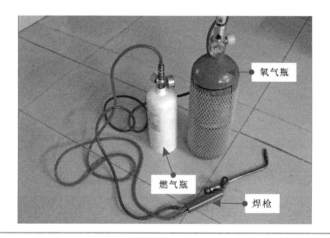

图 5-23　气焊设备的实物外形

图 5-24 为焊枪的实物外形。焊枪的手柄末端有两个端口，它们通过软管分别与燃气瓶和氧气瓶相连，在手柄处有两个旋钮，分别用来控制燃气和氧气的输送量。

 **精彩演示**

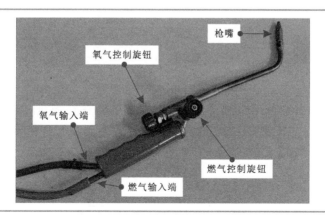

图 5-24　焊枪的实物外形

2 **焊接规范**

（1）打开钢瓶阀门。先打开氧气瓶总阀门，通过控制阀门调整氧气输出压力，使输出压力保持在 0.3 ～ 0.5 MPa，再打开燃气瓶总阀门，通过该阀门控制燃气输出压力保持在 0.03 ～ 0.05 MPa，如图 5-25 所示。

精彩演示

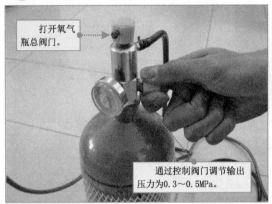
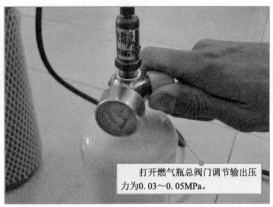

图 5-25　打开钢瓶阀门

（2）打开焊枪阀门并点火。打开焊枪手柄的控制阀门时，注意：一定要先打开燃气阀门，使用明火靠近焊枪嘴，点燃焊枪嘴后再打开氧气阀门，如图 5-26 所示。

精彩演示

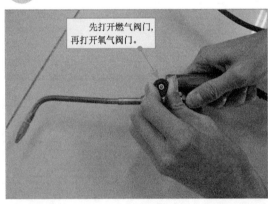

图 5-26　打开焊枪阀门并点火

（3）调整火焰。在使用气焊设备对电冰箱的管路进行焊接时，气焊设备的火焰一定要调整到中性焰，才能进行焊接。中性焰的火焰不要离开焊枪嘴，也不要出现回火的现象，正常的火焰如图 5-27 所示。

重要提示

中性焰焰长 20 ～ 30cm，其外焰呈橘红色，内焰呈蓝紫色，焰芯呈白亮色，如图 5-28 所示。内焰温度最高，在焊接时应将管路置于内焰附近。

精彩演示

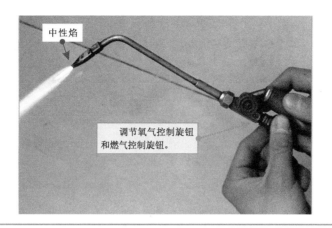

图 5-27　将火焰调节为中性焰

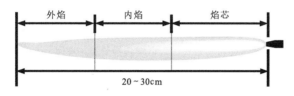

图 5-28　中性焰外形

资料扩展

　　当氧气与燃气的输出比小于 1：1 时，焊枪火焰会变为碳化焰；当氧气与燃气的输出比大于 1：2 时，焊枪火焰会变为氧化焰。当氧气控制旋钮开得过大，焊枪会出现回火现象；若燃气控制旋钮开得过大，会出现火焰离开焊嘴的现象，如图 5-29 所示。调整火焰时，不要用这些火焰对管路进行焊接，这会对焊接质量造成影响。

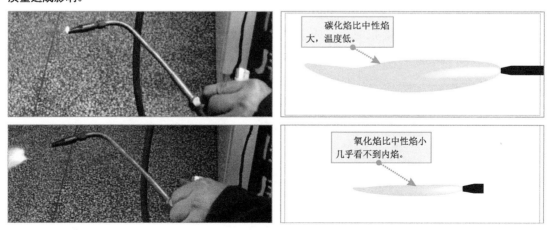

图 5-29　错误的火焰外形

　　（4）焊接管路。将焊枪对准管路的焊口均匀加热，当管路被加热到呈暗红色时，把焊条放到焊口处，待焊条熔化并均匀地包裹在焊接处后将焊条取下，如图 5-30 所示。

精彩演示

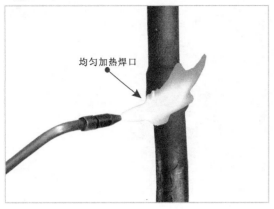
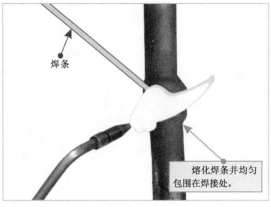

均匀加热焊口

焊条

熔化焊条并均匀
包围在焊接处。

图 5-30　焊接管路

重要提示

　　使用气焊工具焊接金属管路时，应先使用扩管工具将一根管路的焊口扩成喇叭状，然后将另一根管路插入喇叭口中，如图 5-31 所示。这种对接方式，可以使焊接处更加牢固。

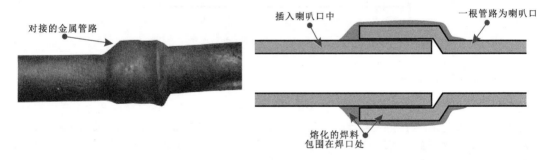

对接的金属管路

插入喇叭口中

一根管路为喇叭口

熔化的焊料
包围在焊口处

图 5-31　管路对接方式

　　（5）关闭阀门。焊接完成后，先关闭焊枪的燃气阀门，再关闭氧气阀门，最后关闭氧气瓶和燃气瓶的阀门，如图 5-32 所示。

精彩演示

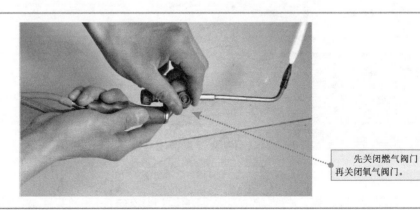

先关闭燃气阀门
再关闭氧气阀门。

图 5-32　关闭阀门

5.3 电焊焊接规范

电焊是利用电能，通过加热加压，借助金属原子的结合与扩散作用，使两件或两件以上的焊件（材料）牢固地连接在一起的一种操作工艺。

5.3.1 电焊工具

1 焊接工具

（1）电焊机

电焊机根据输出电压的不同，可以分为直流电焊机和交流电焊机，如图 5-33 所示，交流电焊机的电源是一种特殊的降压变压器，它具有结构简单、噪音小、价格便宜、使用可靠、维护方便等优点；直流电焊机电源输出端有正、负极之分，焊接时电弧两端极性不变。

■ 精彩演示

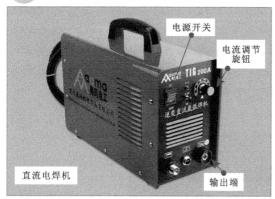

图 5-33　电焊机的实物外形

资料扩展

随着技术的发展，有些电焊机将直流和交流集于一体，既可以当作直流电焊机使用也可以当作交流电焊机使用，如图 5-34 所示，通常该类电焊机的功能旋钮相对较多，根据不同的需求可以调节相应的功能。

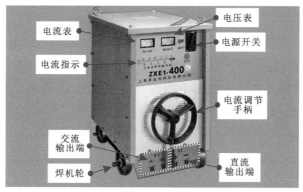

图 5-34　交 / 直流两用电焊机

重要提示

　　直流电焊机输出电流分正负极，其连接方式分为直流正接和直流反接，直流正接是将焊件接到电源正极，焊条接到负极；直流反接则相反，如图 5-35 所示。直流正接适合焊接厚焊件，直流反接适合焊接薄焊件。交流电焊机输出无极性之分，可随意搭接。

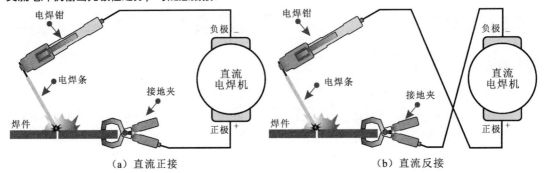

(a) 直流正接　　　　　　　　　　　　(b) 直流反接

图 5-35　直流正接和直流反接

　　（2）电焊钳

　　电焊钳需要结合电焊机同时使用，主要是用来夹持电焊条，在焊接操作时，用于传导焊接电流的一种器械。

　　电焊钳的外形如图 5-36 所示，该工具的外形像一个钳子，其手柄通常是采用塑料或陶瓷进行制作，具有防护、防电击保护、耐高温、耐焊接飞溅以及耐跌落等多重保护功能；其夹子采用铸造铜制作而成，主要是用来夹持或是操纵电焊条。

精彩演示

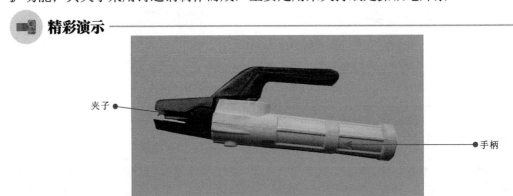

图 5-36　电焊钳的实物外形

　　（3）电焊条

　　电焊条是指在金属焊芯的外层，涂有均匀的涂料（药皮）并向心地压涂在焊芯上。

　　电焊条主要是由焊芯和药皮两部分构成的，如图 5-37 所示，其头部为引弧端，尾部有一段无涂层的裸焊芯，便于电焊钳夹持和利于导电，焊芯可作为填充金属实现对焊缝的填充连接；药皮具有助焊、保护、改善焊接工艺的作用。

资料扩展

　　电焊条的种类、规格等可通过焊条包装上的型号和牌号进行识别，型号是国家标准中规定的各种系列品种的焊条代号，而牌号是焊条行业统一规定的各种系列品种的焊条代号，属于比较常用的叫法。例如，型号 E4303 中的"E"表示焊条;"43"表示焊缝金属的抗拉强度等级;"0"表示适用于全位置焊接;"03"表示涂层为钛钙型,用于交流或直流正、反接。

例如,牌号 J422 中的"J"表示结构钢焊条;"42"表示焊缝金属的抗拉强度大于或等于 420 MPa;"2"表示涂层为钛钙型,用于交流或直流正、反接。

选用电焊条时,需要根据焊件的厚度连选择适合大小的电焊条,选配原则见表 5-1 所列。

表 5-1 电焊条选配原则

焊件厚度(mm)	2	3	4~5	6~12	>12
电焊条直径(mm)	2	3.2	3.2~4	4~5	5~6

精彩演示

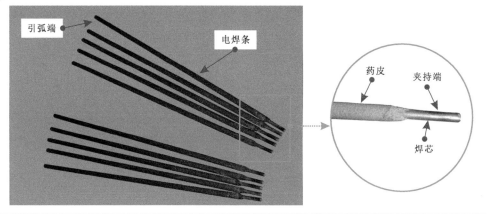

图 5-37 电焊条的实物外形

2 防护工具

为了提高在焊接工作过程中的人身安全,通常会用到相应的一些防护工具,例如防护面罩、防护手套、电焊服、防护眼镜以及绝缘橡胶鞋等,如图 5-38 所示。

精彩演示

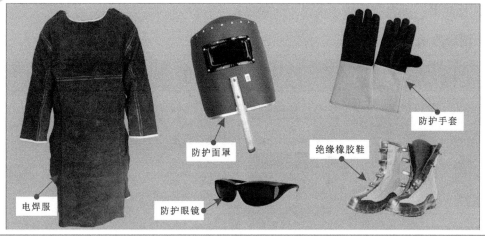

图 5-38 防护工具的实物外形

（1）防护面罩

防护面罩是指在焊接过程中起到保护操作人员的一种安全工具，主要用来保护操作人员的面部和眼睛，防止电焊伤眼和电焊灼伤等。

通常情况下，防护面罩分为两种，如图5-39所示，一种是操作人员手持防护面罩进行焊接操作，另一种是可以直接将其戴在头上，此时可以使操作人员双手一起进行焊接操作。其中遮光镜具有双重滤光，避免电弧所产生的紫外线和红外线有害辐射，以及焊接强光对眼睛造成的伤害，杜绝电光性眼炎的发生；面罩可以有效防止作业出现的飞溅物和有害体等对脸部造成侵害，降低皮肤灼伤症的发生。

精彩演示

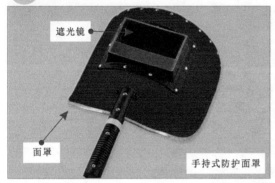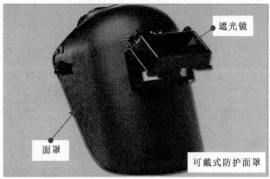

图5-39　防护面罩的实物外形及应用

（2）防护手套

防护手套是操作人员在焊接操作过程中为了避免操作人员的手部被火花（焊渣）溅伤的一种防护工具，具有隔热、耐磨，防止飞溅物烫伤，阻挡辐射等特点，并具有一定的绝缘性能。

焊接种类的不同，对操作人员产生的影响也不同，所以使用的防护手套也不相同。防护手套大致可以分为两种，如图5-40所示，一种是普通的手工焊手套，该类手套多为加里的双层手套，长度通常在350mm以上；另一种是氩弧焊手套，该类手套手感比较好，比较薄，可以有效防止高温、防辐射。

精彩演示

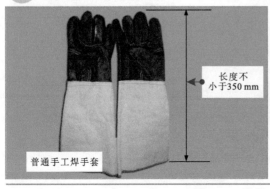

图5-40　防护手套的实物外形

（3）电焊服

电焊服是焊接操作人员工作时需要的一种具有防护性能的服装，主要是用来防止人身受到电焊的灼伤，可以在高温、高辐射等条件下作业。

通常电焊服有具耐磨、隔热和防火性能，对于重点受力的部位均采用双层皮及锅钉进行加固，如图 5-41 所示，配有可调魔术贴的可翻式直立衣领，可阻挡烧焊飞溅物；肩部置有护缝条，加强耐用度。防火阻燃的棉质衣领安全、舒适又吸汗。手袖上部和肩位有内里，方便穿卸。电焊服前胸防护皮条设计可防止烧焊飞溅物溅入衣内，双层皮及锅钉加固结构，防止撕脱。

 精彩演示

电焊服正面

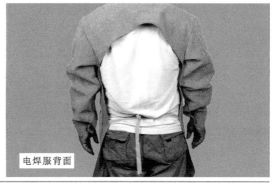
电焊服背面

图 5-41　电焊服的实物外形

（4）绝缘橡胶鞋

绝缘橡胶鞋，是采用橡胶类绝缘材质制作的一种安全鞋，虽然不是直接接触带电部分，但是可以防止跨步电压对操作人员的伤害，可以保护操作人员在操作过程中的安全。

绝缘橡胶鞋根据外形的不同，可以分为绝缘橡胶鞋和绝缘橡胶靴两种，如图 5-42 所示。根据要求，绝缘橡胶鞋外层底部的厚度在不含花纹的情况下，不应小于 4mm；耐实验电压 15kV 以下的绝缘橡胶鞋，应用在工频（50～60 Hz）1000V 以下的作业环境中，15kV 以上的绝缘胶鞋，适用于工频 1000V 以上作业环境中。

 精彩演示

绝缘橡胶鞋　　不得小于4mm

绝缘橡胶靴

图 5-42　绝缘橡胶鞋的实物外形

（5）防护眼镜

防护眼镜是一种起特殊作用的眼镜，当焊接操作完成后，通常需要对焊接处进行敲渣操作，此时，应佩戴防护眼镜，避免飞溅的焊渣伤到操作人员的眼睛。

防护眼镜的镜片具有耐高温、不粘附火花飞溅焊渣等特点，图5-43为防护眼镜的实物外形，通常情况下，该类眼镜的镜片均采用进口聚碳酸酯材料进行精工强化。

 精彩演示

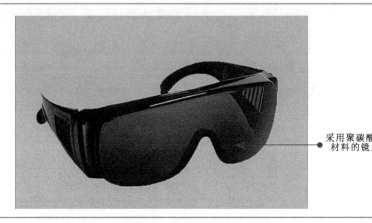

采用聚碳酸酯
材料的镜片

图 5-43　防护眼镜的实物外形

（6）焊接衬垫

焊接衬垫是一种为了确保焊接部位背面成型的衬托垫，它通常是由无机材料（高土，滑石等）按比例混合加压烧结而成的陶瓷制品。

图5-44为焊接衬垫的实物外形。焊接衬垫能够在焊接时维持稳定状态，防止金属熔落，从而在焊件背面形成良好的焊缝。

 精彩演示

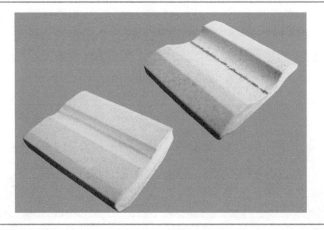

图 5-44　焊接衬垫的实物外形

 资料扩展

图5-45为几种焊接衬垫的应用方式。根据焊件的接口形式选用适合的焊接衬垫，可有效提高焊缝的质量。

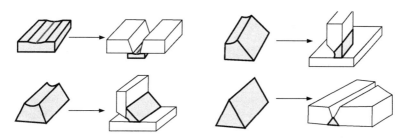

图 5-45　几种焊接衬垫的应用方式

（7）灭火器

灭火器是应用较为广泛，而且在焊接过程中必不可少的一种辅助工具，当操作失误引起火灾事故时，可以使用灭火器进行抢险操作。

灭火器的种类较多，根据所充装的灭火剂的不同可以分为泡沫、干粉、卤代烷、二氧化氮、酸碱、清水等，如图 5-46 所示。不同灭火剂的灭火器，其使用的环境也有所不同，在焊接过程中，电气设备使用较多，通常会选用干粉灭火器或是二氧化氮灭火器。

 精彩演示

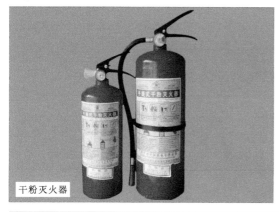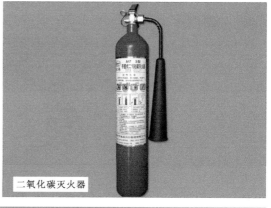

干粉灭火器　　二氧化碳灭火器

图 5-46　灭火器的实物外形

3　焊缝处理工具

（1）敲渣锤

敲渣锤是锤子的一种，在焊接过程中主要是用来对焊接处进行除渣处理，通常情况下在敲渣时操作人员应佩戴防护眼镜进行操作。

敲渣锤一般都为钢制品，头部的一端为圆锥头，另一端为平錾口；而手柄采用螺纹弹簧把手，具有防震的功能，如图 5-47 所示。通常在敲渣锤的尾部还会有悬挂设计。

（2）钢丝轮刷

钢丝轮刷是专门用来对焊缝进行打磨处理、去除焊渣的工具，如图 5-48 所示。钢丝轮刷需要安装到砂轮机上，通过砂轮机带动钢丝轮刷转动，从而对焊缝进行打磨。

精彩演示

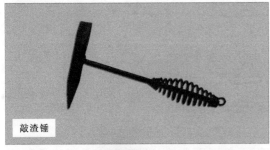

平錾口

敲渣锤

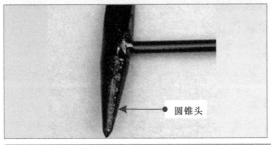

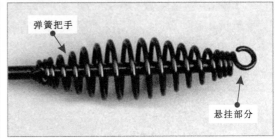

圆锥头

弹簧把手

悬挂部分

图 5-47 敲渣锤的实物外形

精彩演示

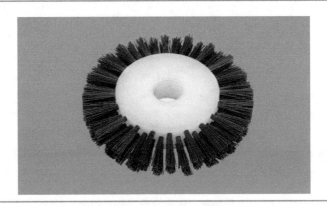

图 5-48 钢丝轮刷

（3）焊缝抛光机

焊缝抛光机是专门用来对焊缝进行清洁、抛光处理的仪器，如图 5-49 所示。使用抛光机时，还需要配合使用专用的金属抛光液才可对焊缝进行抛光处理。

5.3.2 焊接操作方法

1 焊接前的准备工作

（1）电焊环境

在进行电焊操作前应当对施焊现场进行检查，在施焊操作周围 10m 范围内不应设有易燃、易爆物，并且保证电焊机放置在清洁、干燥的地方，并且应当在焊接区域中配置灭火器，如图 5-50 所示。

 精彩演示

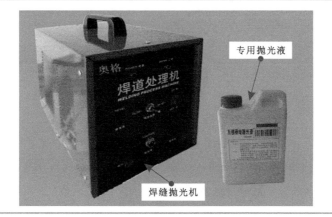

图 5-49　焊缝抛光机和抛光液

 精彩演示

图 5-50　电焊环境

重要提示

在进行电焊操作时，应当将电焊机远离水源，并且应当做好接地绝缘防护处理，如图 5-51 所示。

图 5-51　将电焊机远离水源

（2）操作工具的准备

在进行电焊操作前，电焊操作人员应穿带电焊服、绝缘橡胶鞋和防护手套、防护面罩等安全防护用具，这样可以保证操作人员的人身安全，如图 5-52 所示。

 精彩演示

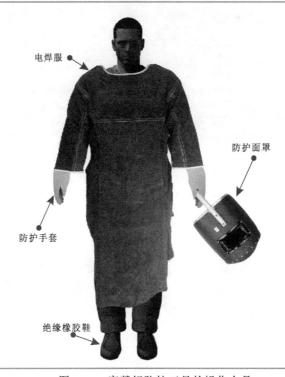

电焊服

防护面罩

防护手套

绝缘橡胶鞋

图 5-52　穿戴好防护工具的操作人员

 重要提示

如图 5-53 所示，在管路等封闭区域内焊接时，管路必须可靠接地，并通风良好，管路外应有人监护，监护人员应熟知焊接操作规程和抢救方法。

监护人员

在封闭的空间进行电焊操作。

图 5-53　管路内焊接时，应需要有监护人进行看护

资料扩展

在穿戴防护工具前，可以使用专用的防护手套检测仪对防护手套的抗压性能进行检查；还应当使用专业的检测仪器对绝缘橡胶鞋进行耐高压等测试，如图 5-54 所示。只有当防护工具检测合格时，方可使用。

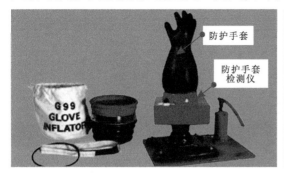
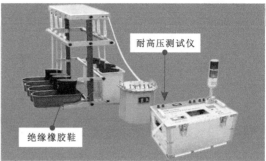

图 5-54　电焊手套测试和绝缘橡胶鞋测试

（3）电焊工具的连接

在进行电焊前应当将电焊工具进行准备，将电焊钳通过连接线与电焊机上的电焊钳连接孔进行连接（通常带有标识），接地夹通过连接线与电焊机上的接地夹连接孔进行连接；将焊件放置到焊剂垫上，再将接地夹夹至焊件的一端，然后将焊条的夹持端夹至电焊钳口即可，如图 5-55 所示。

精彩演示

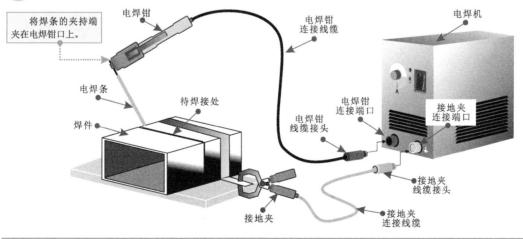

图 5-55　连接电焊钳与接地夹

重要提示

在使用连接线缆将电焊钳、接地夹与电焊机进行连接时，连接线缆的长度应在 20 ～ 30m 为佳。若连接线缆过长时，会增大电压降；若连接线缆过短时，可能会导致操作不便。

将电焊机的外壳进行保护性接地或接零，如图 5-56 所示。接地装置可以使用铜管或无缝钢管，将其埋入地下深度应当大于 1m，接地电阻应当小于 4Ω；再将一根导线的一端连接在接地装置上，另一端连接在电焊机的外壳接地端上。

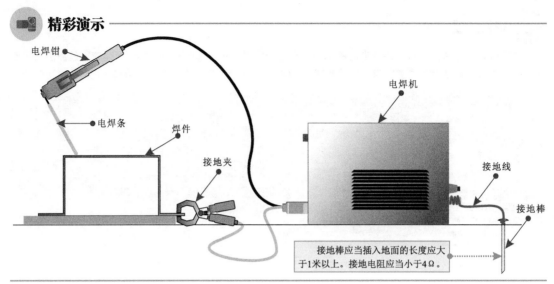

图 5-56　连接接地装置

再将电焊机与配电箱通过连接线进行连接，并且保证连接线的长度在 2 ～ 3m，在配电箱中应当设有过载保护装置以及刀闸开关等，可以对电焊机的供电进行单独控制，如图 5-57 所示。

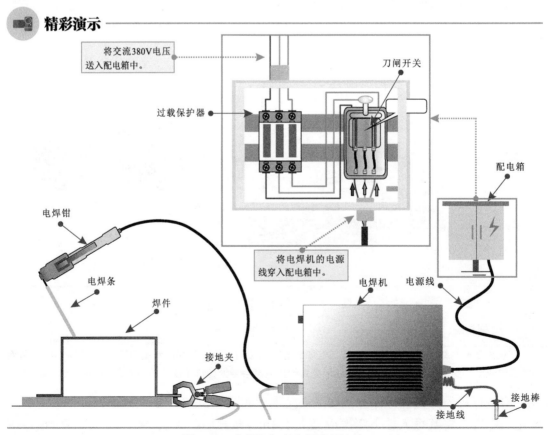

图 5-57　电焊机与配电箱进行连接

资料扩展

当电焊机连接完成后，应当检查连接是否正确，并且应当对连接线缆进行检查，如图 5-58 所示，查看连接线缆的绝缘皮外层是否有破损现象，防止在电焊工作中，发生触电事故。

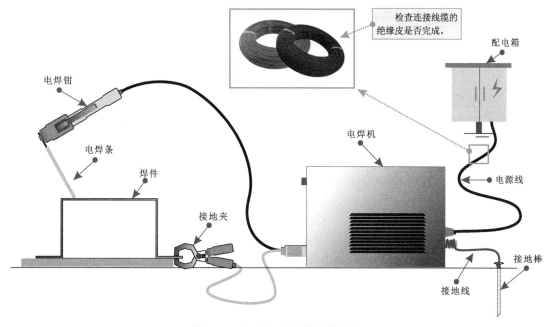

图 5-58　检查电焊机的连接线缆

2　焊接操作

（1）焊件的连接

将焊接设备连接好以后，就需要对待焊接的焊件进行连接，根据焊件厚度、结构形状和使用条件的不同，基本的焊接接头形式有对接接头、搭接接头、角接接头、T 形接头，如图 5-59 所示。其中，对接接头受力比较均匀，使用最多，重要的受力焊缝应尽量选用。

 精彩演示

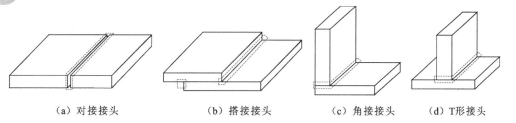

（a）对接接头　　　（b）搭接接头　　　（c）角接接头　　　（d）T形接头

图 5-59　焊接接头形式

为了焊接方便，在对对接接头形式的焊件进行焊接前，需要对两个焊件的接口进行加工，如图 5-60 所示。对于较薄的焊件需将接口加工成 1 形或单边 V 形，进行单层焊接；对于较厚的焊件需加工成 V 形、U 形或 X 形，以便进行多层焊接。

精彩演示

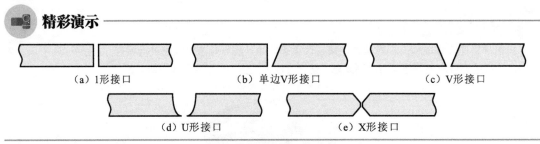

（a）1形接口　　　　（b）单边V形接口　　　　（c）V形接口

（d）U形接口　　　　　　　（e）X形接口

图 5-60　对接接口的选择

（2）电焊机参数设置

进行焊接时，应先将配电箱内的开关闭合，再打开电焊机的电源开关。操作人员在拉合配电箱中的电源开关时，必须戴绝缘手套。选择输出电流时，输出电流的大小应根据焊条的直径、焊件的厚度、焊缝的位置等进行调节。焊接过程中不能调节电流，以免损坏电焊机，并且调节电流时，旋转速度不能过快过猛。

重要提示

电焊机工作负荷不应超出铭牌规定，即在允许的负载值下持续工作，不得任意长时间超载运行。当电焊机温度超过 60～80℃时，应停机降温后再焊接。

焊接电流是手工电弧焊中最重要的参数，它主要受焊条直径、焊接位置、焊件厚度以及焊接人员的技术水平影响。焊条直径越大，熔化焊条所需热量越多，所需焊接电流越大。每种直径的焊条都有一个合适的焊接电流范围，如表 5-2 所示。在其他焊接条件相同的情况下，平焊位置可选择偏大的焊接电流，横焊、立焊、仰焊的焊接电流应减小 10%～20%。

表 5-2　焊条直径与焊接电流范围

焊条直径（mm）	1.6	2.0	2.5	3.2	4.0	5.0	5.8
焊接电流（A）	25～40	40～65	50～80	100～130	160～210	220～270	260～300

重要提示

设置的焊接电流太小，不易引出电弧，燃烧不稳定，弧声变弱，焊缝表面呈圆形，高度增大，熔深减小。设置的焊接电流太大，焊接时弧声强，飞溅增多，焊条往往变得红热，焊缝表面变尖，熔池变宽，熔深增加，焊薄板时易烧穿。

（3）焊接操作工艺

焊接操作主要包括引弧、运条和灭弧，焊接过程中应注意焊接姿势、焊条运动方式以及运条速度。

① 引弧操作。在电弧焊中，包括两种引弧方式，即划擦法和敲击法。如图 5-61 所示，划擦法是将焊条靠近焊件，然后将焊条像划火柴似的在焊件表面轻轻划擦，引燃电弧后，迅速将焊条提起 2～4mm，并使之稳定燃烧；而敲击法是将焊条末端对准焊件后，手腕下弯，使焊条轻微碰一下焊件，再迅速将焊条提起 2～4mm，引燃电弧后手腕放平，使电弧保持稳定燃烧。敲击法不受焊件表面大小、形状的限制，是电焊中主要采用的引弧方法。

精彩演示

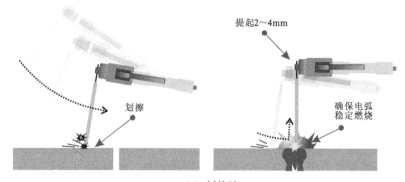

（a）划擦法

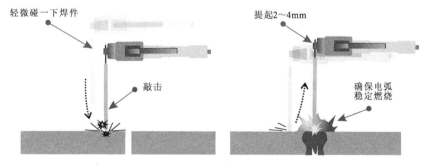

（b）敲击法

图 5-61 引弧方式

 重要提示

    焊条在与焊件接触后提升速度要适当，太快难以引弧，太慢焊条和焊件容易粘在一起（电磁力），这时，可左右摆动焊条，便可使焊条脱离焊件。引弧操作比较困难，焊接之前，可反复多练习几次。

资料扩展

在焊接时，通常会采用平焊（蹲式）操作，如图 5-62 所示。操作人员蹲姿要自然，两脚间夹角为 70°～85°，两脚间距离 240～260mm。持电焊钳的手臂半伸开悬空进行焊接操作，另一只手握住电焊面罩，保护好面部器官。

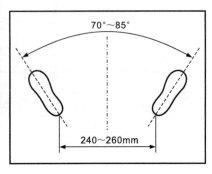

图 5-62　平焊（蹲式）操作

 重要提示

在焊接操作过程中，必须时刻配戴绝缘手套，以防发生触电危险。绝缘手套因出汗变潮湿后，应及时更换，以防因绝缘阻值降低而发生电击意外。

② 运条操作。由于焊接起点处温度较低，引弧后可先将电弧稍微拉长，对起点处预热后，再适当缩短电弧进行正式焊接。在焊接时，需要匀速推动电焊条，使焊件的焊接部位与电焊条充分熔化、混合，形成牢固的焊缝。焊条的移动可分为三种基本形式：沿焊条中心线向熔池送进、沿焊接方向移动、焊条横向摆动。焊条移动时，应向前进方向倾斜 10°～20°，并根据焊缝大小横向摆动焊条。图 5-63 所示为焊条移动方式。注意，在更换焊条时必须配戴防护手套。

 精彩演示

图 5-63　焊条移动方式

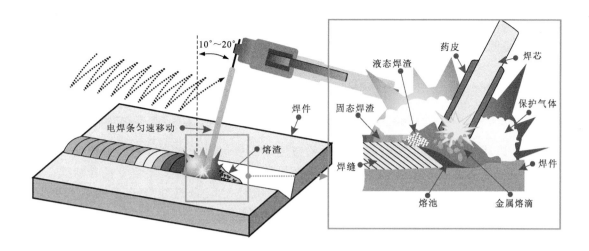

图 5-63　焊条移动方式（续）

　资料扩展

　　在对较厚的焊件进行焊接时，为了获得较宽的焊缝，焊条应沿焊缝横向做规律摆动。根据摆动规律的不同，通常有以下运动方式，如图 5-64 所示。

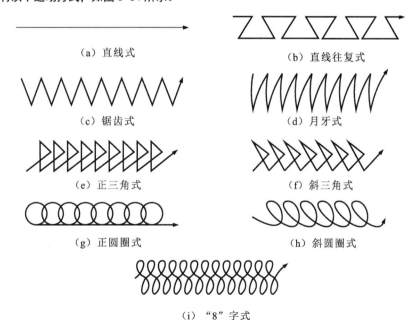

（a）直线式　　　　　　　　　　　　　（b）直线往复式

（c）锯齿式　　　　　　　　　　　　　（d）月牙式

（e）正三角式　　　　　　　　　　　　（f）斜三角式

（g）正圆圈式　　　　　　　　　　　　（h）斜圆圈式

（i）"8"字式

图 5-64　焊条的摆动方式

◆ 直线式：常用于 I 形坡口的对接平焊，多层焊的第一层焊道或多层多道焊的第一层焊。
◆ 直线往复式：焊接速度快、焊缝窄、散热快，适用于薄焊件或接头间隙较大的多层焊的第一道焊道。
◆ 锯齿式：焊条作锯齿形连续摆动，并在两边稍停片刻，这种方法容易掌握，生产应用较多。
◆ 月牙式：这种运条方法的熔池存在时间长，易于焊渣和气体析出，焊缝质量高。
◆ 正三角式：这种方法一次能焊出较厚的焊缝断面，不易夹渣，生产率高，适用于开坡口的对接焊缝。

◆ 斜三角式：这种运条方法能够借助焊条的摇动来控制熔化金属，促使焊缝成型良好，适用于 T 形接头的平焊和仰焊以及开有坡口的横焊。

◆ 正圆圈式：这种方法熔池存在时间长，温度高，便于熔渣上浮和气体析出，一般只用于较厚焊件的平焊。

◆ 斜圆圈式：这种运条方法有利于控制熔池金属不外流，适用于 T 形接头的平焊和仰焊以及对接接头的横焊。

◆ "8" 字式：这种方法能保证焊缝边缘得到充分加热，熔化均匀，适用于带有坡口的厚焊件焊接。

焊接过程中，焊条沿焊接方向移动的速度，即单位时间内完成的焊缝长度，称为焊接速度。速度过快会造成焊缝变窄，高低不平，形成未焊透、熔合不良等缺陷；若速度过慢则热量输入多，热影响区变宽，接头晶粒组过大，力学性能降低，焊接变形大等。因此，焊条的移动应根据具体情况保持均匀适当的速度。

 资料扩展

除了平焊（蹲式）操作外，根据焊件的大小、焊缝的位置不同，还可采用横焊操作、立焊操作和仰式操作，如图 5-65 所示。

（a）横焊操作   （b）立焊操作   （c）仰式操作

图 5-65 横焊、立焊和仰式操作

③ 灭弧操作。焊接的灭弧就是一条焊缝焊接结束时如何收弧，通常有画圈法、反复断弧法和回焊法。其中，画圈法是在焊条移至焊道终点时，利用手腕动作使焊条尾端做圆圈运动，直到填满弧坑后再拉断电弧，此法适用于较厚焊件的收尾；反复断弧法是反复在弧坑处熄弧、引弧多次，直至填满弧坑，此法适用于较薄的焊件和大电流焊接；回焊法是焊条移至焊道收尾处即停止，但不熄弧，改变焊条角度后向回焊接一段距离，待填满弧坑后再慢慢拉断电弧。

图 5-66 为焊接的收尾的方式。

 重要提示

焊接操作完成后，应先断开电焊机电源，再放置焊接工具，最后清理焊件以及焊接现场。在消除可能引发火灾的隐患后，再断开总电源，离开焊接现场。

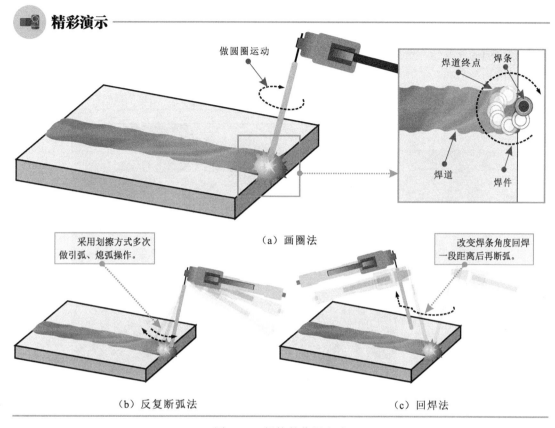

图 5-66 焊接的收尾方式

3 焊接验收

（1）整理现场

如图 5-67 所示，检查焊接现场，使各种焊接设备断电、冷却并整齐摆放，同时要仔细检查现场是否存在火种的迹象。若有，应及时处理，以杜绝火灾隐患。

 精彩演示

图 5-67 清理操作场地并消灭火种

（2）焊件处理

使用敲渣锤、钢丝轮刷和焊缝抛光机（处理机）等工具和设备，对焊接部位进行清理，图 5-68 为使用焊缝抛光机清理焊缝的效果。该设备可以有效地去除毛刺，使焊接部件平整光滑。

📹 精彩演示

图 5-68　使用焊缝抛光机清理焊缝的效果

（3）检查焊接质量

清除焊渣后，就要仔细对焊接部位进行检查，如图 5-69 所示。检查焊缝是否存在裂纹、气孔、咬边、未焊透、未熔合、夹渣、焊瘤、塌陷、凹坑、焊穿以及焊接面积不合理等缺陷。若发现焊接缺陷、变形等，应分析产生原因后，重新使用新焊件进行焊接，原缺陷焊件应废弃不用。

📹 精彩演示

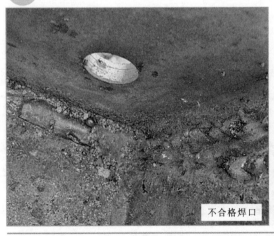
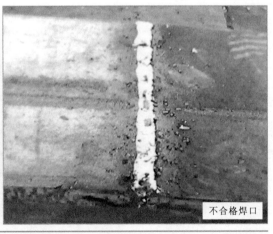

图 5-69　焊件的检查

第6章 电工工具与电工检测仪表

6.1 电工常用工具

6.1.1 钳子

钳子主要由钳头和钳柄两部分构成。根据钳头设计和功能上的区别，钳子又可以分为钢丝钳、斜口钳、尖嘴钳、剥线钳、压线钳以及网线钳等。

1 钢丝钳

钢丝钳又叫老虎钳，主要用于线缆的剪切、绝缘层的剥削、线芯的弯折、螺母的松动和紧固等。钢丝钳的钳头又可以分为钳口、齿口、刀口和铡口，钳柄用绝缘套保护，如图 6-1 所示。

📷 **精彩演示**

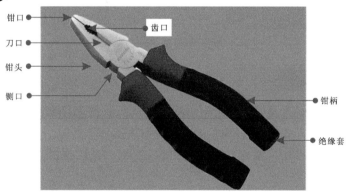

图 6-1　钢丝钳的外形特点

在使用钢丝钳时，一般多采用右手操作，使钢丝钳的钳口朝内，便于控制钳切的部位。可以使用钢丝钳钳口弯绞导线，齿口可以用于紧固或拧松螺母，刀口可以用于修剪导线以及拔取铁钉，铡口可以用于铡切较细的导线或金属丝，如图 6-2 所示。

🚩 **重要提示**

使用钢丝钳时应先查看绝缘手柄上是否标有耐压值，并检查绝缘手柄上是否有破损处，如未标有耐压值或有破损现象，证明此钢丝钳不可带电进行作业；若标有耐压值，则需进一步查看耐压值是否符合工作环境，若工作环境超出钢丝钳钳柄绝缘套标示的耐压范围，则不能进行带电使用，否则极易引发触电事故。如图 6-3 所示，钢丝钳的耐压值通常标注在绝缘套上，该图中的钢丝钳耐压值为"1000V"，表明可以在1000V 电压值内工作。

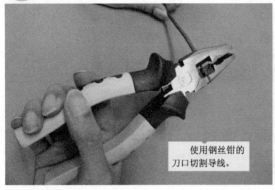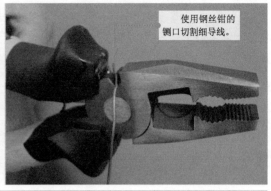

使用钢丝钳的锨口切割细导线。

使用钢丝钳的刀口切割导线。

图 6-2　规范地使用钢丝钳

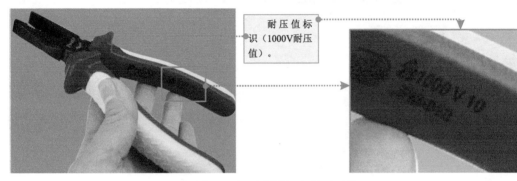

耐压值标识（1000V耐压值）。

图 6-3　钢丝钳钳柄上的耐压值

2　斜口钳

斜口钳又叫偏口钳，主要用于线缆绝缘皮的剥削或线缆的剪切操作。斜口钳的钳头部位为偏斜式的刀口，可以贴近导线或金属的根部进行切割。斜口钳可以按照尺寸进行划分，比较常见的尺寸有 4 寸、5 寸、6 寸、7 寸、8 寸，如图 6-4 所示。

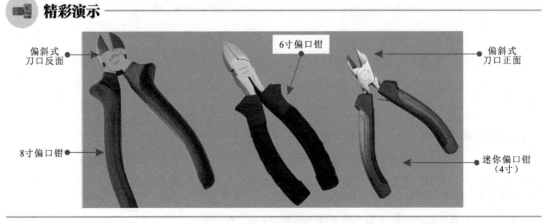

偏斜式刀口反面

6寸偏口钳

偏斜式刀口正面

8寸偏口钳

迷你偏口钳（4寸）

图 6-4　斜口钳的种类特点

重要提示

偏口钳不可切割双股带电线缆，因为所有钳子的钳头均为金属材质，具有一定的导电性能，若使用偏口钳去切割带电的双股线缆时会导致线路短路，严重时会导致该线缆连接的设备损坏，如图 6-5 所示。

不可使用斜口钳切割带电的双股线缆，由于金属钳口的导电性，在切割时会造成短路。

如必须带电切割双股导线时，可先将导线的塑料护套剥开，再用钳子将导线逐根剪断即可。

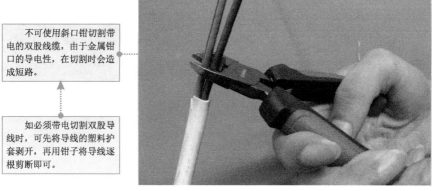

图 6-5 斜口钳的错误使用

③ 尖嘴钳

尖嘴钳的钳头部分较细，可以在较小的空间里进行操作。可以分为带有刀口型的尖嘴钳和无刀口的尖嘴钳，如图 6-6 所示。带有刀口的尖嘴钳可以用来切割较细的导线、剥离导线的塑料绝缘层、将单股导线接头弯环以及夹捏较细的物体等；无刀口的尖嘴钳只能用来弯折导线的接头以及夹捏较细的物体等。

 ### 精彩演示

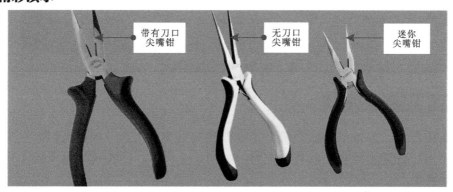

带有刀口尖嘴钳

无刀口尖嘴钳

迷你尖嘴钳

图 6-6 尖嘴钳的种类特点

④ 剥线钳

剥线钳主要是用来剥除线缆的绝缘层，在电工操作中常使用的剥线钳可以分为压接式剥线钳和自动剥线钳两种，如图 6-7 所示。压接式剥线钳上端有不同型号线缆的剥线口，一般有 0.5 ~ 4.5 mm；自动剥线钳的钳头部分左右两端，一端的钳口为平滑，一端钳口有 0.5 ~ 3 mm 多个切口，平滑钳口用于卡紧导线，多个切口用于切割和剥落导线的绝缘层。

精彩演示

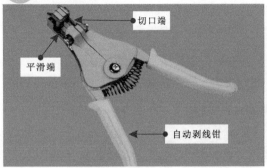

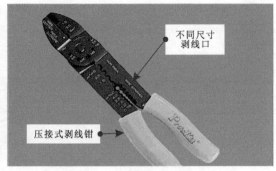

图6-7　剥线钳的种类特点

重要提示

　　有些学员在使用剥线钳时，没有选择正确的切口，当切口选择过小时，会导致导线芯与绝缘层一同被切割断，当切口选择过大时，会导致线芯与绝缘层无法分离，如图6-8所示。

图6-8　剥线钳的错误使用

5　压线钳

　　压线钳在电工操作中主要是用于线缆与连接头的加工。压线钳根据压接的连接件的大小不同，内置的压接孔也有所不同，如图6-9所示。压线钳根据压接孔直径的不同来进行区分。

精彩演示

图6-9　压线钳的外形特点

6 **网线钳**

网线钳专用于网线水晶头的加工与电话线水晶头的加工，在网线钳的钳头部分有水晶头加工口，可以根据水晶头的型号选择网线钳，在钳柄处也会附带刀口，便于切割网线。网线钳是根据水晶头加工口的型号进行区分，一般分为 RJ45 接口的网线钳和 RJ11 接口的网线钳，也有一些网线钳已经将这两种接口全部包括，如图 6-10 所示。

 精彩演示

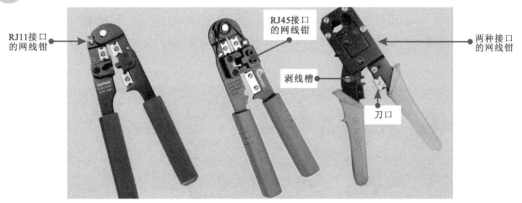

RJ11接口的网线钳　　RJ45接口的网线钳　　两种接口的网线钳　　剥线槽　　刀口

图 6-10　网线钳的种类特点

在使用网线钳时，应先使用钳柄处的刀口对网线的绝缘层进行剥落，将网线按顺序插入水晶头中，然后将其放置于网线钳对应的水晶头接口中，用力向下按压网线钳钳柄，此时钳头上的动片向上推动，即可将水晶头中的金属导体嵌入网线中，如图 6-11 所示。

 精彩演示

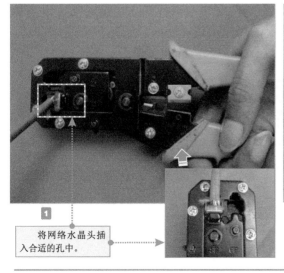

1 将网络水晶头插入合适的孔中。

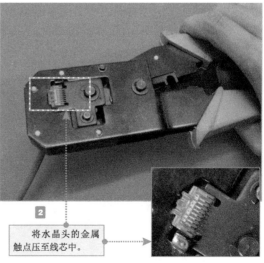

2 将水晶头的金属触点压至线芯中。

图 6-11　网线钳的使用方法

6.1.2 扳手

在电工操作中，扳手常用于紧固和拆卸螺钉或螺母。在扳手的柄部一端或两端带有夹柄，用于施加外力。在日常操作中常使用的扳手有活口扳手和固定扳手等，这些扳手各有特点。

1 活口扳手

活口扳手是由扳口、蜗轮和手柄等组成的。推动涡轮即可改变扳口的大小。活口扳手也有尺寸之分，尺寸较小的活口扳手可以用于狭小的空间，尺寸较大的活口扳手可以用于较大的螺钉和螺母的拆卸和紧固，如图 6-12 所示。

精彩演示

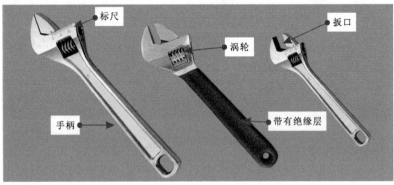

图 6-12　活口扳手的种类特点

2 固定扳手

（1）开口扳手

开口扳手的两端通常带有开口的夹柄，夹柄的大小与扳口的大小成正比。开口扳手上带有尺寸的标识，开口扳手的尺寸与螺母的尺寸是相对应的，如图 6-13 所示。

精彩演示

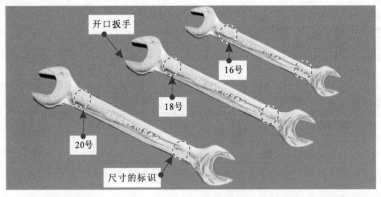

图 6-13　开口扳手的种类特点

资料扩展

开口扳手尺寸与螺母型号的对应关系，见表 6-1 所列。

表 6-1　开口扳手与螺母对应尺寸表

开口扳手尺寸	7	8	10	14	17	19	22	24	27	32	35	41	45
螺母型号	M4	M5	M6	M8	M10	M12	M14	M16	M18	M22	M24	M27	M30

（2）梅花棘轮扳手

梅花棘轮扳手的两端通常带有环形的六角孔或十二角孔的工作端，适用于狭小的工作空间，使用较为灵活，如图 6-14 所示。梅花棘轮扳手工段端不可以改变，所以在使用中需要配置整套梅花棘轮扳手。

 精彩演示

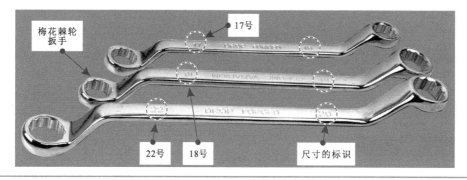

图 6-14　梅花棘轮扳手的种类特点

 资料扩展

现在已经有比较先进的电动梅花棘轮扳手，外形与梅花棘轮扳手相似，但其六角孔或十二角孔是嵌入扳手主体中的，并且有专门的控制开关，该控制开关可以控制十二角孔自己转动，使其可以自动将螺母紧固或拆卸，可以在狭小的环境中使用，并且不需要人工推动扳手转动，如图 6-15 所示。

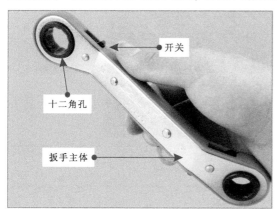 

图 6-15　电动梅花棘轮扳手

6.1.3 螺钉旋具

螺钉旋具也称螺丝刀，俗称改锥，是用来紧固和拆卸螺钉的工具。主要是由螺丝刀头与手柄构成，常使用到的螺丝刀有一字螺丝刀、十字螺丝刀。

1 一字螺丝刀

一字螺丝刀是电工操作中使用比较广泛的加工工具，一字螺丝刀由绝缘手柄和一字螺丝刀头构成，一字螺丝刀头为薄楔形头，如图6-16所示。

精彩演示

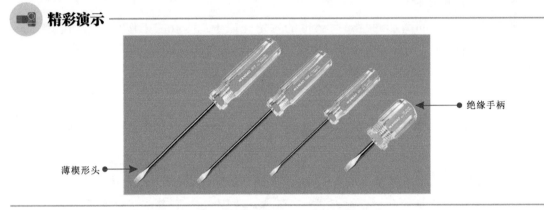

图6-16 一字螺丝刀的种类特点

2 十字螺丝刀

十字螺丝刀的刀头是由两个薄楔形片十字交叉构成，不同型号的十字螺丝可以用来固定或拆卸与其相对应型号的固定螺钉，如图6-17所示。

精彩演示

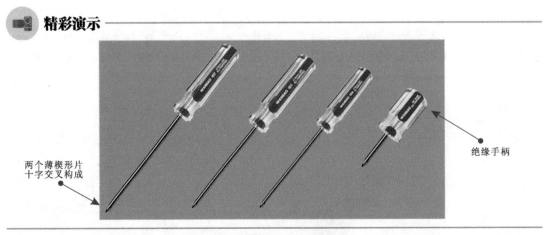

图6-17 十字螺丝刀的种类特点

资料扩展

由于在使用一字螺丝刀和十字螺丝刀时，会受到刀头尺寸的限制，需要配很多把不同型号的螺丝刀，并且需要人工进行转动。目前市场上推出了多功能的电动螺丝刀，电动螺丝刀将螺丝刀的手柄改为带有连接电源的手柄，将原来固定的刀头改为插槽，插槽可以受电力控制转动，配上不同的螺丝刀头即可更方便地使用，如图 6-18 所示。

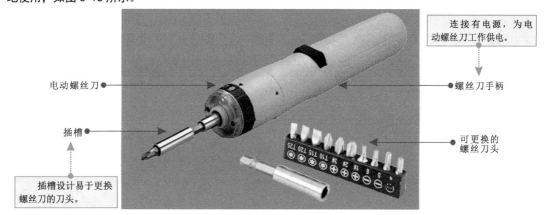

图 6-18 电动螺丝刀

6.1.4 电工刀

在电工操作中，电工刀是用于剥削导线和切割物体的工具。电工刀是由刀柄与刀片两部分组成的。电工刀的刀片一般可以收缩在刀柄中，有折叠式和收缩式两种，如图 6-19 所示。

精彩演示

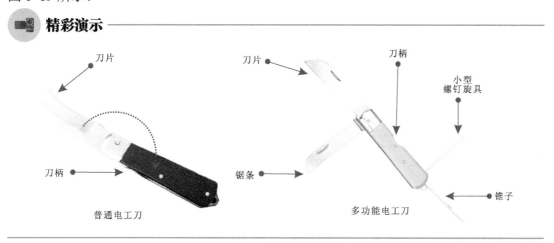

图 6-19 电工刀的种类特点

规范地使用电工刀是安全操作的必要保证。在电工操作中，我们经常使用电工刀对导线进行加工处理。

在使用电工刀时，应当手握住电工刀的手柄，将刀片以 45° 角切入，不应把刀片垂直对着导线剥削绝缘层。还可以使用电工刀削木榫、竹榫，应当一手持木榫，使用电工刀同样以 45° 角切入，如图 6-20 所示。

6.1.5 开槽机

开槽机用来开凿墙面的线槽时，可以根据施工需求开凿出不同角度、不同深度的

精彩演示

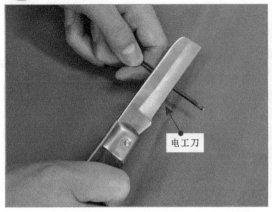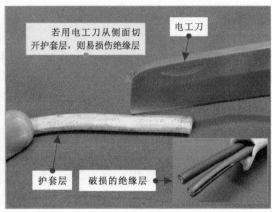

图 6-20 电工刀的使用方法

线槽，并且线槽的外观美观，开槽时可以将粉尘通过外接管路排出，减少了粉尘对操作人员的伤害。在开槽机的顶端有一个开口用于连接粉尘排放管路，两个手柄便于稳定地操作，在底部有一个开槽轮与两个推动轮，如图 6-21 所示。

精彩演示

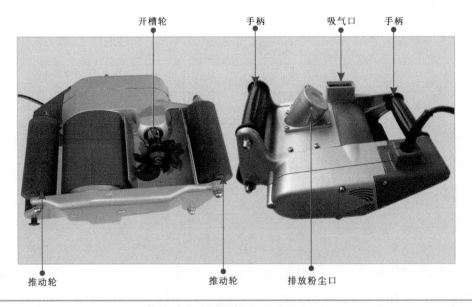

图 6-21 开槽机的种类特点

    在使用开槽机开凿墙面槽时，应先检查开槽机的电源线绝缘皮是否破损，再连接粉尘排放管路，双手握住开槽机的两个手柄，开机进行空载运转，当确认开槽机正常后，再将开槽机放置于需要切割的墙面上，按下电源开关，使开槽机垂直于墙面切入，向需要切割的方向推动开槽机，如图 6-22 所示。在使用中操作人员需要休息时，应切断电源并将开槽机放置于妥善处存放。

精彩演示

双手握住开槽机手柄，将开槽机放置于需要切割的墙面上。 **2**

3 按下电源开关，使开槽机垂直于墙面切入，向需要切割的方向推动开槽机。

连接粉尘管路。 **1**

图 6-22　开槽机的使用

6.1.6 冲击钻

在电工操作中，冲击钻常用于钻孔的开凿墙面使用。冲击钻依靠旋转和冲击进行工作，通常冲击钻带有不同的钻头，用于不同的工作需求时使用，如图 6-23 所示。

精彩演示

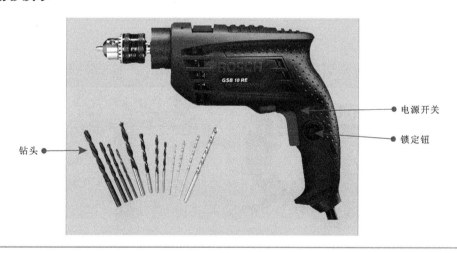

钻头

电源开关
锁定钮

图 6-23　冲击钻的特点

在使用冲击钻时，应根据需要开凿孔的大小选择安装合适的钻头，然后检查冲击钻的绝缘防护，再将其连接在额定电压的电源上。开机使其空载运行检查正常后，将冲击钻垂直于需要凿孔的物体上，按下开关电源，当松开开关电源时，冲击钻也会随之停止，也可以通过锁定按钮使其可以一直工作，需要停止时，再次按下开关电源，锁定开关自动松开，冲击钻停止工作，如图 6-24 所示。

精彩演示

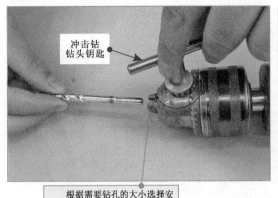

冲击钻
钻头钥匙

根据需要钻孔的大小选择安装合适的钻头。 **1**

将冲击钻垂直于需要钻孔的物体上，进行钻孔操作。 **3**

按下电源开关。 **2**

图 6-24　冲击钻的使用

6.1.7　电锤

在电工操作中，电锤常常用于电气设备安装时在建筑混凝土板上钻孔，也可以用来开凿墙面。电锤是电钻的一种，电锤在电钻的基础上增加了一个汽缸，当汽缸内空气压力成周期变化时，空气压力带动锤头进行往复打击，与使用锤子敲击钻头的原理相同，如图 6-25 所示。

精彩演示

电源开关　　　　　　　　　　　　　　　　　　　电源开关

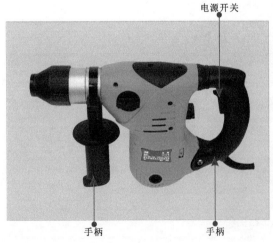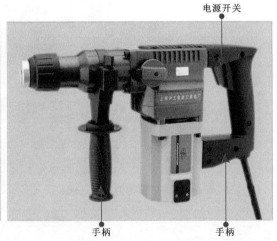

手柄　　　　手柄　　　　　　　　　　手柄　　　　手柄

图 6-25　电锤的特点

在使用电锤时，应先为电锤通电，让其空转一分钟，确定电锤可以正常使用后，再双手分别握住电锤的两个手柄，将电锤垂直于墙面，按下电源开关，使用电锤进行开凿工作，当开凿工作结束后，应关闭电锤的电源开关，如图 6-26 所示。

将电锤垂直于墙面。 2

双手分别握住电锤的两个手柄。 1

按下电源开关，使用电锤进行开凿工作。 3

图 6-26 电锤的使用

6.1.8 锤子和凿子

在电工操作中，锤子是用来敲打物体的工具，经常与凿子结合使用，手动对墙面进行小面积的开凿。常使用的锤子可以分为两种形态，一种为两端相同的圆形锤子；还有一种一端平坦以便敲击，另一端的形状像羊角，该锤子可以将钉子拔出。凿子可以根据用途分为大扁凿、小扁凿、圆榫凿和长凿等。大扁凿常用来凿打砖或木结构建筑物上较大的安装孔；小扁凿常用来凿制砖结构上较小的安装孔；圆榫凿常用来凿打混凝土建筑物的安装孔；长凿则主要用来凿打较厚的墙壁和打穿墙孔，如图 6-27 所示。

精彩演示

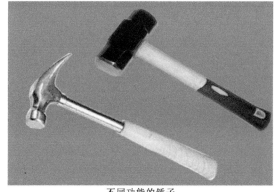

不同功能的锤子

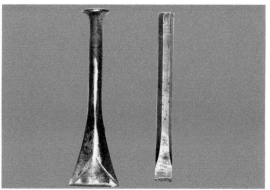

不同功能的凿子

图 6-27 锤子和凿子的特点

在使用锤子和凿子时，应将凿子与墙面保持有一定的倾斜角度，不应将凿子与墙面形成直角，然后使用锤子敲打凿子的尾端，不应用力过大，否则会震伤握凿子的手，如图 6-28 所示。

精彩演示

2 使用锤子敲打凿子的尾端，不应用力过大，否则会震伤握凿子的手。

1 将凿子与墙面保持有一定的倾斜角度（不应将凿子与墙面形成直角）

图 6-28　锤子和凿子的使用

6.1.9　切管器

切管器是管路切割的工具，比较常见的有旋转式切管器和手握式切管器，多用于切割导线敷设的 PVC 管路，旋转式切管器可以调节切口的大小，适合切割较细的管路；手握式切管器适合切割较粗的管路。如图 6-29 所示。

精彩演示

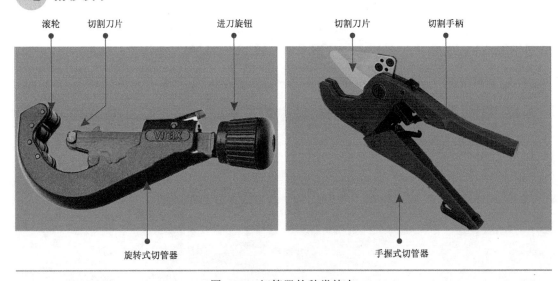

滚轮　　切割刀片　　　　　　进刀旋钮　　　　切割刀片　　　切割手柄

旋转式切管器　　　　　　　　　　　手握式切管器

图 6-29　切管器的种类特点

在使用旋转式切管器时，应当将管路夹在切割刀片与滚轮之间，旋转进刀旋钮使刀片夹紧管路，垂直顺时针旋转切管器，直至切断管路，如图 6-30 所示。

在使用手握式切管器时，将需要切割的管路放置到切管器的管口中，调节至管路需要切割的位置，在调节位置时，应确保管路水平或垂直，防止切割后的管口出现歪斜，然后多次按压切管器的手柄，直至切断管路，如图 6-31 所示。

精彩演示

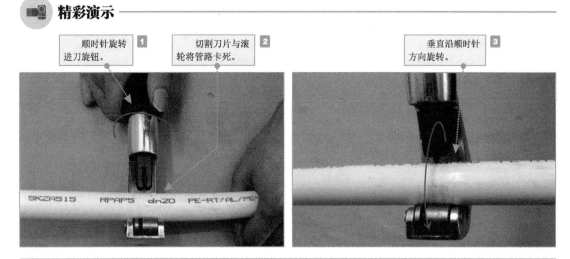

图 6-30　旋转式切管器的使用

精彩演示

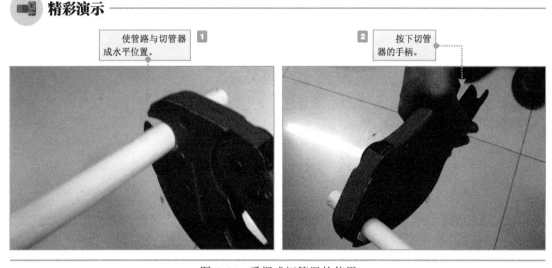

图 6-31　手握式切管器的使用

6.1.10　弯管器

　　弯管器是弯曲加工管路的工具，主要用来弯曲 PVC 管与钢管等。在电工操作中常见的弯管器可以分为手动弯管器和电动弯管器等，如图 6-32 所示。

　　在使用手动弯管器时，应当查看需要弯管的角度，将弯管器的手柄打开，然后将需要加工的管路放入弯管器中，一只手握住弯管器的手柄，另一只手握住弯管器的压柄，向内用力弯压，在弯管器上带有角度标识，当达到需要的角度后，松开压柄，将加工后的管路取出，如图 6-33 所示。

　　在使用电动弯管器时，应先观察需要弯管的角度，将合适角度的弯管轮更换至弯管器上，然后将管路固定在弯管器上，按下弯管器的弯管按钮，即可完成弯管工作，如图 6-34 所示。

精彩演示

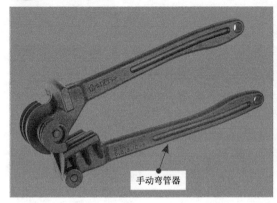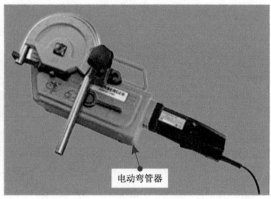

手动弯管器

电动弯管器

图 6-32　弯管器的种类特点

精彩演示

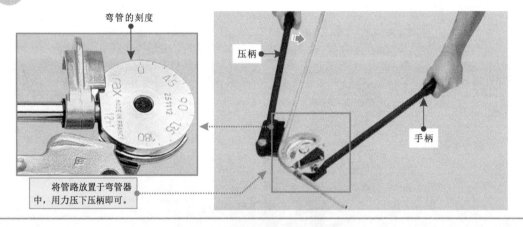

弯管的刻度

压柄

手柄

将管路放置于弯管器
中，用力压下压柄即可。

图 6-33　普通弯管器的使用规范

精彩演示

更换合适角度
的弯管轮。

将管路放在电动
弯管器上，按下按钮
即可。

图 6-34　电动弯管器的使用规范

资料扩展

液压型电动弯管器也是使用较为广泛的弯管器，它与电动弯管器相似，同样有不同的弯管轮，用于弯制不同角度的管路，但不同的是其利用液压为动力，使其可以对管路进行弯压，如图 6-35 所示。

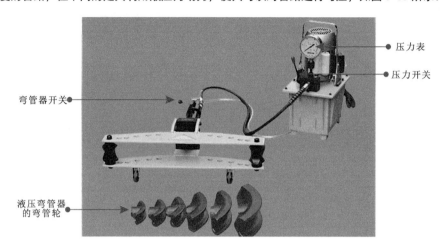

图 6-35　液压型电动弯管器

6.2　电工常用检测仪表

6.2.1　验电器

验电器是电工工作中经常使用的检测仪表之一，用于检测导线和电气设备是否带电的检测工具。验电器分为高压验电器和低压验电器两种。

① 高压验电器

图 6-36 为高压验电器。高压验电器多用于检测 500 V 以上的高压，高压验电器还可以分为接触式高压验电器和非接触式高压验电器。接触式高压验电器由手柄、金属感应探头、指示灯等构成；感应式高压验电器由手柄、感应测试端、开关按钮、指示灯或扬声器等构成。

在使用高压验电器时，高压验电器的手柄长度不够时，可以使用绝缘物体延长手柄，应当用佩戴绝缘手套的手去握住高压验电器的手柄，不可以将手越过防护环，再将高压验电器的金属探头接触待测高压线缆，或使用感应部位靠近高压线缆，如图 6-37 所示，高压验电器上的蜂鸣器发出叫声，证明该高压线缆正常。

重要提示

使用高压非接触式验电器时，若需检测某个电压，该电压必须达到所选挡位的启动电压，高压非接触验电器越靠近高压线缆，启动电压越低，距离越远，启动电压越高。

精彩演示

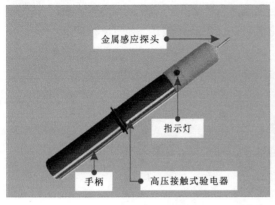金属感应探头

指示灯

手柄　　高压接触式验电器

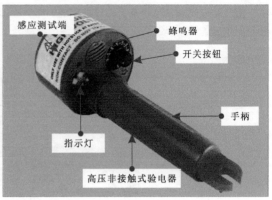感应测试端　　　蜂鸣器

开关按钮

手柄

指示灯

高压非接触式验电器

图 6-36　高压验电器的种类特点与构成

精彩演示

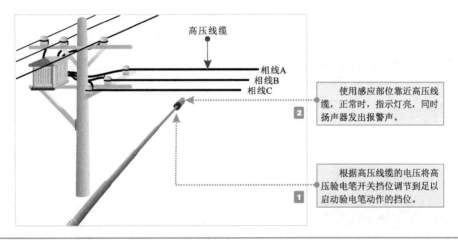

图 6-37　高压验电器的使用规范

高压线缆

相线A
相线B
相线C

2 使用感应部位靠近高压线缆，正常时，指示灯亮，同时扬声器发出报警声。

1 根据高压线缆的电压将高压验电笔开关挡位调节到足以启动验电笔动作的挡位。

2 低压验电器

　　低压验电器多用于检测 12 ～ 500V 的低压，低压验电器的外形较小，便于携带，多设计为螺丝刀形或钢笔形，低压验电器可以分为低压氖管验电器与低压电子验电器。低压氖管验电器是由金属探头、电阻、氖管、尾部金属部分以及弹簧等构成；低压电子验电器是由金属探头、指示灯、显示屏、按钮等构成，如图 6-38 所示。

资料扩展

　　目前，市场还有新型的感应式低压验电器。它的功能和使用方法与低压电子验电器的使用方法基本相同，如图 6-39 所示。

精彩演示 ─────────────────────────

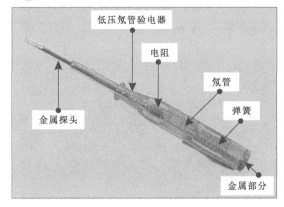
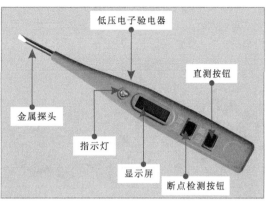

图 6-38　低压验电器的种类特点与构成

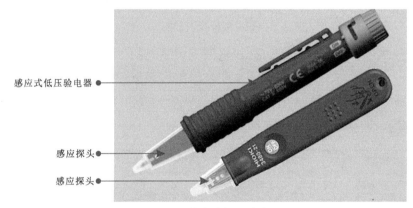

图 6-39　感应式低压验电器

在使用低压氖管验电器时，用一只手握住氖管低压验电器，大拇指按住尾部的金属部分，将其插入 220V 电源插座的火线孔中，如图 6-40 所示。正常时，可以看到氖管低压验电器中的氖管发亮光，证明该电源插座带电。

 精彩演示 ─────────────────────────

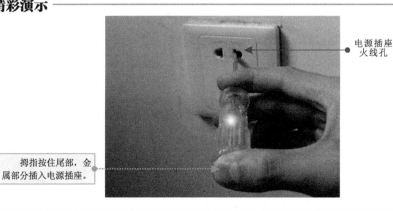

图 6-40　低压氖管验电器的使用方法

　　有些操作人员在使用低压氖管验电器检测时，拇指未接触低压氖管验电器尾部的金属部分，氖管不亮，无法正确判断该电源是否带电。在检测时，也不可以用手触摸低压氖管验电器的金属检测端，以免发生触电事故，对人体造成伤害，如图6-41所示。

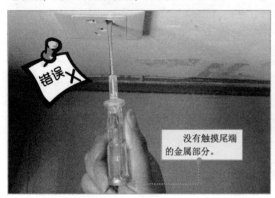

图6-41　低压氖管验电器的错误使用

　　使用低压电子验电器时，可以按住电子试电笔上的"直测按钮"，将其插入孔为火线孔时，低压电子验电器的显示屏上即会显示出测量的电压，指示灯亮；当其插入零线孔时，低压电子验电器的显示屏上无电压显示，指示灯不亮，如图6-42所示。

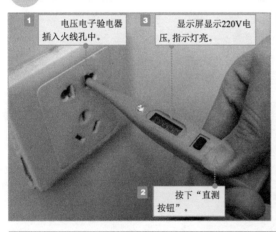
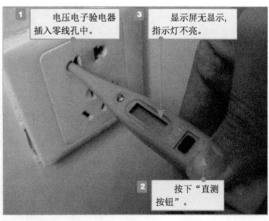

图6-42　低压电子验电器的使用方法

6.2.2　万用表

　　万用表是一种多功能、多量程的便携式检测工具，主要用于电气设备、供配电设备以及电动机的检测工作。一般的万用表具备直流电流、交流电流、直流电压、交流电压和电阻值等检测挡位，还有一些万用表的功能更强大，可以测量三极管的放大倍数、信号频率、电感和电容器的值以及放大器的放大量（分贝值：dB）等。万用表的种类通常可以分为指针式万用表和数字式万用表。

1　**指针式万用表**

指针式万用表又称为模拟万用表，响应速度较快，内阻较小，但测量精度较低。它由指针刻度盘、功能旋钮、表头校正钮、零欧姆调节旋钮、表笔连接端、表笔等构成。图 6-43 为指针式万用表的实物外形。

精彩演示

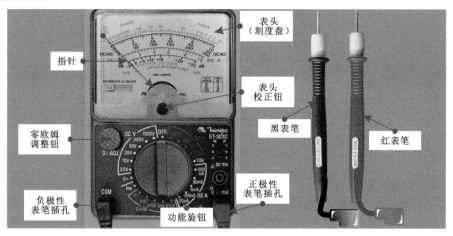

图 6-43　指针式万用表的实物外形

图 6-44 为典型指针式万用表的量程旋钮和连接插孔。图 6-45 为典型指针式万用表的刻度盘和指针。

精彩演示

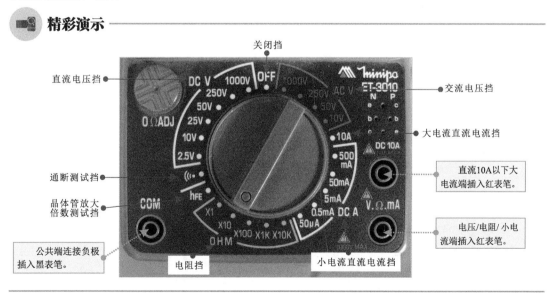

图 6-44　指针式万用表的量程旋钮和连接插孔

指针式万用表检测时的直流电压、交流电压、直流电流、晶体管放大倍数以及低频电压（分贝数）等最大刻度数值，见表 6-2 所列。

 精彩演示

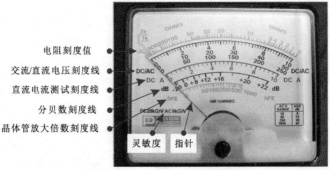

电阻刻度值
交流/直流电压刻度线
直流电流测试刻度线
分贝数刻度线
晶体管放大倍数刻度线

灵敏度   指针

图 6-45　刻度盘与指针

表 6-2　典型指针式万用表的最大刻度值

测量项目	最大刻度值
直流电压（V）	2.5、10、25、50、250、1000
交流电压（V）	10、50、250、1000
直流电流	50μA、0.5mA、5mA、50mA、500mA、10A
低频电压（分贝数dB）	−20～+22（AC10V范围） −6～+36（AC50V范围） 8～+50（AC250V范围） 20～+62（AC100V范围）
晶体管放大倍数	0～1000

2　数字式万用表

数字式万用表读数直观明了，内阻较大，测量精度高。它是由液晶显示屏、量程旋钮、表笔接端、电源按键、峰值保持按键、背光灯按键、交／直流切断键等构成的。

图 6-46 为典型数字式万用表的实物外形。

 精彩演示

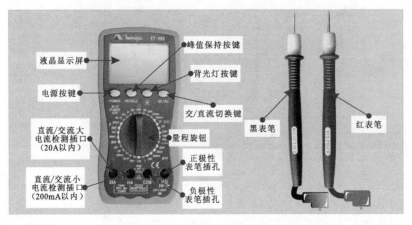

液晶显示屏
电源按键
直流/交流大
电流检测插口
（20A以内）
直流/交流小
电流检测插口
（200mA以内）

峰值保持按键
背光灯按键
交/直流切换键
量程旋钮
正极性
表笔插孔
负极性
表笔插孔

黑表笔   红表笔

图 6-46　数字式万用表的实物外形

图 6-47 为典型数字式万用表的量程旋钮和连接插孔。

精彩演示

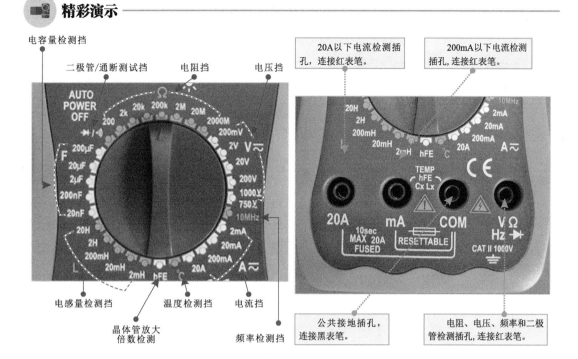

图 6-47 数字式万用表的量程旋钮和连接插孔

图 6-48 为典型数字式万用表的显示屏。

精彩演示

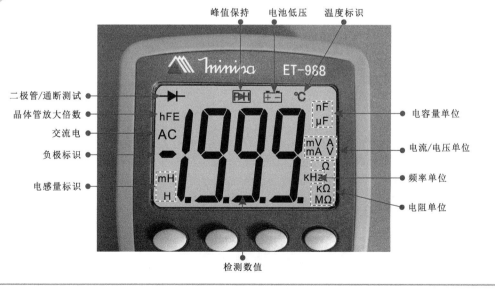

图 6-48 数字显示屏

表 6-3 所列为数字显示屏显示符号的意义。

表 6-3　数字显示屏显示显示符号

符号	说明	符号	说明
℃	进行温度检测时的标识符号	Ω kΩ MΩ	电阻标识以及电阻值单位
+ −	电池电量低时进行显示提示	⊣▷⊢	二极管测试/通断测试标识
P-H	峰值保持(锁定检测数值)	▬	负极性标识
mH H	电感量标识以及单位	I.9.9.9.	检测数值
mV　A mA　V	电流、电压的标识以及单位	AC	交流标识符号
nF μF	电容标识以及电容量单位	hFE	晶体管放大倍数的标识
kHz	频率检测的标识以及单位		

在电工操作中，通常可使用指针式万用表对电路的电流、电压、电阻进行测试，在使用不同的挡位进行检测时，应当严格遵守操作规范。

（1）使用万用表检测电压

在使用指针式万用表检测被测设备或电路的电压值时，应先判断一下其电压的范围和极性再选择量程，如果不能判断电压值则应选择大电压量程进行检测，然后再逐步改变量程，以免高压损坏万用表。

如图 6-49 所示，以检测电池电压为例，首先将指针式万用表的挡位调整为"DC 10 V"，并将黑表笔插入指针式万用表公共端"COM"孔中，将红表笔插入指针式万用表"V. Ω .mA"孔中。然后将黑表笔接到电池的负极端，将红表笔接到电池的正极端。此时可根据表盘的刻度读取指针式万用表上的读数。

📹 **精彩演示**

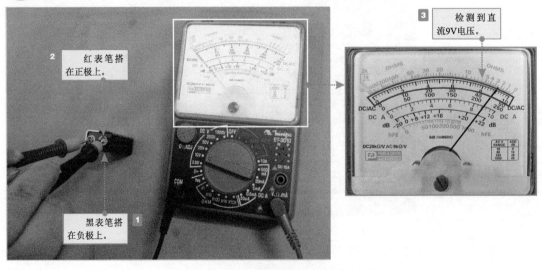

图 6-49　指针式万用表测量电压

重要提示

在使用指针式万用表测量电压时，若检测中，指针式万用表的指针反方向偏转时，应当立即停止检测，表明极性不对，应调换表笔。

图 6-50 为使用数字式万用表检测交流电压的操作。将红表笔插入电阻电压输入接口 "V Ω Hz" 孔中，将黑表笔插入公共 / 接地接口 "COM" 孔中。然后将两表笔分别接到交流电源的两插座孔中，此时应当在显示屏上直接显示出检测到的 "AC 220V" 电压。交流电压无极性之分，不必考虑红黑表笔的极性。

精彩演示

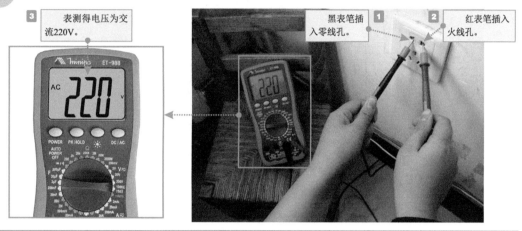

图 6-50　数字式万用表检测电压

重要提示

在使用数字式万用表测量电压时，若数字显示屏上出现 "OL" 的标识，说明选择的挡位过小，无法显示，如图 6-51 所示。有些学员在未将表笔从检测端移出的情况下，便调节数字万用表的量程，可能致使转换开关触点烧毁，导致万用表损坏。

精彩演示

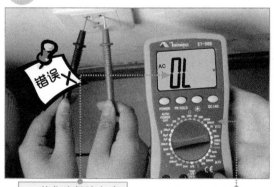

图 6-51　调挡过低的错误操作

（2）使用万用表检测电阻的方法

当使用万用表检测电阻时，为确保测量准确，应根据检测情况选择合适的挡位量程后进行调零校正。

接下来，以检测电动机绕组与地之间的绝缘阻值为例。如图 6-52 所示，应将指针式万用表同样水平放置，将黑表笔搭在接地端上，红表笔搭在电动机的绕组上。读取检测数值时，视线应当垂直于指针式万用表进行读取。

 精彩演示

黑表笔搭在接地端上。

3 检测到指针指向无穷大。

2 红表笔搭在绕组上。

图 6-52　指针式万用表测量阻值

重要提示

使用指针万用表检测阻值时，若需检测电阻器，首先对该电阻器进行识读，根据识读出的数据调整指针万用表的挡位，这样可以正确选择合适的挡位，如图 6-53 所示。

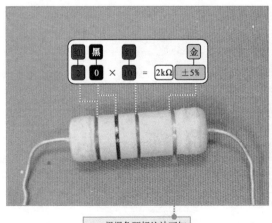

根据色环标注法可知电阻器阻值为2kΩ。

应调至"×10k"欧姆挡。

图 6-53　识读电阻器的数据，选择挡位

图 6-54 为使用数字万用表检测隔离变压器绕组阻值的操作。将数字式万用表的红黑表笔分别搭在变压器绕组的两个引脚上，此时待测设备的电阻值便会直接通过显示屏进行显示。

 精彩演示

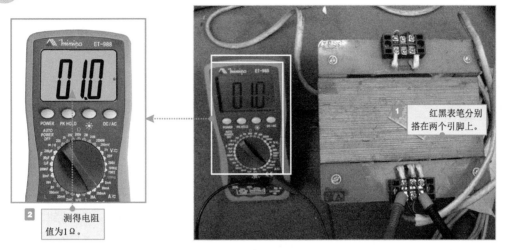

图 6-54 数字式万用表测量电阻值

6.2.3 钳形表

钳形表在电工操作中，可以用于检测电气设备或线缆工作时的电压与电流，在使用钳形表检测电流时不需要断开电路，便可通过钳形表对导线的电磁感应进行电流的测量，是一种较为方便的测量仪器。

图 6-55 为钳形表的实物外形。钳形表主要是由钳头、钳头扳机、保持按钮、功能旋钮、液晶显示屏、表笔插孔和红、黑表笔等构成的。

 精彩演示

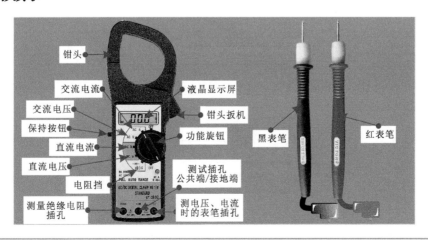

图 6-55 钳形表的实物外形

钳形表各功能量程准确度和精确值参见表6-4所列。

表6-4 各功能量程准确度和精确值

功能	量程	准确度	精确值
交流电流	200A	±（30%+5）	0.1A（100mA）
	1000A		1A
交流电压	750V	±（0.8%+2）	1V
直流电压	1000V	±（1.2%+4）	1V
电阻	200Ω	±（1.0%+3）	0.1Ω
	20kΩ	±（1.0%+1）	0.01kΩ（10Ω）
绝缘电阻	20MΩ	±（2.0%+2）	0.01MΩ（10MΩ）
	2000MΩ	≤500MΩ± （4.0%+2） ＞500MΩ± （5.0%+2）	1MΩ

资料扩展

钳形表检测交流电流的原理是建立在电流互感器工作原理基础上的。钳头实际上是互感线圈，当按压钳形表扳机时，钳头铁芯可以张开，被测导线进入钳口内部作为电流互感器的初级绕组，在钳头内部次级绕组均匀地缠绕在圆形铁芯上，导线通过交流电时产生的交变磁通使次级绕组感应产生按比例减小的感应电流，在钳形表中经电流／电压转换、分压后，经交流直流转换器变成直流电压，送入A/D转换器变成数字信号，经显示屏显示检测到的电流值，如图6-56所示。

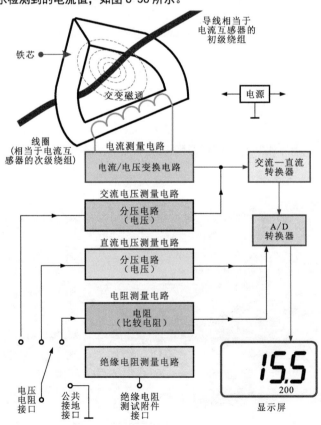

图6-56 钳形表表头检测电流的原理

　　使用钳形表检测电流时，首先应察看钳形表的绝缘外壳是否发生破损，再看需要检测的线缆通过的额定电流量，如图 6-57 所示，该线缆上的电流量经过电度表，所以可由电度表上的额定电流量确认。该线缆可以通过的电流量为"10（40）A"。

 精彩演示

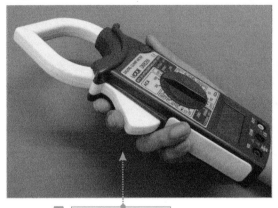

10（40）A

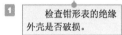
1 检查钳形表的绝缘外壳是否破损。

2 检测到被测线缆可通过的电流量为"10（40）A"。

图 6-57   检查钳形表的绝缘性能和待测线缆的额定电流

　　根据需要检测线缆通过的额定电流量选择钳形表的挡位，需选择的挡位应比通过的额定电流量大。所以应当将钳形表的挡位调至"AC 200A 挡"，如图 6-58 所示。

 精彩演示

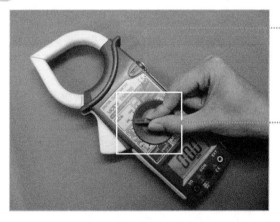
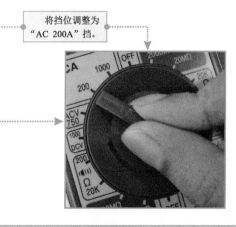

将挡位调整为"AC 200A"挡。

图 6-58   调整钳形表挡位

 重要提示

　　有些学员在使用钳形表检测电流时，未观察待测设备的额定电流，就随意选取一个挡位，当测试过程中钳形表无显示，再随即调整钳形表挡位，如图 6-59 所示。而在带电的情况下转换钳形表的挡位，会导致钳形表内部电路损坏。

不可带电测量时
调整挡位。

图6-59 错误调整钳形表挡位

当调整好钳形表的挡位后，先确定"HOLD键"锁定开关打开后，按压钳头扳机，使钳口张开，将待测线缆中的火线放入钳口中，松开钳口扳机，使钳口紧闭，此时即可观察钳形表显示的数值。若钳形表无法直接观察到检测数值时，可以按下"HOL 键"锁定开关，在将钳形表取出后，即可对钳形表上显示的数值进行读取，如图6-60所示。

精彩演示

1

功能旋钮

估测测量结果，以此确定功能旋钮的位置。室内供电线路电流一般为几或几十安培，这里选择"200"交流电流挡。

2

钳头扳机

按下钳形表的钳头扳机，打开钳形表钳头，为检测电流做好准备，同时确认锁定开关处于解锁位置。

3

供电线路

将钳头套在所测线路中的一根供电线上，检测配电箱中断路器输出侧送往室内供电线路中的电流。

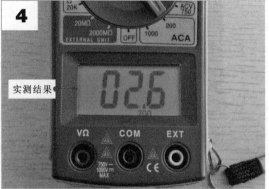

4

实测结果

待检测数值稳定后，按下锁定开关，读取供电线路的电流数值为2.6A。

图6-60 钳形表测量电流

　　钳形表在检测电流时，不可以用钳头直接钳住裸导线进行检测。并且在钳住线缆后，应当保证钳口密封，不可分离，若钳口分离会影响到检测数值的准确性。

重要提示

　　有些线缆的火线和零线被包裹在一个绝缘皮中，从外观上看感觉是一根电线，此时使用钳形表检测时，实际上是钳住了两根导线，这样操作无法测量出真实的电流量，如图 6-61 所示。

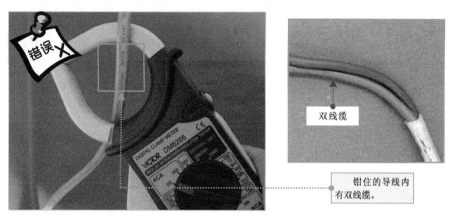

图 6-61　错误使用钳形表

　　使用钳形表检测电压时，应先查看需要检测设备的额定电压值，如图 6-62 所示。该电源插座的供电电压应当为"交流 220V"，则将钳形表量程调整为"AC 750V"挡。

精彩演示

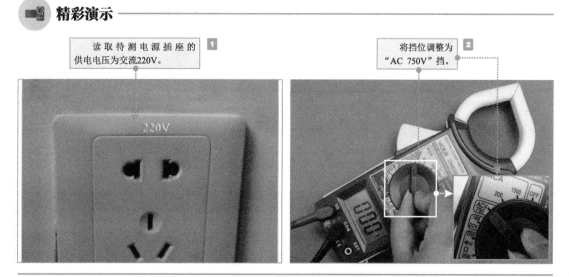

图 6-62　查看待测设备的额定电压并调整钳形表量程

　　将红表笔插入电阻电压输入接口"VΩ"孔中，将黑表笔插入公共 / 接地接口"COM"孔中，如图 6-63 所示。

　　将钳形表上的黑表笔插入电源插座的零线孔中，再将红表笔插入电源插座的火线孔中，如图 6-64 所示，在钳形表的显示屏上即可显示检测到的"AC 220V"电压。

精彩演示

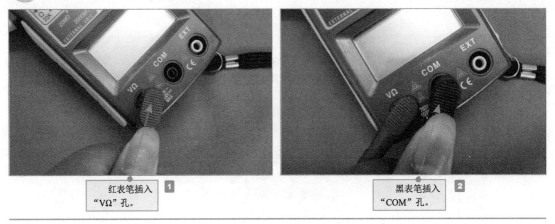

红表笔插入 "VΩ" 孔。 **1**

黑表笔插入 "COM" 孔。 **2**

图 6-63　连接检测表笔

精彩演示

1 黑表笔插入零线孔中。　　**2** 红表笔插入火线孔中。　　**3** 检测到的电压为 "220V"。

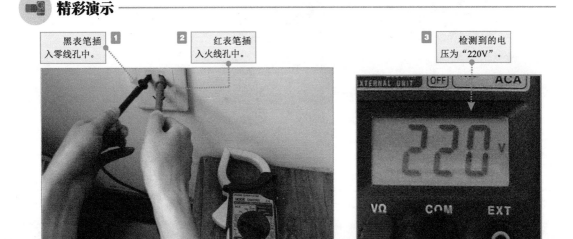

图 6-64　检测电源插座电压

6.2.4　兆欧表

兆欧表是专门用来检测电气设备、家用电器或电气线路等对地及相线之间的绝缘阻值的工具，用于保证这些设备、电器和线路工作在正常状态，避免发生触电伤亡及设备损坏等事故。

图 6-65 为兆欧表的实物外形。电工操作中常用的兆欧表有手摇式兆欧表和数字式兆欧表，手摇式兆欧表由刻度盘、指针、接线端子（E 接地接线端子、L 火线接线端子）、铭牌、手动摇杆、使用说明、红测试线以及黑测试线等组件构成。数字式兆欧表由数字显示屏、测试线连接插孔、背光灯开关、时间设置按钮、测量旋钮、量程调节开关等组件构成。

精彩演示

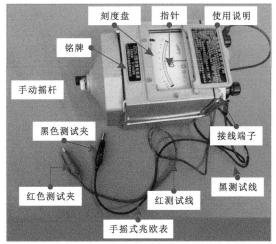
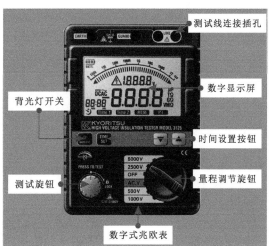

图 6-65　兆欧表的实物外形

　　数字显示屏直接显示测试时所选择的高压挡位以及高压警告，通过电池状态可以了解数字兆欧表内的电量，测试时间可以显示测试检测的时间，计时符号闪动时表示当前处于计时状态；检测到的绝缘阻值可以通过模拟刻度盘读出测试的读数，也可以通过数字直接显示出检测的数值以及单位，如图 6-66 所示。

 精彩演示

图 6-66　数字显示屏

　　表 6-5 所列为数字显示屏显示符号的意义。

　　以手摇式兆欧表为例，在检测室内供电电路的绝缘阻值之前，首先将 L 线路接线端子拧松，然后将红色测试线的 U 型接口接入连接端子（L）上，拧紧 L 线路接线端子；再将 E 接地端子拧松，并将黑测试线的 U 型接口接入连接端子，拧紧 E 接地端子，如图 6-67 所示。

表 6-5 数字显示屏显示符号

符号	定义	说明	符号	定义	说明
III BATT	电池状态	显示电池的使用量	8.8.8.8	测试结果	测试的阻值结果，无穷大显示为："-- --"
模拟数值刻度表图	模拟数值刻度表	用来显示测试阻值的应用	μF TΩ GΩ VMΩ	测试单位	测试结果的单位
1.8.8.8.8 V	高压电压值	输出高压值	Time1	时间提示	到时间提示
⚡	高压警告	按下测试键后输出高压时，该符号点亮	Time2	时间提示	到时间提示并计算吸收比
88:88 min see	测试时间	测试显示的时间	MEM	储存提示	当按储存键显示测试结果时，该符号点亮
✋	计时符号	当处于测试状态时，该符号闪动，正在测试计时	P1	极性提示	极性指数符号，当Time计算完极性指数后，点亮该符号

精彩演示

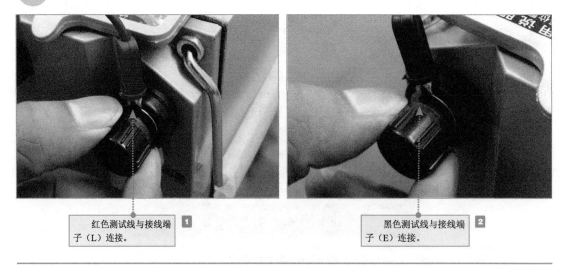

① 红色测试线与接线端子（L）连接。

② 黑色测试线与接线端子（E）连接。

图 6-67 将红黑测试夹的连接线与兆欧表接线端子进行连接

在使用手摇式兆欧表进行测量前，还需对手摇式兆欧表进行开路与短路测试，检查兆欧表是否正常。将红黑测试夹分开，顺时针摇动摇杆，兆欧表指针应指示"无穷大"；再将红黑测试夹短接，顺时针摇动摇杆，兆欧表指针应当指示"零"，说明该兆欧表正常，注意摇速不要过快，如图 6-68 所示。

精彩演示

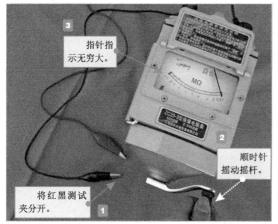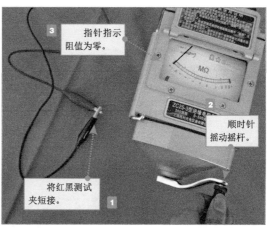

图 6-68　使用前检测兆欧表

　　将室内供电线路上的总断路器断开后，将红色测试线连接支路开关（照明支路）输出端的电线，黑色测试线连接在室内的地线或接地端（接地棒），如图 6-69 所示。然后顺时针旋转兆欧表的摇杆，检测室内供电线路与大地间的绝缘电阻，若测得阻值约为 500MΩ，则说明该线路绝缘性很好。

精彩演示

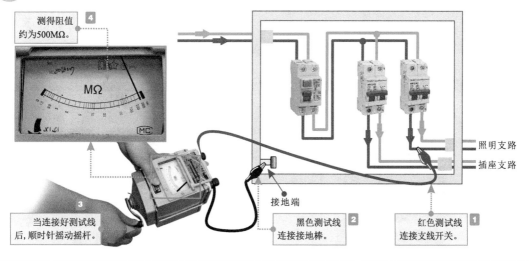

图 6-69　检测室内供电线路与接地端的绝缘电阻

重要提示

　　在使用兆欧表进行测量时，需要手提兆欧表进行测试，应保证提着兆欧表的手保持稳定，防止兆欧表在摇动摇杆时晃动，并且应当在兆欧表水平放置时读取检测数值。在转动摇杆手柄时，应当由慢至快，若发现指针指向零时，应当立即停止摇动摇柄，以防兆欧表内部的线圈损坏。兆欧表在检测过程中，严禁用手触碰测试端，以防电击。在检测结束，进行拆线时，也不要触及引线的金属部分。

下面，我们以数字式兆欧表为例，介绍一下数字式兆欧表检测带电变压器绝缘阻值的方法。

将数字式兆欧表的量程调整为 500V 挡，显示屏上会同时显示量程为 500V；将红表笔插入线路端"LINE"孔中，黑表笔插入接地端"EARTH"孔中，如图 6-70 所示。

精彩演示

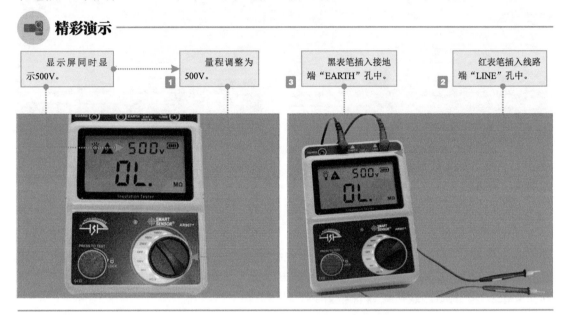

图 6-70　调整数字式兆欧表的量程并连接表笔

图 6-71 为使用数字式兆欧表检测变压器初级绕组阻值的操作。将数字式兆欧表的红表笔搭在变压器初级绕组的任意一根线芯上，黑色表笔搭在变压器的金属外壳上，按下数字式兆欧表的测试按钮，此时显示屏显示绝缘阻值为 500MΩ。

精彩演示

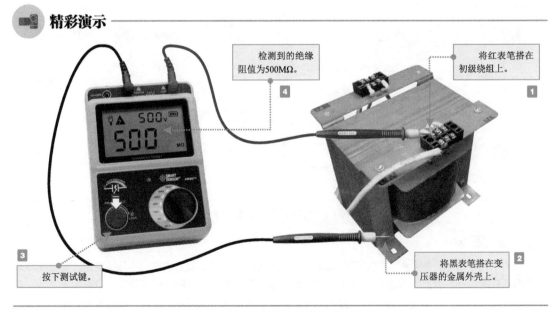

图 6-71　测试变压器初级绕组的绝缘阻值

接下来，将数字式兆欧表的红表笔搭在变压器次级绕组的任意一根线芯上，黑色表笔搭在变压器的金属外壳上，按下数字式兆欧表的测试按钮，此时显示屏显示绝缘阻值为 500 MΩ，如图 6-72 所示。

精彩演示

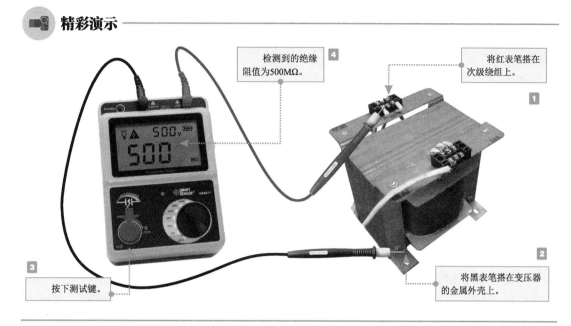

图 6-72　测试变压器次级绕组的绝缘阻值

图 6-73 为测量变压器初级绕组和次级绕组之间绝缘阻值的操作。将数字式兆欧表的红表笔搭在变压器次级绕组的任意一根线芯上，黑色表笔搭在变压器初级绕组的任意一根线芯上，按下数字式兆欧表的测试按钮，此时显示屏显示绝缘阻值为 500MΩ。

精彩演示

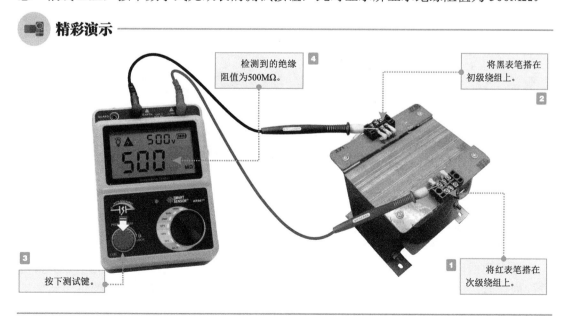

图 6-73　测试变压器初级绕组与次级绕组之间的绝缘阻值

第7章 电工布线技能

7.1 明敷线缆

7.1.1 瓷夹配线的明敷操作训练

瓷夹配线也称为夹板配线，是指用瓷夹板来夹持导线，使导线固定并与建筑物绝缘的一种配线方式，一般适用于正常干燥的室内场所和房屋挑檐下的室外场所。通常情况下，使用瓷夹配线时，其线路的截面积一般不超过 $10mm^2$。

1　瓷夹的固定规范

瓷夹在固定时可以将其埋设在坚固件上，或是使用胀管螺钉进行固定。用胀管螺钉固定时，应先在需要固定的位置上进行钻孔（孔的大小应与胀管粗细相同，其深度略长于胀管螺钉的长度），然后将胀管螺钉放入瓷夹底座的固定孔内，进行固定，接着将导线固定在瓷夹内的槽内，最后使用螺钉固定好瓷夹的上盖即可，如图 7-1 所示。

📹 精彩演示

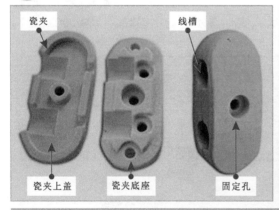
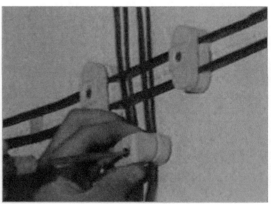

瓷夹　　　　线槽

瓷夹上盖　　瓷夹底座　　固定孔

图 7-1　瓷夹的固定规范

2　瓷夹配线遇建筑物时的操作规范

瓷夹配线时，通常会遇到一些建筑物，如水管、蒸汽管或转角等，对于该类情况进行操作时，应进行相应的保护。例如，在与导线进行交叉敷设时，应使用塑料管或绝缘管对导线进行保护，并且在塑料管或绝缘管的两端导线上须用瓷夹板夹牢，防止塑料管移动；在跨越蒸汽管时，应使用瓷管对导线进行保护，瓷管与蒸汽管保温层外须有 20mm 的距离；若使用瓷夹进行转角或分支配线，应在距离墙面 40 ～ 60 mm 处安装一个瓷夹，用来固定线路。

图 7-2 为瓷夹配线时遇建筑物的操作规范。

 精彩演示

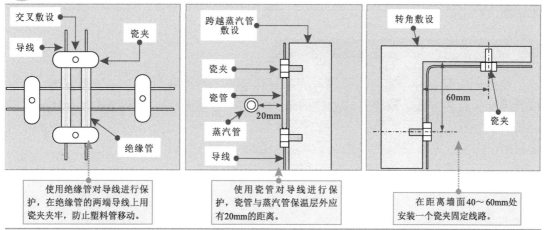

图 7-2　瓷夹配线时遇建筑物的操作规范

重要提示

使用瓷夹配线，需要连接导线时，尽量将其连接头安装在两瓷夹的中间，避免将导线的接头压在瓷夹内。而且使用瓷夹在室内配线时，绝缘导线与建筑物表面的最小距离应大于 5mm；使用瓷夹在室外配线时，不可以在雨雪能落到导线上的地方进行敷设。

3　瓷夹配线穿墙面时的操作规范

瓷夹配线过程中，通常会遇到穿墙或是穿楼板的情况，在进行该类操作时，应按照相关的规范进行操作。图 7-3 为瓷夹配线穿墙或穿楼板的操作规范。

精彩演示

图 7-3　瓷夹配线穿墙或穿楼板的操作规范

7.1.2 瓷瓶配线的明敷操作训练

瓷瓶配线也称为绝缘子配线，是利用瓷瓶支持并固定导线的一种配线方式，常用于线路的明敷。瓷瓶配线绝缘效果好，机械强度大，主要适用于用电量较大而且较潮湿的场合，允许导线截面积较大，通常情况下，当导线截面积大于 $25mm^2$ 时，可以使用瓷瓶进行配线。

❶ 瓷瓶与导线的绑扎规范

使用瓷瓶配线时，需要将导线与瓷瓶进行绑扎，在绑扎时通常会采用双绑、单绑以及绑回头几种方式。双绑方式通常用于受力瓷瓶的绑扎，或导线截面大于 $10mm^2$ 的绑扎；单绑方式通常用于不受力瓷瓶或导线截面在 $6mm^2$ 及以下的绑扎；绑回头的方式通常用于终端导线与瓷瓶的绑扎。图7-4为瓷瓶与导线的绑扎规范。

 精彩演示

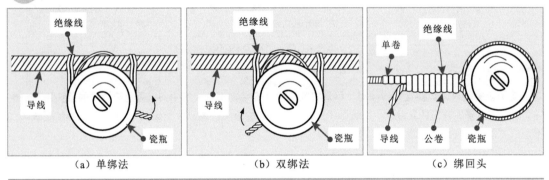

图7-4 瓷瓶与导线的绑扎规范

 重要提示

在瓷瓶配线时，应先将导线校直，将导线的其中一端绑扎在瓷瓶的颈部，然后在导线的另一端将导线收紧，并绑扎固定，最后绑扎并固定导线的中间部位。

❷ 瓷瓶与导线的敷设规范

瓷瓶配线的过程中，难免会遇到导线之间的分支、交叉或是拐角等操作，对于该类情况进行配线时，应按照相关的规范进行操作。例如导线在分支操作时，需要在分支点处设置瓷瓶，以支持导线，不使导线受到其他张力；导线相互交叉时，应在距建筑物较近的导线上套绝缘保护管；导线在同一平面内进行敷设时，若遇到弯曲的情况，瓷瓶需要装设在导线曲折角的内侧。

图7-5为瓷瓶与导线的敷设规范。

 重要提示

无论是瓷夹配线还是瓷瓶配线，在对导线进行敷设时，都应该使导线处于平直、无松弛的状态，并且导线在转弯处避免有急弯的情况。

■ 精彩演示

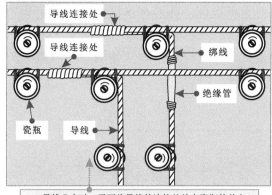

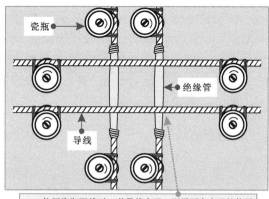

导线分支时，需要将导线的连接处放在瓷瓶的前方，并且需要与主导线一同绑在瓷瓶上。

使用瓷瓶配线时，若导线交叉，则需要在交叉处使用绝缘管进行绝缘处理。

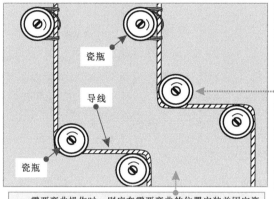

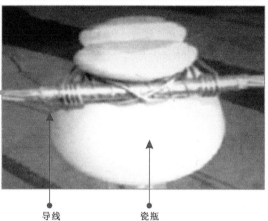

需要弯曲操作时，则应在需要弯曲的位置安装并固定瓷瓶。在进行配线时，需要将导线固定在瓷瓶的外侧。

图 7-5 瓷瓶与导线的敷设规范

■ 资料扩展

如图 7-6 所示，瓷瓶配线时，若是两根导线平行敷设，应将导线敷设在两个绝缘子的同一侧或者在两绝缘子的外侧；在建筑物的侧面或斜面配线时，必须将导线绑在绝缘子的上方，严禁将两根导线置于两绝缘子的内侧。

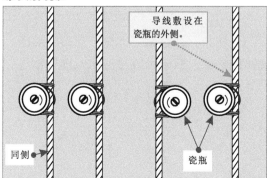

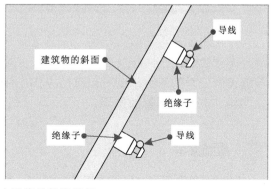

图 7-6 瓷瓶配线中导线的敷设规范

瓷瓶固定时的规范

使用瓷瓶配线时，对瓷瓶位置的固定是非常重要的，在进行该操作时应按相关的规范进行。例如在室外，瓷瓶在墙面上固定时，固定点之间的距离不应超过 200mm，并且不可以固定在雨、雪等能落到导线的地方；固定瓷瓶时，应使导线与建筑物表面的最小距离大于等于 10mm，瓷瓶在配线时不可以将瓷瓶倒装。

图 7-7 为瓷瓶固定时的规范。

精彩演示

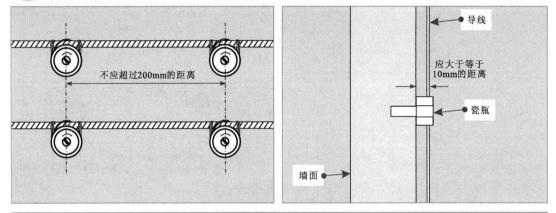

图 7-7　瓷瓶固定时的规范

7.1.3　金属管配线的明敷操作训练

金属管配线是指使用金属材质的管制品，将线路敷设于相应的场所，是一种常见的配线方式，室内和室外都适用。采用金属管配线可以使导线能够很好地受到保护，并且能减少因线路短路而发生火灾。

金属管明敷是指将导线穿金属管后敷设在墙面、屋顶等明面上的配线方式。在进行金属管明敷配线时，可按顺序进行操作，如选配、加工、弯管、固定等。

金属管的选用规范

在使用金属管明敷配线时，应先选择合适的金属管。若金属管敷设于潮湿的场所，则金属管会受到不同程度的锈蚀，为了保障线路的安全，应采用较厚的水、煤气钢管；若敷设于干燥的场所，则可以选用金属电线管。

图 7-8 为金属管的选用。

重要提示

选用金属管进行配线时，其表面不应有穿孔、裂缝和明显的凹凸不平等现象；其内部不允许出现锈蚀的现象，尽量选用内壁光滑的金属管。

精彩演示

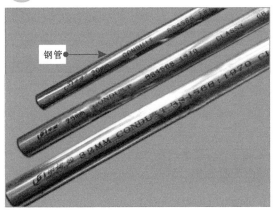
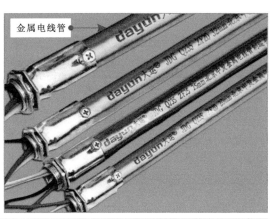

钢管

金属电线管

图7-8 金属管的选用

② 金属管管口的加工规范

在使用金属管进行配线时，为了防止穿线时金属管口划伤导线，其管口的位置应使用专用工具进行打磨，使其没有毛刺或是尖锐的棱角。

图7-9为金属管管口的加工规范。

精彩演示

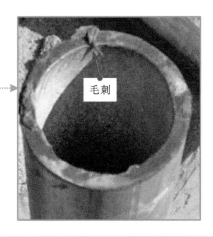

毛刺

金属管

图7-9 金属管管口的加工规范

③ 金属管的弯管操作规范

金属管的弯管操作要使用专业的弯管器，避免出现裂缝、明显凹瘪等弯制不良的现象。另外，金属管弯曲半径不得小于金属管外径的6倍，若明敷时只有一个弯，则可将金属管的弯曲半径减少为金属管外径的4倍。

图7-10为金属管弯管后的弯头示意图。

精彩演示

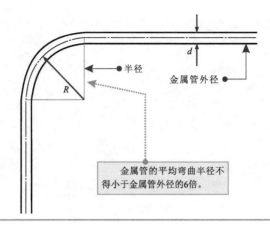

图 7-10　金属管弯管后的弯头示意图

资料扩展

　　通常情况下，金属管的弯曲角度应为 90°～105°。在敷设金属管时，为了降低配线时的困难程度，应尽量减少弯头出现的总量，每根金属管的弯头不应超过 3 个，直角弯头不应超过两个。

4　金属管使用长度的规范

　　金属管配线连接，若管路较长或有较多弯头时，则需要适当加装接线盒，通常对于无弯头的情况，金属管的长度不应超过 30m；对于有一个弯头的情况，金属管的长度不应超过 20m；对于有两个弯头的情况，金属管的长度不应超过 15m；对于有三个弯头的情况，金属管的长度不应超过 8m。

　　图 7-11 为金属管使用长度的规范。

精彩演示

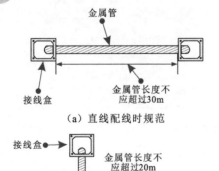

（a）直线配线时规范

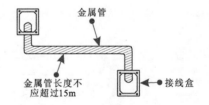

（b）有两个弯头时配线的规范

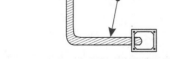

（c）有一个弯头时配线的规范

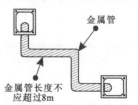

（d）有三个弯头时配线的规范

图 7-11　金属管使用长度的规范

5　**金属管配线时的固定规范**

金属管配线时，为了其美观和方便拆卸，在对金属管进行固定时，通常会使用管卡进行固定。若没有设计要求，则金属管卡的固定间隔不应超过 3m；在距离接线盒 0.3m 的区域，应使用管卡进行固定；在弯头两边也应使用管卡进行固定。

图 7-12 为金属管配线时的固定规范。

精彩演示

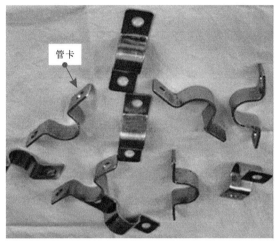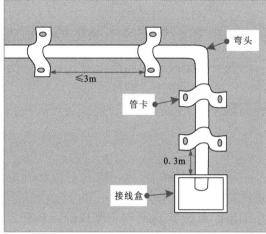

图 7-12　金属管配线时的固定规范

7.1.4　金属线槽配线的明敷操作训练

金属线槽配线用于明敷时，一般适用于正常环境的室内场所。带有槽盖的金属线槽，具有较强的封闭性，其耐火性能也较好，可以敷设在建筑物顶棚内，但对于金属线槽有严重腐蚀的场所不可以采用该类配线方式。

1　**金属线槽配线时导线的安装规范**

金属线槽配线时，其内部的导线不能有接头，若是在易于检修的场所，可以允许在金属线槽内有分支的接头，并且在金属线槽内配线时，其内部导线的截面积不应超过金属线槽内截面的 20%，载流导线不宜超过 30 根。

2　**金属线槽的安装规范**

金属线槽配线时，若遇到特殊情况，线槽的接头处需要设置安装支架或吊架：（1）当直线敷设金属线槽的长度为 1 ～ 1.5m 时；（2）金属线槽的首端、终端及进出接线盒的 0.5m 处。

图 7-13 为金属线槽配线时的规范。

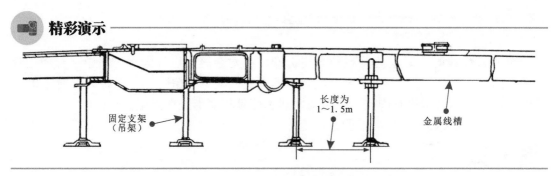

精彩演示

图 7-13　金属线槽配线时的规范

7.1.5 塑料管配线的明敷操作训练

塑料管配线明敷的操作方式具有配线施工操作方便、施工时间短、抗腐蚀性强等特点，适合应用在腐蚀性较强的环境中。在使用塑料管配线时可分为硬质塑料管和半硬质塑料管。

① 塑料管配线的固定规范

塑料管配线时，应使用管卡进行固定、支撑。在距离塑料管始端、终端、开关、接线盒或电气设备处 150 ～ 500 mm 时应固定一次，如果多条塑料管敷设时要保持其间距均匀。图 7-14 为塑料管配线的固定规范。

精彩演示

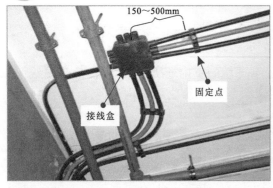
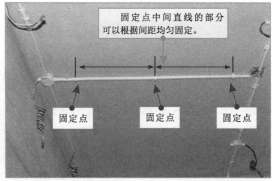

图 7-14　塑料管配线的固定规范

重要提示

塑料管配线前，应先对塑料管本身其进行检查，其表面不可以有裂缝、瘪陷的现象，其内部不可以有杂物，而且保证明敷塑料管的管壁厚度不小于 2mm。

② 塑料管的连接规范

塑料管之间的连接可以采用插入法和套接法连接。插入法是指将粘接剂涂抹在 A 塑料硬管的表面，然后将 A 塑料硬管插入 B 塑料硬管内为 A 塑料硬管管径的 1.2 ～ 1.5

倍深度即可；套接法则是同直径的硬塑料管扩大成套管，其长度为硬塑料管外径的 2.5 ～ 3 倍，插接时，先将套管加热至 130 ℃ 左右，1 ～ 2min 使套管变软后，将两根硬塑料管插入套管即可。图 7-15 为塑料管的连接规范。

 精彩演示

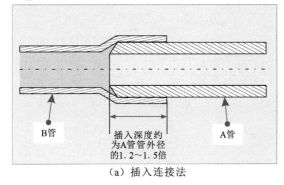
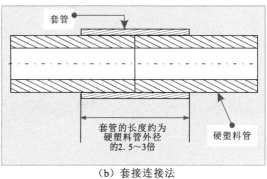

（a）插入连接法　　　　　　　　（b）套接连接法

图 7-15　塑料管的连接规范

 重要提示

在使用塑料管敷设连接时，可使用辅助连接配件进行连接弯曲或分支等操作，例如直接头、正三通头、90°弯头、45°弯头、异径接头等，如图 7-16 所示。在安装连接过程中，可以根据其环境的需要使用相应的配件。

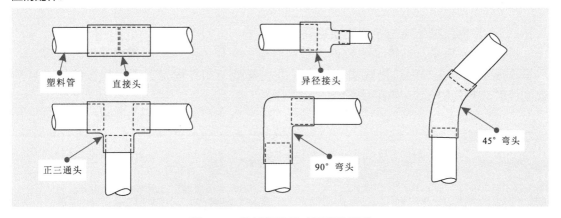

图 7-16　塑料管配线时用到的配件

7.1.6　塑料线槽配线的明敷操作训练

塑料线槽也是常用的一种配线材料。塑料线槽配线是指将绝缘导线敷设在塑料槽板的线槽内，上面使用盖板把导线盖住。该类配线方式适用于办公室、生活间等干燥房屋内的照明；也适用于工程改造时的线路更换，通常该类配线方式是在墙面抹灰粉刷后的明敷配线操作。

塑料线槽配线时，其内部的导线填充率及载流导线的根数，应满足导线的安全散热要求，并且在塑料线槽的内部不可以有接头、分支接头等，若有接头的情况，可以使用接线盒进行连接，如图 7-17 所示。

精彩演示

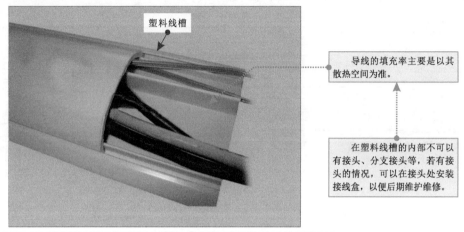

图 7-17　塑料线槽配线时导线的操作规范

重要提示

　　需要注意的是，强电导线和弱电导线不可放置在同一线槽内敷设，否则会对弱电设备的通信传输造成影响。另外线槽内的线缆也不宜过多，通常规定在线槽内的导线或是电缆的总截面积不应超过线槽内总截面积的 20%。

　　（1）塑料线槽配线时导线的固定训练

　　如图 7-18 所示，线缆水平敷设在塑料线槽中可以不绑扎，其槽内的缆线应顺直，尽量不要交叉，在导线进出线槽的部位以及拐弯处应绑扎固定。若导线在线槽内是垂直配线时应每间隔 1.5m 的距离固定一次。

精彩演示

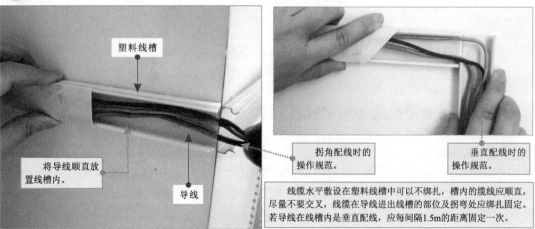

图 7-18　使用塑料线槽明敷配线时导线的操作规范

资料扩展

目前，市场上有很多塑料线槽的敷设连接配件，如阴转角、阳转角、分支三通、直转角等，使用这些配件可以为塑料线槽的敷设连接提供方便。图 7-19 为塑料线槽配线时用到的相关附件。

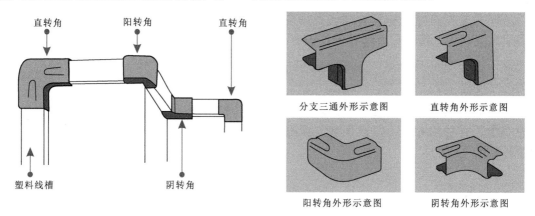

图 7-19　塑料线槽明敷配线时用到的相关附件

（2）塑料线槽配线时线槽的固定训练

使用塑料线槽明敷操作中，线槽槽底的固定也是十分重要的步骤。线槽固定点之间的距离应根据线槽的规格而定。塑料线槽的宽度为 20 ～ 40mm 时，其两固定点间的最大距离应为 80mm，可采用单排固定法；塑料线槽的宽度为 60mm 时，其两固定点的最大距离应为 100mm，可采用双排固定法，并且固定点纵向间距为 30mm；塑料线槽的宽度为 80 ～ 120mm 时，其固定点之间的距离应为 80mm，可采用双排固定法，并且固定点纵向间距为 50mm。

图 7-20 为使用塑料线槽配线时线槽的操作规范。

精彩演示

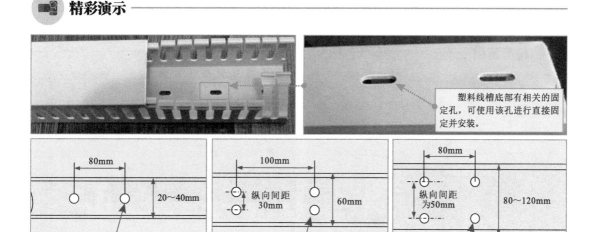

图 7-20　使用塑料线槽配线时线槽的操作规范

7.2 暗敷线缆

7.2.1 金属管配线的暗敷操作训练

暗敷是指将导线穿管并埋设在墙内、地板下或顶棚内进行配线，该操作对于施工要求较高，对于线路进行检查和维护时较困难。

① 金属管配线时弯头的操作规范

金属管暗敷配线的过程中，若遇到有弯头的情况时，金属管的弯头弯曲的半径不应小于管外径的6倍；敷设于地下或是混凝土的楼板时，金属管的弯曲半径不应小于管外径的10倍。

🚩 重要提示

金属管暗敷操作中，在转角时，其角度应大于90°，为了便于导线穿过，敷设金属管时，每根金属管的转弯点不应多于两个，并且不可以有S型拐角。

② 金属管管径的选用规范

由于金属管暗敷配线时，内部穿线的难度较大，所以选用的管径要大一点，一般管内填充物最多为总空间的30%左右，以便于穿线。

③ 金属管管口的操作规范

金属管配线时，通常会采用直埋操作，为了减小直埋管在沉陷时连接管口处对导线的剪切力，在加工金属管管口时可以将其做成喇叭形，将金属管口伸出地面时，应距离地面25～50mm。图7-21为金属管管口的操作规范。

📹 精彩演示

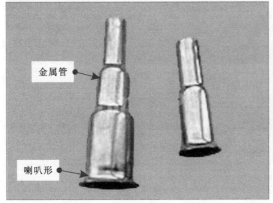
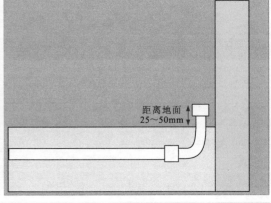

图7-21 金属管管口的操作规范

4   **金属管的连接规范**

金属管在连接时，可以使用管箍进行连接，也可以使用接线盒进行连接。采用管箍连接两根金属管时，将钢管的丝扣部分应顺螺纹的方向缠绕麻丝绳后再拧紧，以加强密封程度；采用接线盒连接两金属管时，钢管的一端应在连接盒内使用锁紧螺母夹紧，防止脱落。图 7-22 为金属管的连接规范。

 精彩演示

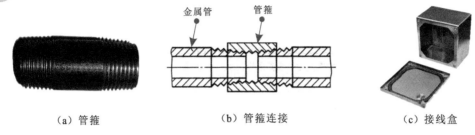

（a）管箍   （b）管箍连接   （c）接线盒

图 7-22   金属管的连接规范

7.2.2 塑料管配线的暗敷操作训练

塑料管配线的暗敷操作是指将塑料管埋入墙壁内的一种配线方式。

1   **塑料管的选用规范**

在选用塑料管配线时，首先应检查塑料管的表面有无裂缝或是瘪陷的现象，若存在该现象则不可以使用；然后检查塑料管内部有无异物或尖锐的物体，若有该情况时，则不可以选用；将塑料管用于暗敷时，要求其管壁的厚度应不小于 3mm。

图 7-23 为塑料管的选用规范。

 精彩演示

 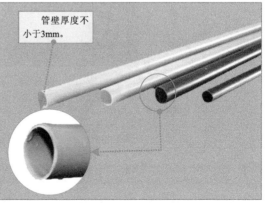

图 7-23   塑料管的选用规范

2　**塑料管弯曲时的操作规范**

为了便于导线的穿过，塑料管的弯头部分的角度一般不应小于 90°，要有明显的圆弧，不可以出现管内弯瘪的现象。图 7-24 为塑料管弯曲时的操作规范。

精彩演示

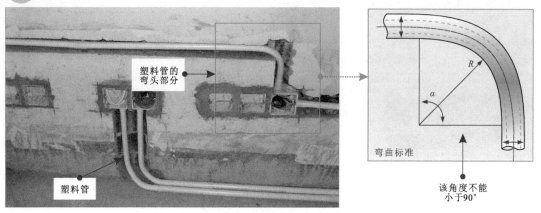

图 7-24　塑料管弯曲时的操作规范

3　**塑料管在砖墙内及混凝土内敷设的操作规范**

线管在砖墙内暗线敷设时，一般在土建砌砖时预埋，否则应先在砖墙上留槽或开槽，然后在砖缝里打入木榫并钉上钉子，再用铁丝将线管绑扎在钉子上，并进一步将钉子钉入。在混凝土内暗线敷设时，可用铁丝将管子绑扎在钢筋上，将管子用垫块垫高 10～15mm，使管子与混凝土模板间保持足够距离，并防止浇灌混凝土时把管子拉开。

图 7-25 为塑料管在砖墙内及混凝土内敷设的操作规范。

精彩演示

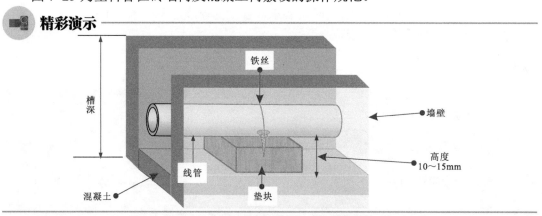

图 7-25　塑料管在砖墙及混凝土内敷设时的操作规范

4　**塑料管配线时其他的操作规范**

塑料管配线时，两个接线盒之间的塑料管为一个线段，每线段内塑料管口的连接数量要尽量减少；并且根据用电的需求，使用塑料管配线时，应尽量减少弯头的操作。

7.2.3 金属线槽暗敷

金属线槽配线使用在暗敷中时，通常适用于正常环境下大空间且隔断变化多、用电设备移动性大或敷设有多种功能的场所，主要是敷设于现浇混凝土地面、楼板或楼板垫层内。

1 金属线槽暗敷配线时分线盒的使用规范

金属线槽暗敷配线时，为了便于穿线，金属线槽在交叉、转弯或是分支处配线时应设置分线盒；金属线槽配线时，若直线长度超过 6m，应采用分线盒进行连接。并且为了日后线路的维护，分线盒应能够开启，并采取防水措施。

图 7-26 为金属线槽暗敷配线时分线盒的使用规范。

精彩演示

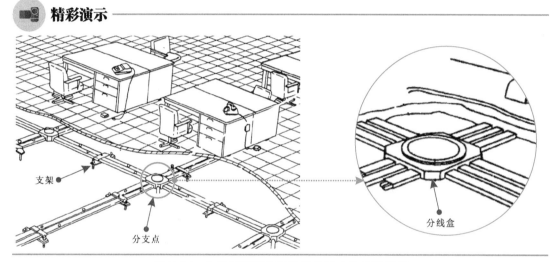

图 7-26 金属线槽暗敷配线时分线盒的使用规范

2 金属线槽暗敷配线时环境的规范

金属线槽配线时，若是敷设在现浇混凝土的楼板内，要求楼板的厚度不应小于 200mm；若是在楼板垫层内，要求垫层的厚度不应小于 70mm，并且避免与其他的管路有交叉的现象。图 7-27 为金属线槽暗敷配线时环境的规范。

精彩演示

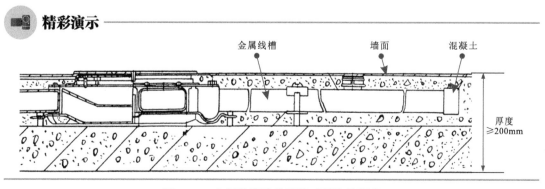

图 7-27 金属线槽暗敷配线时环境的规范

第8章 供配电电路

8.1 供配电电路的特点与控制关系

8.1.1 高压供配电电路的特点与控制关系

高压供配电电路是指 6 ～ 10kV 的供电和配电电路，主要实现将电力系统中的 35 ～ 110kV 供电电压降低为 6 ～ 10kV 的高压配电电压，并供给高压配电所、车间变电所和高压用电设备等。

高压供配电电路是由各种高压供配电器件和设备组合连接形成的。电气设备的接线方式和连接关系都可以利用电路图表示，如图 8-1 所示。

精彩演示

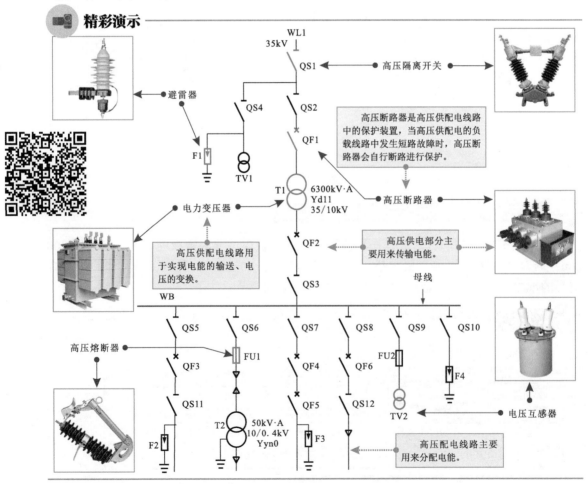

高压隔离开关

避雷器

高压断路器是高压供配电线路中的保护装置，当高压供电的负载线路中发生短路故障时，高压断路器会自行断路进行保护。

电力变压器

高压断路器

高压供配电线路用于实现电能的输送、电压的变换。

高压供电部分主要用来传输电能。

母线

高压熔断器

电压互感器

高压配电线路主要用来分配电能。

图 8-1　高压供配电电路的结构组成

162

资料扩展

在图 8-1 中，单线连接表示高压电气设备的一相连接方式，另外两相被省略，这是因为三相高压电气设备中三相接线方式相同，即其他两相接线与这一相接线相同。这种高压供配电线路的单线电路图主要用于供配电线路的规划与设计、有关电气数据的计算、选用、日常维护、切换回路等的参考，了解一相线路，就等同于知道了三相线路的结构组成等信息。

如图 8-2 所示，高压供配电电路是高压供配电设备按照一定的供配电控制关系连接而成的。

精彩演示

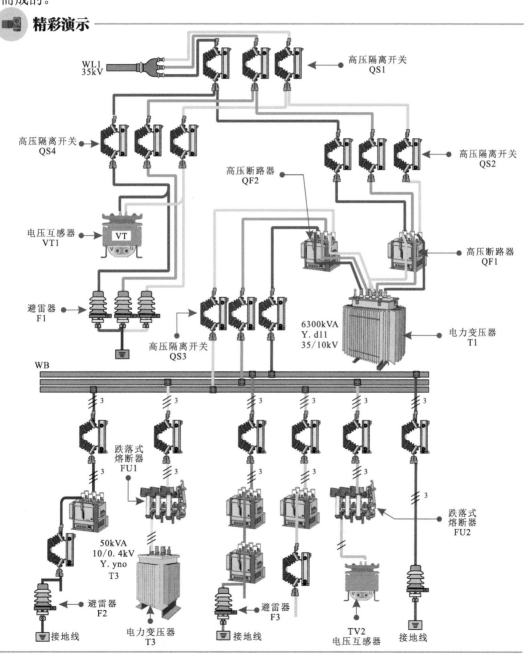

图 8-2　高压供配电电路的控制关系

重要提示

供配电电路作为一种传输、分配电能的电路，与一般的电工电路有所区别。在通常情况下，供配电电路的连接关系比较简单，电路中电压或电流传输的方向也比较单一，基本上都是按照顺序关系从上到下或从左到右传输，且大部分组成器件只是简单地实现接通与断开两种状态，没有复杂的变换、控制和信号处理过程。

8.1.2 低压供配电电路的特点与控制关系

低压供配电电路是指 380V/220V 的供电和配电电路，主要实现对交流低压的传输和分配。

低压供配电电路主要由各种低压供配电器件和设备按照一定的控制关系连接构成。图 8-3 为典型低压供配电电路的结构组成。

精彩演示

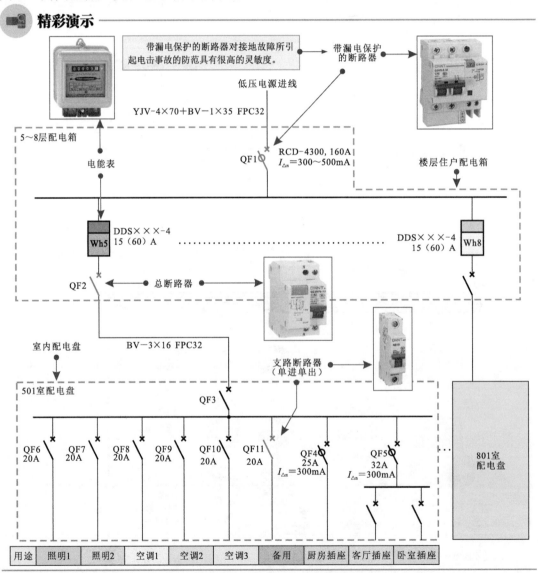

图 8-3　典型低压供配电电路的结构组成

低压供配电电路具有将供电电源向后级层层传递的特点，如图 8-4 所示。

精彩演示

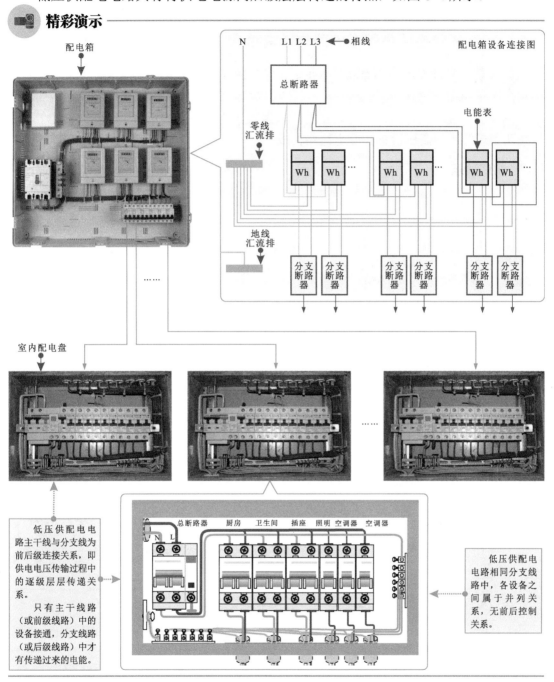

图 8-4　低压供配电电路的电能传递

重要提示

380V/220V 供电的场合，包括各种住宅楼照明供配电、公共设施照明供配电、车间设备供配电、临时建筑场地供配电等。

不同数量和规格的低压供配电器件按照不同供配电要求连接，可构成具有不同负载能力的低压供配电电路。

8.2 高压变电所供配电电路的结构组成与工作特点

8.2.1 高压变电所供配电电路的结构组成

　　高压变电所供配电电路是传输 35kV 高压并转换为 10kV 高压后，再分配给传输的电路，在传输和分配高压电的场合十分常见，如高压变电站、高压配电柜等。

　　图 8-5 为高压变电所供配电电路的结构组成。该电路主要由母线 WB1、WB2 及连接在两条母线上的高压设备和配电线路构成。

精彩演示

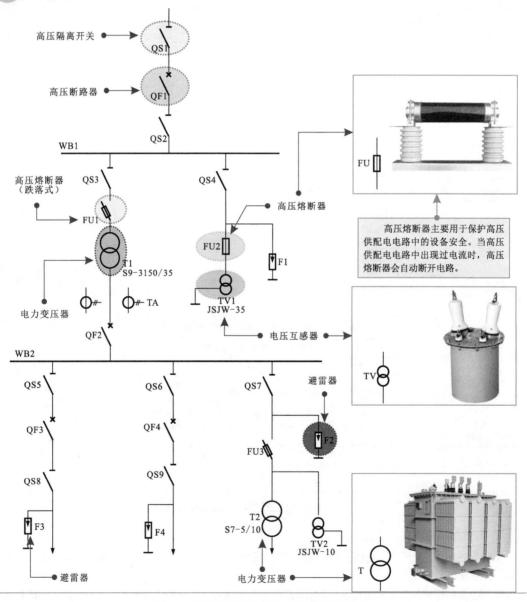

图 8-5　高压变电所供配电电路的结构组成

8.2.2 高压变电所供配电电路的工作特点

　　根据高压变电所供配电电路中各部件的功能特点和连接关系，理清电路的控制和供电关系，如图 8-6 所示。

 精彩演示

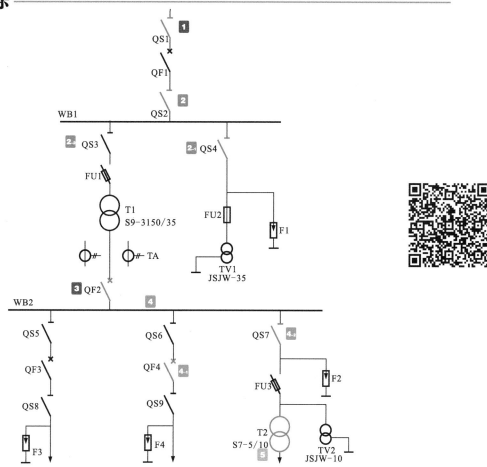

图 8-6　高压变电所供配电电路的工作特点

1 35kV 电源电压经高压架空线路引入后，送至高压变电所供配电电路中。

2 根据高压配电电路倒闸操作要求，先闭合电源侧隔离开关、负荷侧隔离开关，再闭合断路器，依次接通高压隔离开关 QS1、高压隔离开关 QS2、高压断路器 QF1 后，35kV 电压加到母线 WB1 上，经母线 WB1 后分为两路。

　　2·1 一路经高压隔离开关 QS4 后，连接 FU2、TV1 及避雷器 F1 等高压设备。

　　2·2 一路经高压隔离开关 QS3、高压跌落式熔断器 FU1 后，送至电力变压器 T1。

2·2→3 变压器 T1 将 35kV 电压降为 10kV，再经电流互感器 TA、QF2 后加到 WB2 母线上。

4 10kV 电压加到母线 WB2 后分为 3 条支路。

　　4·1 第一条支路和第二条支路相同，均经高压隔离开关、高压断路器后送出，并在电路中安装避雷器。

　　4·2 第三条支路首先经高压隔离开关 QS7、高压跌落式熔断器 FU3，送至电力变压器 T2 上，经变压器 T2 降压为 0.4 kV 电压后输出。

4·2→5 在变压器 T2 前部安装有电压互感器 TV2，由电压互感器测量配电电路中的电压。

8.3　10kV 工厂变电所供配电电路的结构组成与工作特点

8.3.1　10kV 工厂变电所供配电电路的结构组成

10kV 工厂变电所配电电路是一种由工厂将高压输电线送来的高压降压和分配，分为高压和低压两部分，10kV 高压经车间内的变电所变为低压，为用电设备供电。

图 8-7 为 10kV 工厂变电所供配电电路的结构组成。

精彩演示

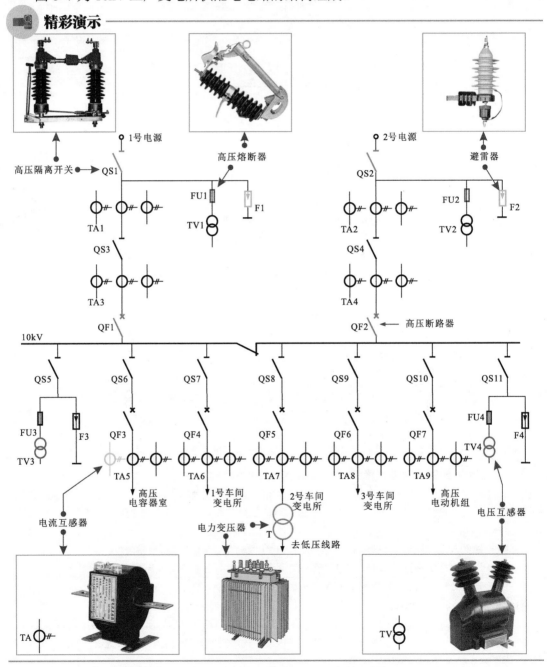

图 8-7　10kV 工厂变电所供配电电路的结构组成

8.3.2 10kV 工厂变电所供配电电路的工作特点

根据 10kV 工厂变电所供配电电路的连接关系，结合各组成高压电器部件的功能特点，可分析 10kV 工厂变电所供配电电路的工作特点，如图 8-8 所示。

精彩演示

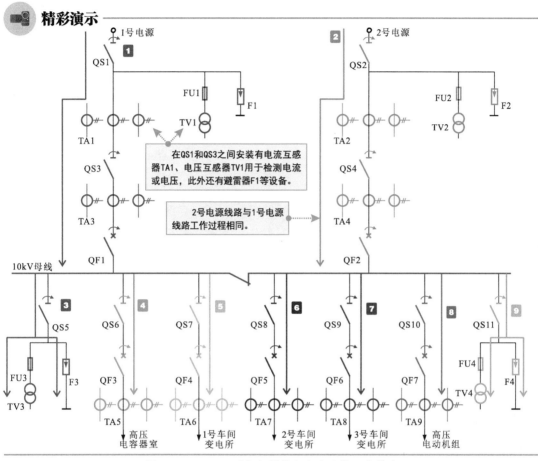

图 8-8　10kV 工厂变电所供配电电路的工作特点

1 1 号电源 10kV 供电电路经高压隔离开关 QS1 和 QS3 送入，在 QS1 和 QS3 之间安装有电流互感器 TA1、电压互感器 TV1 检测电流或电压，此外还有避雷器 F1 等设备，再经电流互感器 TA3 和高压断路器 QF1 送入 10kV 母线中。

2 2 号电源 10kV 供电电路经高压隔离开关 QS2 和 QS4 送入，在 QS2 和 QS4 之间安装有电流互感器 TA2、电压互感器 TV2 及避雷器 F2 等设备，再经电流互感器 TA4 和高压断路器 QF2 送入 10kV 母线中。在使用过程中，选择一路 10kV 供电电路供电即可。

10kV 电压送入母线后被分为多路：

3 一路经高压隔离开关 QS5 后，连接电压互感器 TV3 及避雷器 F3 等设备；

4 一路经 QS6、QF3 和 TA5 后送入高压电容器室，用于接高压补偿电容；

5 一路经 QS7、QF4 和 TA6 后送入 1 号车间变电所中，供 1 号车间使用；

6 一路经 QS8、QF5 和 TA7 后送入 2 号车间变电所，供 2 号车间使用；

7 一路经 QS9、QF6 和 TA8 后送入 3 号车间变电所，供 3 号车间使用；

8 一路经 QS10、QF7 和 TA9 后送入高压电动机组，为高压电动机供电；

9 一路经 QS11 后，连接电压互感器 TV4 及避雷器 F4 等设备。

8.4 高压变电所供配电电路的结构组成与工作特点

8.4.1 深井高压供配电电路的结构组成

深井高压供配电电路是一种应用在矿井、深井等工作环境下的高压供配电电路，使用高压隔离开关、高压断路器等对电路的通、断进行控制，母线可以将电源分为多路，为各设备提供工作电压。该电路的结构组成如图8-9所示。

精彩演示

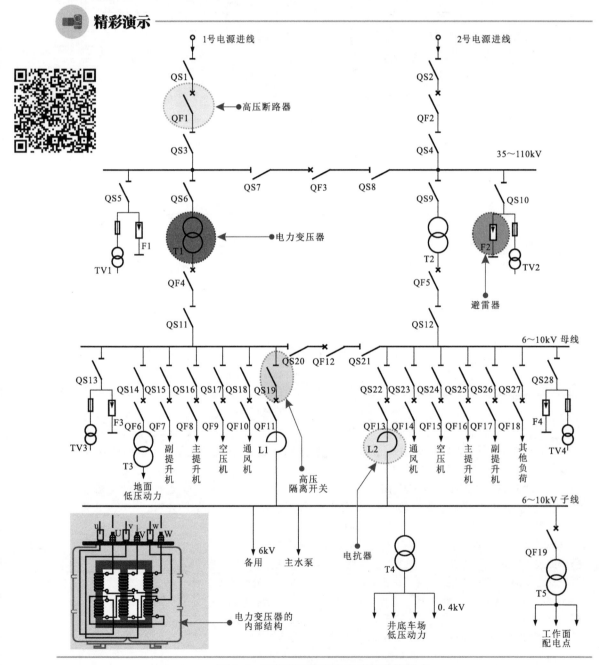

图8-9 深井高压供配电电路的结构组成

8.4.2 深井高压供配电电路的工作特点

根据深井高压供配电电路的组成及电路连接关系，结合各高压电器部件的功能特点，可具体分析该电路的工作特点，如图 8-10 所示。

精彩演示

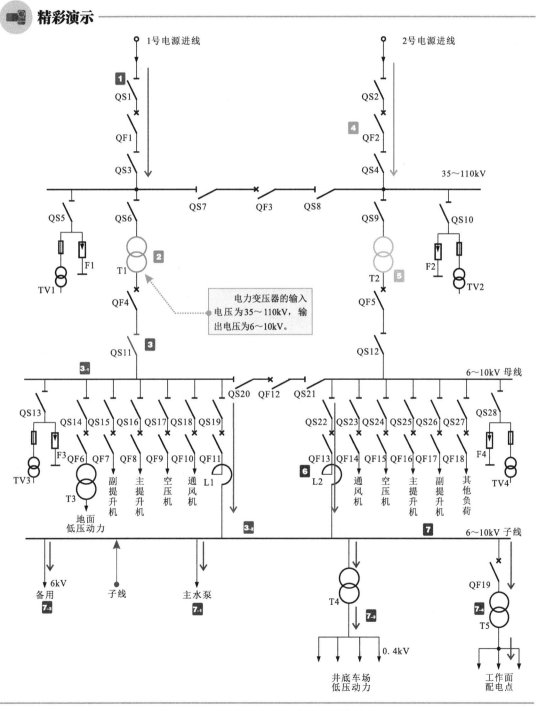

图 8-10　深井高压供配电电路的工作特点

1 1 号电源进线中，合上高压隔离开关 QS1 和 QS3 及高压断路器 QF1，再合上高压隔离开关 QS6，35 ～ 110kV 电源电压送入电力变压器 T1 的输入端。

2 由电力变压器 T1 的输出端输出 6 ～ 10kV 的高压。

3 合上高压断路器 QF4 和高压隔离开关 QS11 后，6 ～ 10kV 高压送入 6 ～ 10kV 母线中。

　　3₁ 经母线后分为多路，分别为主副提升机、通风机、空压机、变压器和避雷器等设备供电，每个分支中都设有控制开关（变压隔离开关），便于进行供电控制。

　　3₂ 另一路经 QS19、高压断路器 QF11 及电抗器 L1 后送入井下主变电所中。

4 2 号电源进线中，合上高压隔离开关 QS2 和 QS4 及高压断路器 QF2，再合上高压隔离开关 QS9，35 ～ 110kV 电源电压送入电力变压器 T2 的输入端。

5 由电力变压器 T2 的输出端输出 6 ～ 10kV 的高压，合上高压断路器 QF5 和高压隔离开关 QS12 后，6 ～ 10kV 高压送入 6 ～ 10kV 母线中。该母线的电源分配方式与前述的 1 号电源的分配方式相同。

5 → **6** 高压电源经 QS22、高压断路器 QF13 电抗器 L2 后，为井下主变电所供电。

3₂ + **6** → **7** 由 6 ～ 10kV 母线送来的高压送入 6 ～ 10kV 子线中，再由子线对主水泵和低压设备供电。

　　7₁ 一路直接为主水泵供电。

　　7₂ 一路作为备用电源。

　　7₃ 一路经电力变压器 T4 变为 0.4kV（380V）低压，为低压动力设备供电。

　　7₄ 一路经高压断路器 QF19 和电力变压器 T5 变为 0.69kV 低压，为开采区低压负荷设备供电。

8.5　低压配电柜供配电电路的结构组成与工作特点

8.5.1　低压配电柜供配电电路的结构组成

低压配电柜供配电电路主要用来对低电压进行传输和分配，为低压用电设备供电。图 8-11 为典型低压配电柜供配电电路的结构组成。

8.5.2　低压配电柜供配电电路的工作特点

在低压配电柜供配电电路中，一路作为常用电源，另一路作为备用电源，当两路电源均正常时，黄色指示灯 HL1、HL2 均点亮。若指示灯 HL1 不能正常点亮，则说明常用电源出现故障或停电，此时需要使用备用电源供电，使该低压配电柜能够维持正常工作，如图 8-12 所示。

8.6　动力配电箱供配电电路的结构组成与工作特点

8.6.1　动力配电箱供配电电路的结构组成

动力配电箱供配电电路用于为低压动力用电设备提供 380V 交流电源的电路。图 8-13 为动力配电箱供配电电路的结构组成。该供配电电路主要是由低压输入电路、低压配电箱、输出电路等部分构成的。

 资料扩展

低压输入电路是交流电源的接入部分。

配电箱是低压配电电路中的重要部分，主要由带漏电保护的低压断路器 QF、启动按钮 SB2、停止按钮 SB1、过流保护继电器 KA、交流接触器 KM、限流电阻器 R1 ～ R3、指示灯 HL1 ～ HL3 等构成的。

输出电路部分主要用于连接低压用电设备。

精彩演示

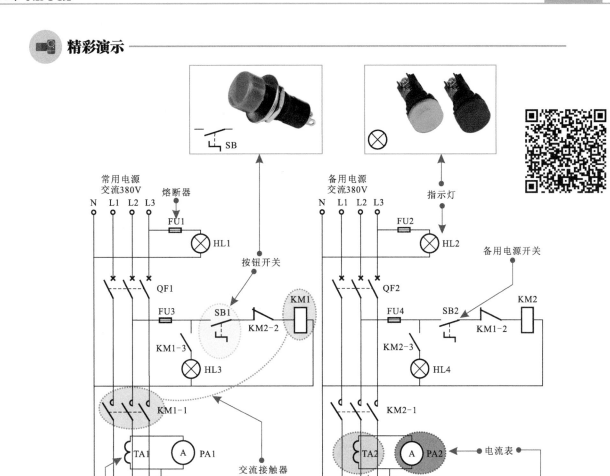

图 8-11 典型低压配电柜供配电电路的结构组成

重要提示

当常用电源恢复正常后，由于交流接触器 KM2 的常闭触点 KM2-2 处于断开状态，因此交流接触器 KM1 线圈不能得电，常开触点 KM1-1 不能自动接通，此时需要断开开关 SB2，使交流接触器 KM2 线圈失电，常开、常闭触点复位，为交流接触器 KM1 线圈再次工作提供条件，此时再操作 SB1 才起作用。

精彩演示

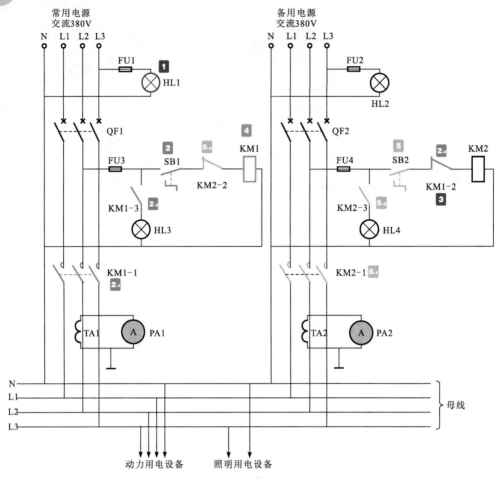

图 8-12　低压配电柜供配电电路的工作特点

1 指示灯 HL1 点亮，表明常用电源正常，合上断路器 QF1，接通三相电源。

2 接通开关 SB1，交流接触器 KM1 线圈得电，相应触点动作。

　　2₁ KM1 常开触点 KM1-1 接通，向母线供电。

　　2₂ 常闭触点 KM1-2 断开，防止备用电源接通，起联锁保护作用。

　　2₃ 常开触点 KM1-3 接通，红色指示灯 HL3 点亮。

2→3 常用电源供配电电路正常工作时，KM1 的常闭触点 KM1-2 处于断开状态，因此备用电源不能接入母线。

4 当常用电源出现故障或停电时，交流接触器 KM1 线圈失电，常开、常闭触点复位。

5 此时接通断路器 QF2、开关 SB2，交流接触器 KM2 线圈得电，相应触点动作。

　　5₁ KM2 常开触点 KM2-1 接通，向母线供电。

　　5₂ 常闭触点 KM2-2 断开，防止常用电源接通，起联锁保护作用。

　　5₃ 常开触点 KM2-3 接通，红色指示灯 HL4 点亮。

精彩演示

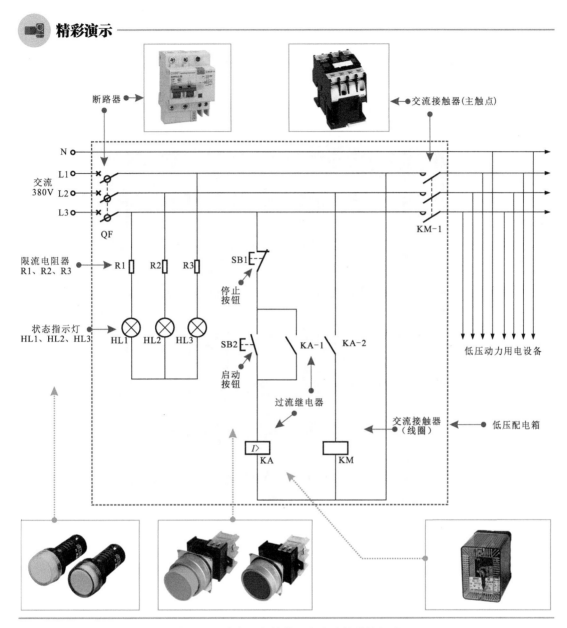

图 8-13　动力配电箱供配电电路的结构组成

8.6.2 动力配电箱供配电电路的工作特点

　　根据动力配电箱供配电电路的结构和连接关系，结合电路中低压电器部件的功能特点，可分析动力配电箱供配电电路的工作特点，如图 8-14 所示。

　资料扩展

　　在动力配电箱供配电电路中，过电流保护继电器用字母"KA"标识。该继电器是一种保护器件，具有当线圈中的电流高于容许值时，触点自动动作的功能，可在过流时自动切断电路，保护用电设备。

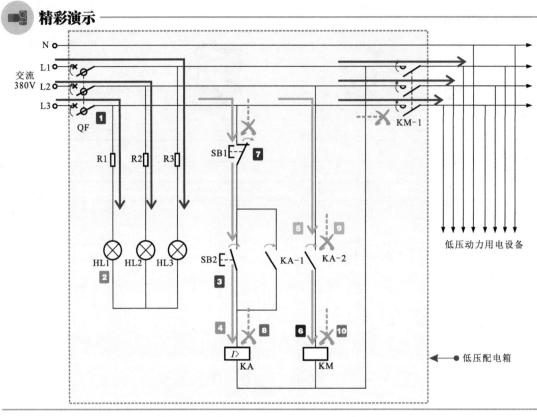

精彩演示

图 8-14 动力配电箱供配电电路的工作特点

1 闭合总断路器 QF，380 V 三相交流电接入线路中。

2 三相电源分别经电阻器 R1 ～ R3 为指示灯 HL1 ～ HL3 供电，指示灯全部点亮。HL1 ～ HL3 具有缺相指示功能，任何一相电压不正常，则对应的指示灯熄灭。

3 按下启动按钮 SB2，常开触点闭合。

4 过电流保护继电器 KA 线圈得电。

5 常开触点 KA-1 闭合，实现自锁功能。同时，常开触点 KA-2 闭合，接通交流接触器 KM 线圈供电线路。

6 交流接触器 KM 线圈得电，常开主触点 KM-1 闭合，线路接通，为低压用电设备接通交流 380V 电源。

7 当不需要为动力设备提供交流供电电压时，可按下停止按钮 SB1。

8 过电流保护继电器 KA 线圈失电。

9 常开触点 KA-1 复位断开，解除自锁，常开触点 KA-2 复位断开。

10 交流接触器 KM 线圈失电，常开主触点 KM-1 复位断开，切断交流 380V 低压供电。此时，该低压供配电电路中的配电箱处于准备工作状态，指示灯仍点亮，为下一次启动做好准备。

8.7 低压设备供配电电路的结构组成与工作特点

8.7.1 低压设备供配电电路的结构组成

　　低压设备供配电电路是一种为低压设备供电的配电电路，6 ～ 10kV 的高压经降压器降压后变为交流低压，再经开关为低压动力柜、照明设备或动力设备等提供工作电压。低压设备供配电电路的结构组成如图 8-15 所示。

📷 精彩演示

在 6～10kV 母线的进线处设置避雷器F，合上高压负荷隔离开关QL1，便可将F接入母线中。

低压设备供配电电路主要是由高压负荷隔离开关、电流互感器、电力变压器、熔断式隔离开关等主要器件构成的。

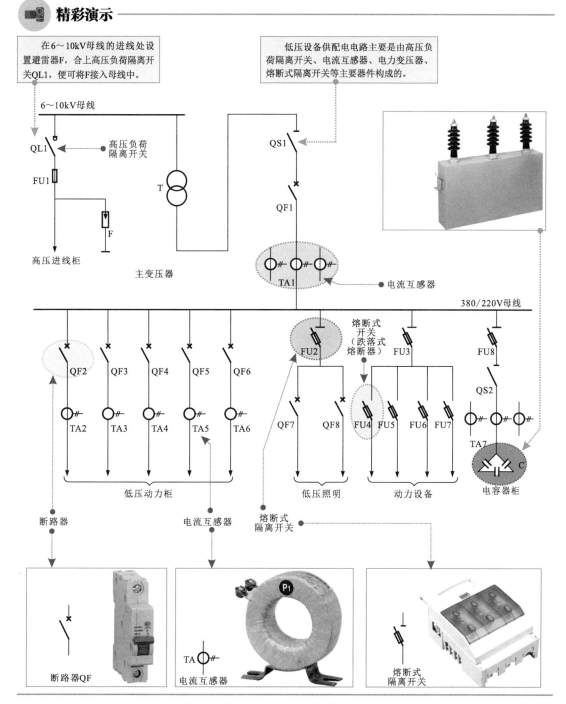

图 8-15　低压设备供配电电路的结构组成

8.7.2　低压设备供配电电路的工作特点

根据低压设备供配电电路的组成及电路连接关系，结合电路中各低压电器部件的功能特点，可具体分析低压设备供配电电路的工作特点，如图 8-16 所示。

精彩演示

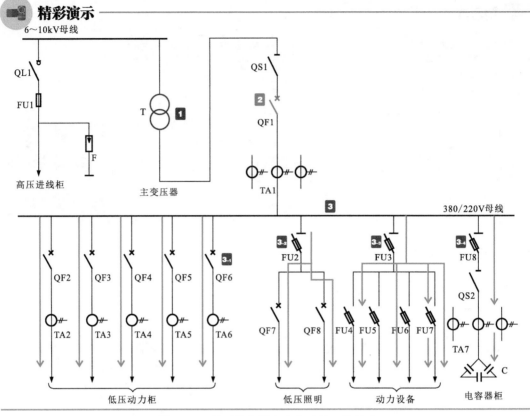

图 8-16 低压设备供配电电路的工作特点

1 6 ～ 10kV 高压送入电力变压器 T 的输入端。电力变压器 T 输出端输出 380/220V 低压。

2 合上隔离开关 QS1、断路器 QF1 后，380/220V 低压经 QS1、QF1 和电流互感器 TA1 送入 380/220V 母线中。

3 380/220V 母线上接有多条支路，分别送往不同的地方。

   3-1 合上断路器 QF2 ～ QF6 后，380/220V 电压经 QF2 ～ QF6、电流互感器 TA2 ～ TA6 为低压动力柜供电。

   3-2 合上 FU2、断路器 QF7/QF8，380/220V 电压经 FU2、QF7/QF8 为低压照明电路供电。

   3-3 合上 FU3 ～ FU7，380/220V 电压经 FU3、FU4 ～ FU7 为动力设备供电。

   3-4 合上 FU8 和隔离开关 QS2，380/220V 电压经 FU8、QS2 和电流互感器 TA7 为电容器柜供电。

8.8 低层住宅低压供配电电路的结构组成与工作特点

8.8.1 低层住宅低压供配电电路的结构组成

低层住宅低压供配电电路是一种适用于 6 层楼以下的供配电电路，主要是由低压配电室、楼层配线间及室内配电盘等部分构成的。

图 8-17 为低层住宅低压供配电电路的结构组成。该配电电路中的电源引入线（380/220V 架空线）选用三相四线制，有 3 根相线和一根零线。进户线有 3 条，分别为一根相线、一根零线和一根地线。

精彩演示

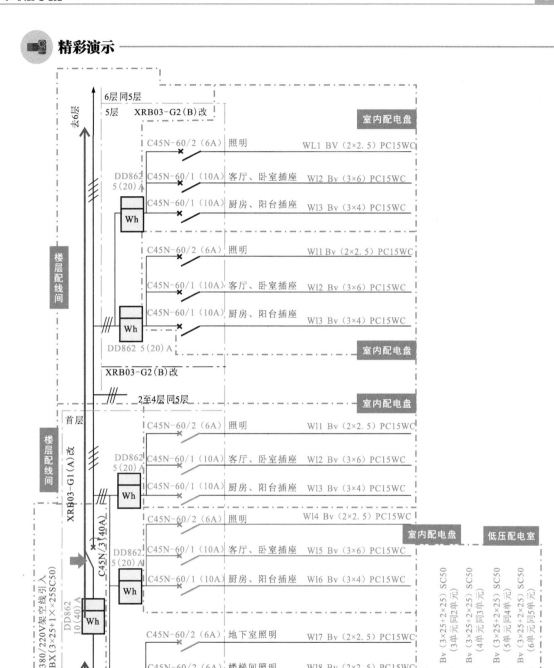

图 8-17 低层住宅低压供配电电路的结构组成

8.8.2 低层住宅低压供配电电路的工作特点

根据低层住宅低压供配电电路的结构和电路中各低压电器部件的功能及连接关系，可具体分析电路的工作特点，如图 8-18 所示。

精彩演示

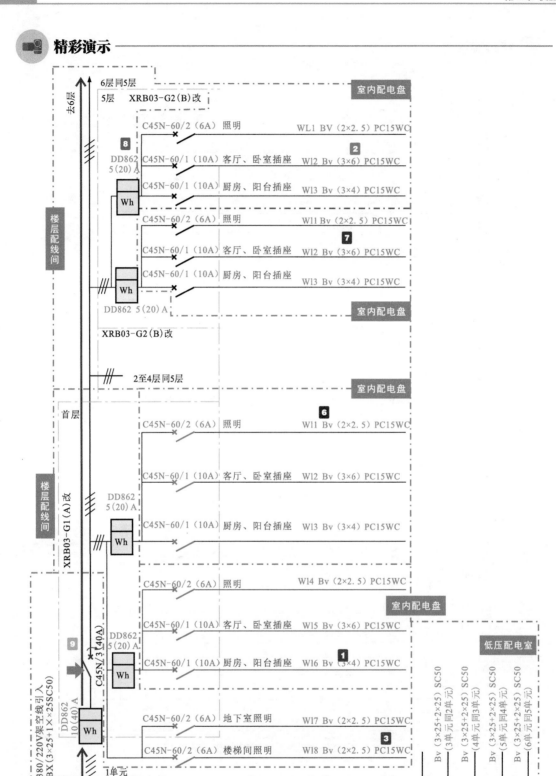

图 8-18　低层住宅低压供配电电路的具体工作特点

1 一个楼层一个单元有两个用户，将进户线分为两条，每一条都经过一个电度表 DD862 5（20）A，经电度表后分为三路。

2 一路经断路器 C45N-60/2（6A）为照明灯供电。

另外两路分别经断路器 C45N-60/1（10 A）后，为客厅、卧式、厨房和阳台的插座供电。

3 此外还有一条进户线经两个断路器 C45N-60/2（6 A）后，为地下室和楼梯的照明灯供电。

4 进户线规格为 BX（3×25+1×25SC50），表示进户线为铜芯橡胶绝缘导线（BX）。其中，3 根截面积为 25mm² 的相线，1 根 25mm² 的零线，采用管径为 50mm 的焊接钢管（SC）敷设。

5 同一层楼不同单元门的线路规格为 BV（3×25+2×25）SC50，表示该线路为铜芯塑料绝缘导线（BV）。其中，3 根截面积为 25mm² 的相线，2 根 25mm² 的零线，采用管径为 50mm 的焊接钢管（SC）穿管敷设。

6 某一用户照明线路的规格为 WL1 BV（2×2.5）PC15WC，表示该线路的编号为 WL1，线材类型为铜芯塑料绝缘导线（BV），2 根截面积为 2.5mm² 的导线，采用管径为 15mm 的硬塑料导管（PC15）暗敷设在墙内（WC）。

7 某客厅、卧室插座线路的规格为 WL2 BV（3×6）PC15WC，表示该线路的编号为 WL2，线材类型为铜芯塑料绝缘导线（BV），3 根截面积为 6mm² 的导线，采用管径为 15mm 的硬塑料导管（PC15）暗敷设在墙内（WC）。

8 每户使用独立的电度表，电度表规格为 DD862 5（20）A，第一个字母 D 表示电度表；第二个字母 D 表示为单相；862 为设计型号，5（20）A 表示额定电流为 5 ～ 20A。

9 住宅楼设有一只总电度表，规格标识为 DD862 10（40）A，10（40）A 表示额定电流为 10 ～ 40A。

资料扩展

家庭供配电电路是一种常见的低压供配电电路，结构简单，组成低压电器部件的数量和类型较少，分析过程比较简单。图 8-19 为家庭供配电电路，主要由配电箱、室内配电盘和供配电电路构成。其中，配电箱内设有电度表、总断路器；配电盘内主要由各分支断路器构成（普通断路器、带漏电保护的断路器）。

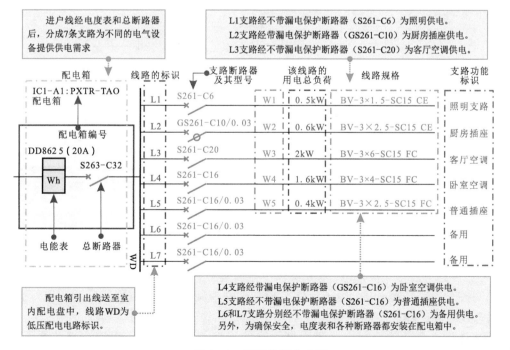

图 8-19　家庭供配电电路

第9章 照明控制电路

9.1 照明控制电路的特点与控制关系

9.1.1 室内照明控制电路的特点与控制关系

室内照明控制电路是指应用在室内场合，在室内自然光线不足的情况下，创造明亮环境的照明控制电路，主要由控制开关和照明灯具等构成。

图 9-1 为典型室内照明控制电路的结构组成。该电路是由 3 个控制开关和一盏照明灯构成的。

📹 **精彩演示**

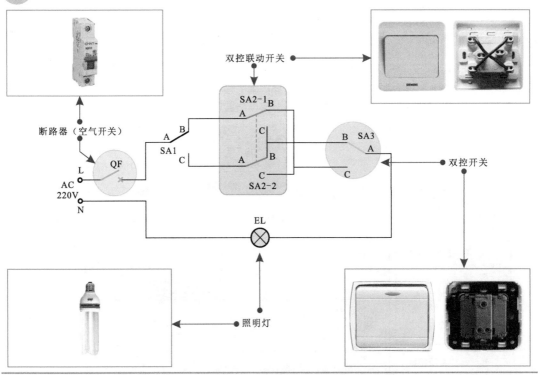

图 9-1　典型室内照明控制电路的结构组成

照明控制电路依靠开关、电子元件等控制部件控制照明灯，进而完成对照明灯亮度、开关状态及时间的控制。

图 9-2 为 3 个开关控制一盏照明灯电路的连接关系示意图。根据连接关系能够比较清晰地看出电路中开关与照明灯的控制关系。

精彩演示

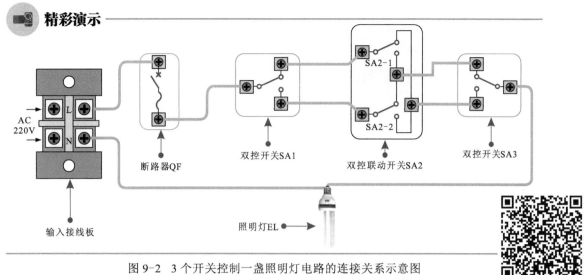

图 9-2　3 个开关控制一盏照明灯电路的连接关系示意图

图 9-3 为上述电路的工作过程分析。

精彩演示

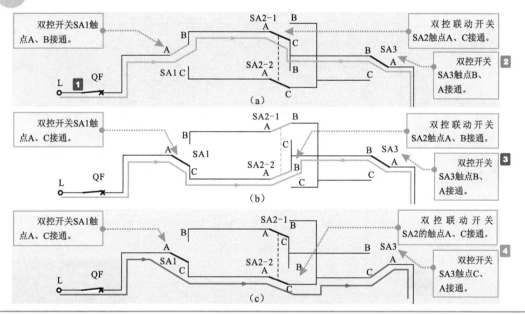

图 9-3　3 个开关控制一盏照明灯电路的工作过程分析

1 合上供电线路中的断路器 QF，接通交流 220V 电源，照明灯未点亮时，按下任意开关都可以点亮照明灯 EL。

2 图（a），在初始状态下，按下双控开关 SA1，触点 A、B 接通，电源经 SA1 的 A、B 触点，SA2-1 的 A、B 触点，SA3 的 B、A 触点后，与照明灯 EL 形成回路，照明灯点亮。

在照明灯 EL 点亮的状态下，按动 SA2 或 SA3 均可使照明灯 EL 熄灭。

3 图（b），在初始状态下，按下 SA2，触点 A、B 接通，电源经 SA1 的 A、C 触点，双控联动开关 SA2-2 的 A、B 触点，双控开关 SA3 的 B、A 触点后，与照明灯 EL 形成回路，照明灯点亮。

在照明灯 EL 点亮的状态下，按动 SA1 或 SA3 均可使照明灯 EL 熄灭。

4图（c），在初始状态下，按下双控开关 SA3，触点 C、A 接通，电源经双控开关 SA1 的 A、C 触点，双控联动开关 SA2-2 的 A、C 触点，双控开关 SA3 的 C、A 触点后，与照明灯 EL 形成回路，照明灯点亮。

在照明灯 EL 点亮的状态下，按动 SA1 或 SA2 均可使照明灯 EL 熄灭。

9.1.2 公共照明控制电路的特点与控制关系

公共照明控制电路是指在公共场所，当自然光线不足的情况下，用来创造明亮环境的照明控制线路。

图 9-4 为典型公共照明控制电路的结构组成。可以看到，该公共照明控制电路是由多盏照明路灯、总断路器 QF、双向晶闸管 VT、控制芯片（NE555 时基集成电路）、光敏电阻器 MG 等构成的。

📹 精彩演示

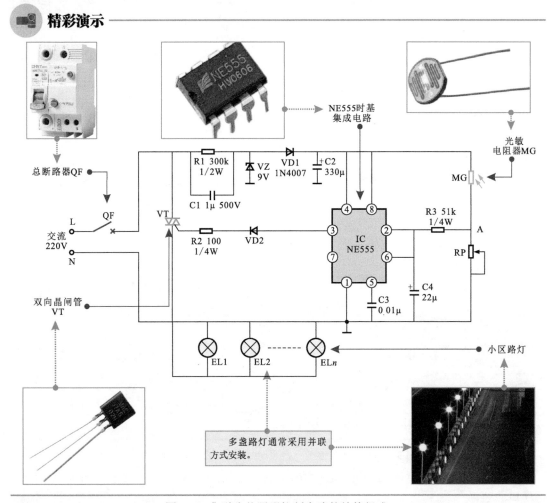

图 9-4 典型公共照明控制电路的结构组成

📖 资料扩展

公共照明控制电路大多是依靠自动感应元件、触发控制器件等组成的触发控制电路对照明灯进行控制的。

在公共照明控制电路中，NE555 时基集成电路是主要的控制器件之一，可将送入的信号经处理后输出，并控制电路的整体工作状态，在公共照明控制电路中应用较多。

图 9-5 为典型公共照明控制线路的连接关系示意图。

精彩演示

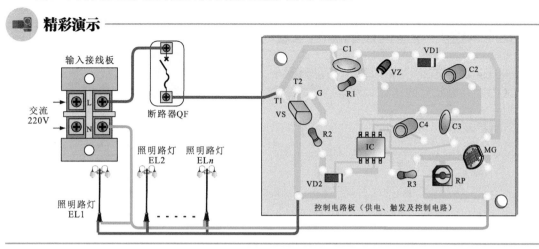

图 9-5 典型公共照明控制电路的连接关系示意图

图 9-6 为典型公共照明控制电路的工作过程分析。

精彩演示

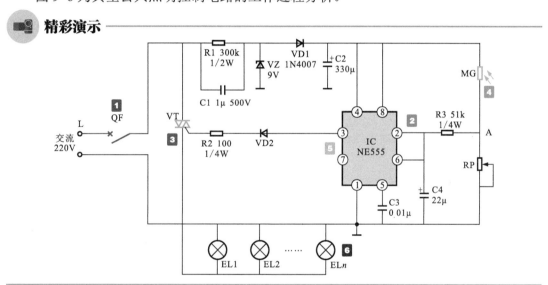

图 9-6 典型公共照明控制电路的工作过程分析

1 合上供电电路中的断路器 QF，接通交流 220V 电源，经整流和滤波电路后，输出直流电压为时基集成电路 IC（NE555）供电，进入准备工作状态。

2 当夜晚来临时，光照强度逐渐减弱，光敏电阻器 MG 的阻值逐渐增大，压降升高，分压点 A 点电压降低，加到时基集成电路 IC 的②、⑥脚电压变为低电平。

3 时基集成电路 IC 的②、⑥脚为低电平（低于 $1/3V_{DD}$）时，内部触发器翻转，③脚输出高电平，二极管 VD2 导通，触发晶闸管 VT 导通，照明路灯形成供电回路，EL1 ～ ELn 同时点亮。

4 当第二天黎明来临时，光照强度越来越高，光敏电阻器 MG 的阻值逐渐减小。压降降低，分在点 A 点电压升高，加到时基集成电路 IC 的②、⑥脚上的电压逐渐升高。

5 当 IC 的②、⑥脚电压上升至大于 $2/3V_{DD}$ 时，IC 内部触发器再次翻转，IC 的③脚输出低电平，二极管 VD2 截止，晶闸管 VT 截止。

6 晶闸管 VT 截止，照明路灯 EL1 ～ ELn 供电回路被切断，所有照明路灯熄灭。

9.2 两室一厅室内照明控制电路的结构组成与工作特点

9.2.1 两室一厅室内照明控制电路的结构组成

如图 9-7 所示，两室一厅室内照明控制电线路包括客厅、卧室、书房、厨房、厕所、玄关（门厅）等部分的吊灯、顶灯、射灯等控制线路，用于为室内各部分提供照明控制。

精彩演示

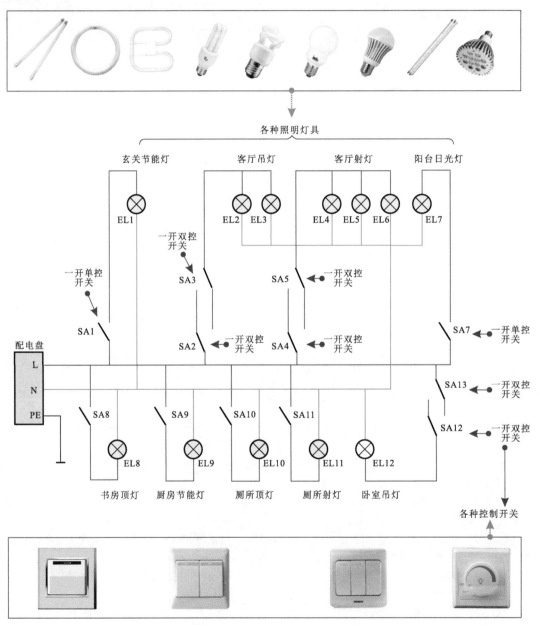

图 9-7　两室一厅室内照明控制电路的结构组成

9.2.2 两室一厅室内照明控制电路的工作特点

　　根据两室一厅室内照明控制电路的结构和连接关系，结合不同类型控制开关的控制特点，可具体分析照明灯的点亮与熄灭过程，如图9-8所示。

精彩演示

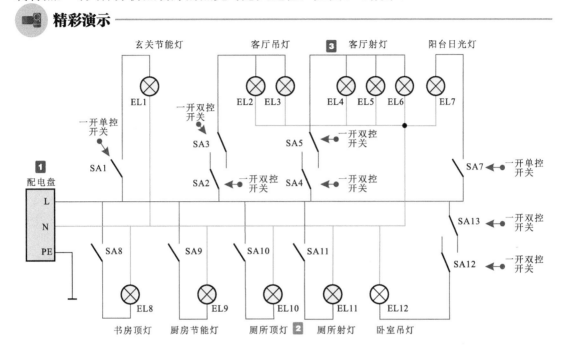

图9-8　两室一厅室内照明控制电路的工作过程分析

1 由室内配电盘引出各分支供电引线。

2 玄关节能灯、书房顶灯、厨房节能灯、厕所顶灯、厕所射灯、阳台日光灯都采用一开单控开关控制一盏照明灯的结构形式。闭合一开单控开关，照明灯得电点亮；断开一开单控开关，照明灯失电熄灭。

3 客厅吊灯、客厅射灯和卧室吊灯3条照明支路均采用一开双控开关控制，可实现两地控制一盏或一组照明灯的点亮和熄灭。

9.3　声控照明控制电路的结构组成与工作特点

9.3.1 声控照明控制电路的结构组成

　　声控照明控制电路是指利用声音感应器件和晶闸管对照明灯的供电进行控制，利用电解电容器的充、放电特性实现延时的作用。

　　图9-9为声控照明控制电路的结构组成。该电路主要由声音感应器件、控制电路和照明灯等构成，通过声音和控制电路控制照明灯具的点亮和延时自动熄灭。

9.3.2 声控照明控制电路的工作特点

　　声控照明控制电路主要实现当声控开关感应到有声音时照明灯自动亮起，当声音结束一段时间后照明灯自动熄灭的功能。

　　图9-10为声控照明控制电路的具体工作过程。

精彩演示

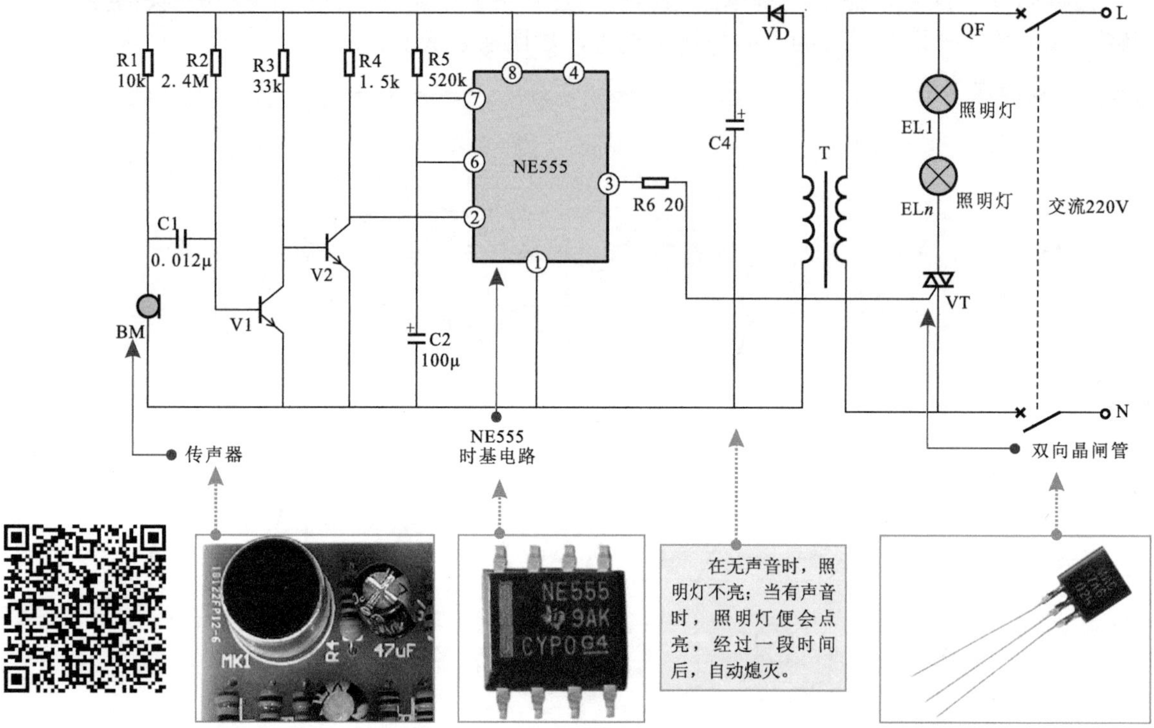

在无声音时，照明灯不亮；当有声音时，照明灯便会点亮，经过一段时间后，自动熄灭。

图 9-9   声控照明控制电路的结构组成

精彩演示

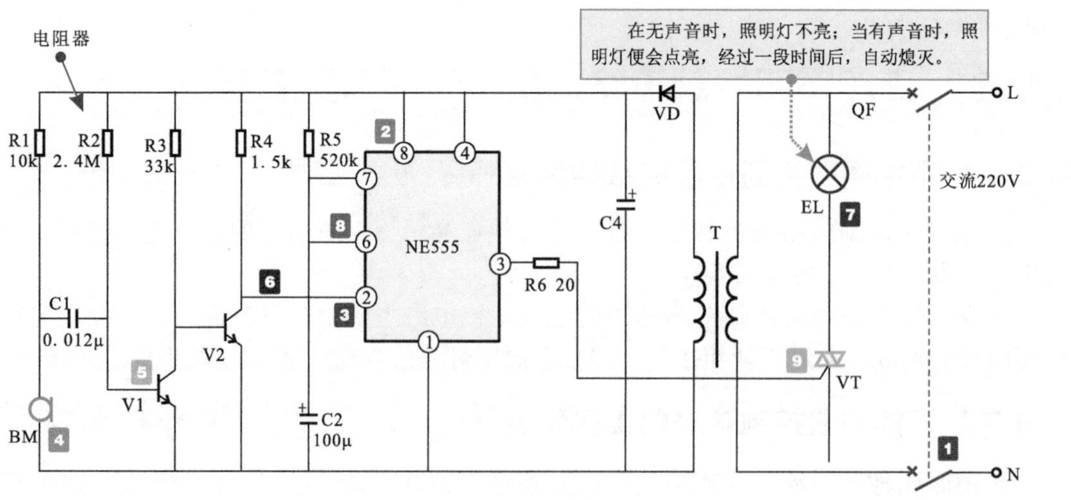

在无声音时，照明灯不亮；当有声音时，照明灯便会点亮，经过一段时间后，自动熄灭。

图 9-10   声控照明控制电路的具体工作过程

1 合上总断路器 QF，接通交流市电电源，电压经变压器 T 降压、整流二极管 VD 整流、滤波电容器 C4 滤波后变为直流电压。

2 直流电压为 NE555 时基电路的⑧脚提供工作电压。

3 无声音时，NE555 的②脚为高电平、③脚输出低电平，双向晶闸管 VT 处于截止状态。

4 有声音时，传声器 BM 将声音信号转换为电信号。

5 该信号经电容器 C1 后送往晶体管 V1 的基极，由 V1 对信号进行放大，再经 V1 的集电极送往晶体管 V2 的基极，使 V2 输出放大后的音频信号。

6 晶体管 V2 将放大后的音频信号加到 NE555 的②脚，此时 NE555 受到信号的作用，③脚输出高电平，双向晶闸管 VT 导通。

7 交流 220V 市电电压为照明灯 EL 供电，开始点亮。

8 当声音停止后，晶体管 V1 和 V2 无信号输出，但电容器 C2 的充电使 NE555 ⑥脚的电压逐渐升高。

9 当电压升高到一定值后（8 V 以上，2/3 的供电电压），NE555 内部复位，由③脚输出低电平，VT 截止，照明灯 EL 熄灭。

 资料扩展 ——————————————————————————

如图 9-11 所示，NE555 时基集成电路用字母 "IC" 标识，内部设有振荡电路、分频器和触发电路。②脚、⑥脚、③脚为关键输入端和输出端引脚。③脚输出电平为高电平还是低电平受内部触发器的控制，触发器受②脚和⑥脚触发输入端控制。

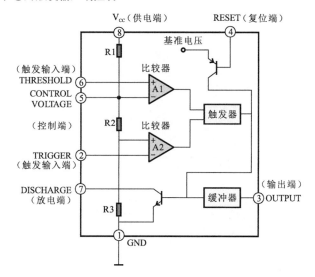

当C1电压上升至电源电压的2/3时，NE555的⑦脚导通，使C1放电，③脚输出由高电平变为低电平，VT截止，电灯熄灭，定时结束。

定时长短由R_1、C_1决定：$T = 1.1 R \times C$。

根据设计需要延时时间$T = 100s$，设电容器C_1为 $100\mu F$，则 $R = 100s/(1.1 \times 0.001) = 910 k\Omega$。

图 9-11 NE555 时基集成电路

9.4 卫生间门控照明控制电路的结构组成与工作特点

9.4.1 卫生间门控照明控制电路的结构组成

卫生间门控照明控制电路是一种自动控制照明灯工作的电路，在有人开门进入卫生间时，照明灯自动点亮，当有人走出卫生间时，照明灯自动熄灭。

图 9-12 为卫生间门控照明控制电路的结构组成。

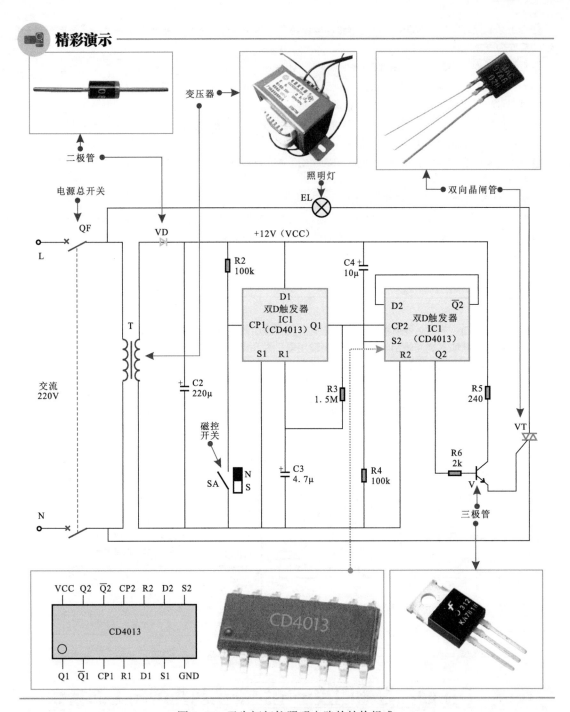

图 9-12 卫生间门控照明电路的结构组成

9.4.2 卫生间门控照明控制电路的工作特点

根据卫生间门控照明控制电路中各部件的功能特点和连接关系，可分析和理清各功能部件之间的控制关系和过程。

图 9-13 为卫生间门控照明控制电路的具体工作过程。

精彩演示

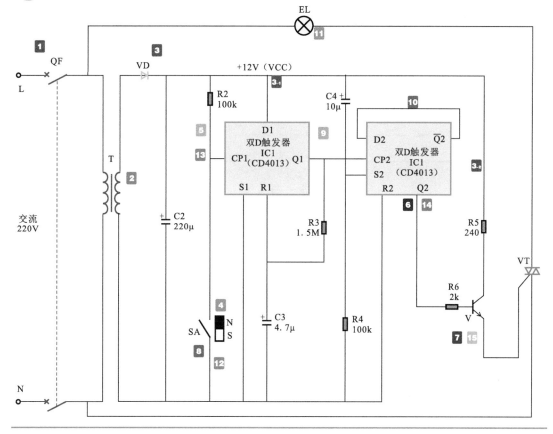

图 9-13 卫生间门控照明控制电路的具体工作过程

1 合上断路器 QF，接通 220V 电源。

2 交流 220V 电压经变压器 T 降压。

3 降压后的交流电压经 VD 整流和滤波电容器 C2 滤波后，变为 12V 左右的直流电压。

3.1 +12V 直流电压为双 D 触发器 IC1 的 D1 端供电。

3.2 +12V 直流电压为晶体管 V 的集电极供电。

4 门在关闭时，磁控开关 SA 处于闭合状态。

5 双 D 触发器 IC1 的 CP1 端为低电平。

3.1 + **5** → **6** 双 D 触发器 IC1 的 Q1 端和 Q2 端输出低电平。

7 晶体管 V 和双向晶闸管 VT 均处于截止状态，照明灯 EL 不亮。

8 当有人进入卫生间时，门被打开并关闭，磁控开关 SA 断开后又接通。

9 双 D 触发器 IC1 的 CP1 端产生一个高电平的触发信号，Q1 端输出高电平送入 CP2 端。

10 双 D 触发器 IC1 内部受触发而翻转，Q2 端也输出高电平。

11 晶体管 V 导通，为双向晶闸管 VT 控制极提供触发信号，VT 导通，照明灯 EL 点亮。

12 当有人走出卫生间时，门被打开并关闭，磁控开关 SA 断开后又接通。

13 双 D 触发器 IC1 的 CP1 端产生一个高电平的触发信号，Q1 端输出高电平送入 CP2 端。

14 双 D 触发器 IC1 内部受触发而翻转，Q2 端输出低电平。

15 晶体管 V 截止，双向晶闸管 VT 截止，照明灯熄灭。

9.5 光控路灯照明控制电路的结构组成与工作特点

9.5.1 光控路灯照明控制电路的结构组成

光控路灯照明控制电路中使用光敏电阻器代替手动开关，自动控制路灯的工作状态。白天，光照较强，路灯不工作；夜晚降临或光照较弱时，路灯自动点亮。

图 9-14 为光控路灯照明控制电路的结构组成。

精彩演示

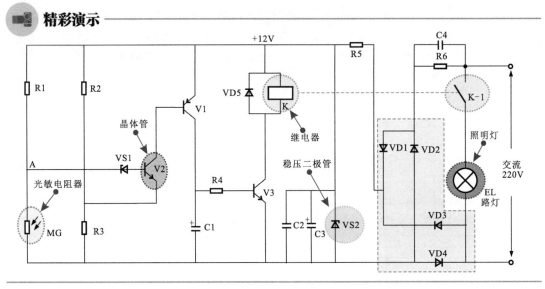

图 9-14　光控路灯照明控制电路的结构组成

资料扩展

光敏电阻器大多是由半导体材质制成的，利用半导体材料的光导电特性，使电阻器的阻值随入射光线的强弱发生变化，内部结构如图 9-15 所示。

图 9-15　光敏电阻器的内部结构

9.5.2 光控路灯照明控制电路的工作特点

根据光控路灯照明控制电路中各部件的功能特点和连接关系，可分析和理清各功能部件之间的控制关系和过程。

图 9-16 为光控路灯照明控制电路的工作过程分析。

精彩演示

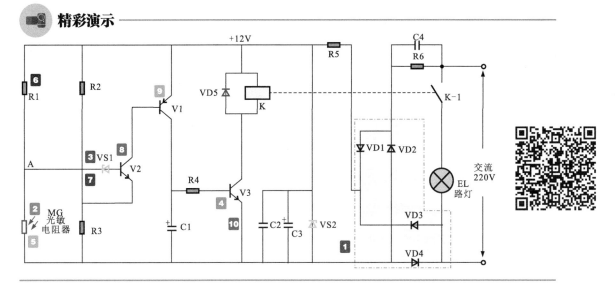

图 9-16 光控路灯照明控制电路的工作过程分析

1 交流 220V 电压经 C4 降压，再经桥式整流电路 VD1 ～ VD4 整流、稳压二极管 VS2 稳压后，输出 +12V 直流电压，为路灯控制电路供电。

2 白天光照强度较大，光敏电阻器 MG 的阻值较小。

3 光敏电阻器 MG 与电阻器 R1 形成分压电路，电阻器 R1 上的压降较大，分压点 A 点电压偏低，低于稳压二极管 VS1 的导通电压。

4 由于 VS1 无法导通，三极管 V1、V2、V3 均截止，继电器 K 不吸合，路灯 EL 不亮。

5 夜晚时，光照强度减弱，光敏电阻器 MG 的阻值增大。

6 光敏电阻器 MG 的阻值增大，使分压点 A 点电压升高。

7 分压点 A 点电压升高，超过稳压二极管 VS1 导通电压时，稳压二极管 VS1 导通。

8 稳压二极管 VS1 导通后，为三极管 V2 提供基极电压，使三极管 V2 导通。

9 三极管 V2 导通后，为三极管 V1 提供导通条件，三极管 V1 导通。

10 三极管 V1 导通后，为三极管 V3 提供导通条件，三极管 V3 导通，继电器 K 线圈得电，带动常开触点 K-1 闭合，形成供电回路，路灯 EL 点亮。

9.6　LED 广告灯控制电路的结构组成与工作特点

9.6.1　LED 广告灯控制电路的结构组成

LED 广告灯控制电路可用于小区庭院、马路景观照明及装饰照明的控制，通过逻辑门电路控制不同颜色的 LED 广告灯有规律地亮、灭，起到广告或警示的作用。

图 9-17 为 LED 广告灯控制电路的结构组成。

9.6.2　LED 广告灯控制电路的工作特点

根据 LED 广告灯控制电路中各部件的功能特点和连接关系，可分析和理清各功能部件之间的控制关系和过程。

图 9-18 为 LED 广告灯控制电路的工作过程。

精彩演示

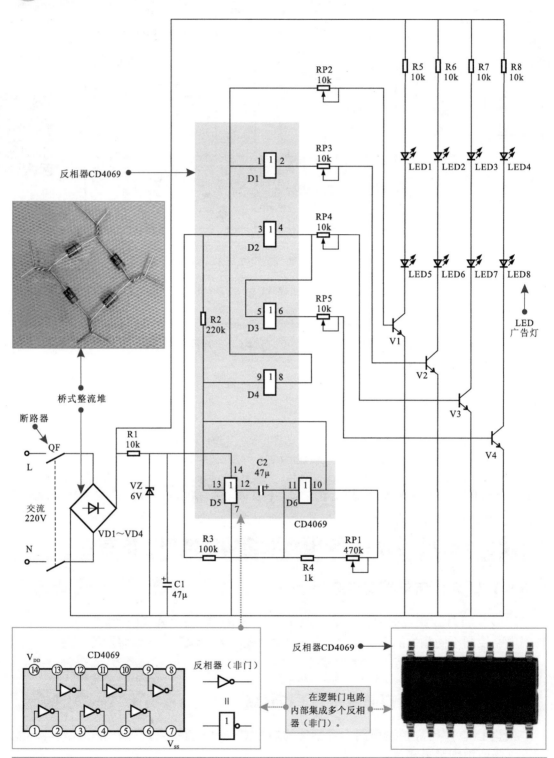

图 9-17　LED 广告灯控制电路的结构组成

**精彩演示**

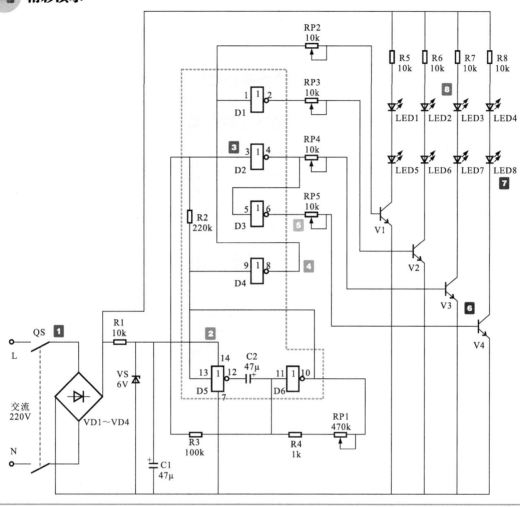

图 9-18 LED 广告灯控制电路的工作过程

1 合上电源总开关 QS，接通交流 220V 市电电源，该电压经桥式整流电路 VD1 ～ VD4 整流后输出直流电压，除了送给低压电源，还为显示电路供电。

2 整流输出的直流电压经电阻器 R1 降压、稳压二极管 VS 稳压、滤波电容器 C1 滤波后，产生 6V 直流电压，为六非门电路 CD4069 提供工作电压（⑭脚送入）。

3 六非门电路 CD4069 工作后，D5 与 D6 两个非门（反相放大器）与电容、电阻构成脉冲振荡电路，由⑩脚和⑬脚输出低频振荡信号，低频振荡脉冲加到 CD4069 的⑨脚，经电阻器 R2 后加到③脚。

4 ⑨脚输入的振荡信号经反相后由⑧脚输出，再送入①脚中。

5 六非门电路 CD4069 的⑤脚输入振荡信号后，经反相后由⑥脚输出，输出的振荡信号与④脚输出的振荡信号相反。

6 振荡信号经可变电阻器 RP5 后送往驱动三极管 V4 的基极，使三极管 V4 工作在开关状态下，从而交替导通。

7 振荡信号为高电平时 V4 导通，发光二极管 LED4 和 LED8 便会发光，振荡信号为低电平时 V4 截止，LED4 和 LED8 便会熄灭。

8 此时，LED3 和 LED7、LED4 和 LED8 在振荡信号的作用下便会交替点亮和熄灭。

9.7 景观照明控制电路的结构组成与工作特点

9.7.1 景观照明控制电路的结构组成

景观照明控制电路是指应用在一些观赏景点或广告牌上，或者用在一些比较显著的位置上，设置用来观赏或提示功能的公共用电电路。

图 9-19 为景观照明控制电路的结构组成。可以看到，该电路主要由景观照明灯和控制电路（由各种电子元器件按照一定的控制关系连接）构成。

精彩演示

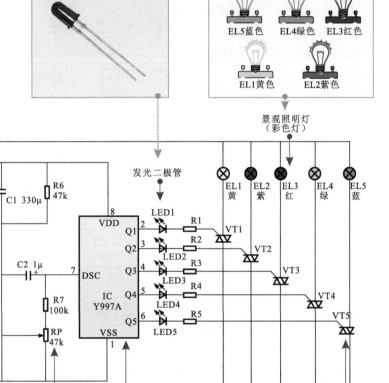

图 9-19　景观照明控制电路的结构组成

9.7.2 景观照明控制电路的工作特点

根据景观照明控制电路中各部件的功能特点和连接关系，可分析和理清各功能部件之间的控制关系和过程。

图 9-20 为景观照明控制电路的工作过程。

 精彩演示

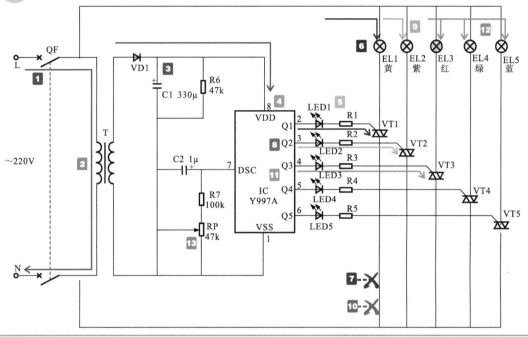

图 9-20　景观照明控制电路的工作过程

1 合上总断路器 QF，接通交流 220V 市电电源。

2 交流 220V 市电电压经变压器 T 变压后变为交流低压。

3 交流低压再经整流二极管 VD1 整流、滤波电容器 C1 滤波后变为直流电压。

4 直流电压加到 IC（Y997A）的⑧脚提供工作电压。

5 IC 的⑧脚有供电电压后，内部电路开始工作，②脚输出高电平脉冲信号，使 LED1 点亮。

6 同时，高电平信号经电阻器 R1 后，加到双向晶闸管 VT1 的控制极上，VT1 导通，彩色灯 EL1（黄色）点亮。

7 此时，IC 的③脚、④脚、⑤脚、⑥脚输出低电平脉冲信号，外接的晶闸管处于截止状态，LED 和彩色灯不亮。

8 一段时间后，IC 的③脚输出高电平脉冲信号，LED2 点亮。

9 同时，高电平信号经电阻器 R2 后，加到双向晶闸管 VT2 的控制极上，VT2 导通，彩色灯 EL2（紫色）点亮。

10 此时，IC 的②脚和③脚输出高电平脉冲信号，有两组 LED 和彩色灯被点亮，④脚、⑤脚和⑥脚输出低电平脉冲信号，外接晶闸管处于截止状态，LED 和彩色灯不亮。

11 依次类推，当 IC 的输出端②～⑥脚输出高电平脉冲信号时，LED 和彩色灯便会被点亮。

12 由于②～⑥脚输出脉冲的间隔和持续时间不同，双向晶闸管触发的时间也不同，因而 5 个彩灯便会按驱动脉冲的规律发光和熄灭。

13 IC 内的振荡频率取决于⑦脚外的时间常数电路，微调 RP 的阻值可改变振荡频率。

第10章 电动机控制电路

10.1 电动机控制电路的特点与控制关系

电动机控制电路是依靠控制部件、功能部件等控制电动机，进而完成对电动机启动、运转、变速、制动和停机等控制的电路。

10.1.1 直流电机控制电路的特点与控制关系

电动机控制电路的功能特点如图 10-1 所示。

精彩演示

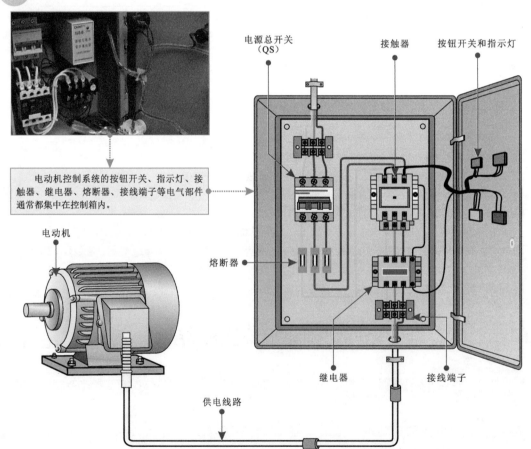

电源总开关（QS）　　接触器　　按钮开关和指示灯

电动机控制系统的按钮开关、指示灯、接触器、继电器、熔断器、接线端子等电气部件通常都集中在控制箱内。

电动机

熔断器

继电器　　　接线端子

供电线路

图 10-1　电动机控制电路的功能特点

　　电动机控制电路应用在一些需要带动机械部件工作的环境，控制部分是由电子元件或电气控制部件组成的控制电路，如图 10-2 所示。常见的工业机床和农业灌溉都是典型电动机控制电路的应用。

精彩演示

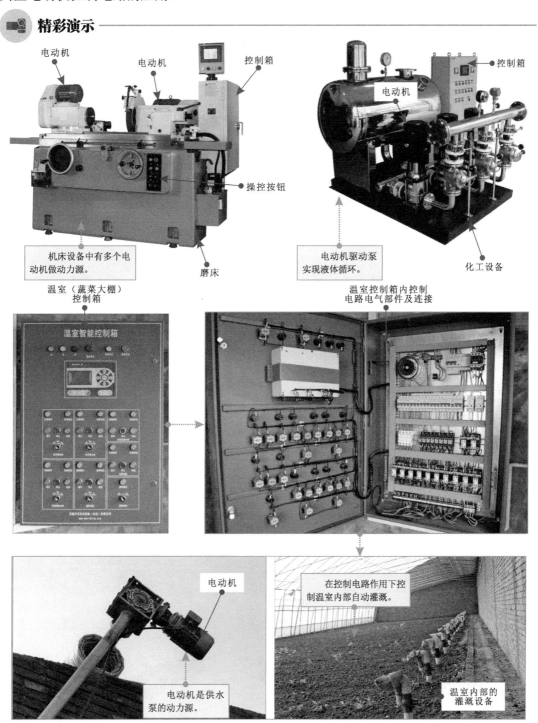

图 10-2　电动机控制电路的应用

10.1.2 交流电机控制电路的特点与控制关系

　　了解电动机控制电路的控制关系，需先熟悉电路的结构组成。只有知晓电动机控制电路的功能、结构及电气部件的作用后，才能清晰理清电路的控制关系。

　　图 10-3 为典型电动机控制电路的结构组成。由图可知，电动机控制电路主要是由电源总开关、熔断器、启动按钮、停止按钮、交流接触器、过热保护继电器、指示灯及三相交流电动机构成的。

精彩演示

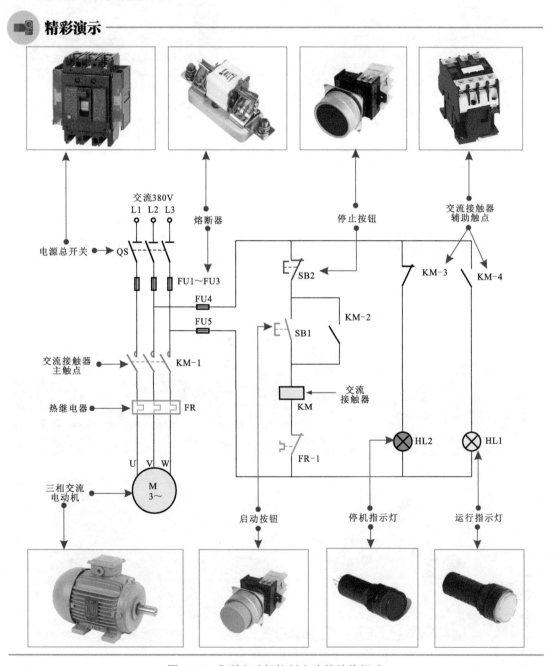

图 10-3　典型电动机控制电路的结构组成

　　电动机控制电路通过连线清晰地表达了各主要部件的连接关系，控制电路中的主要部件用规范的电路图形符号和标识表示。为了更好地理解电动机控制电路的结构关系，可以将电路图还原成电路接线图。

　　图 10-4 为典型电动机控制电路的接线图。

精彩演示

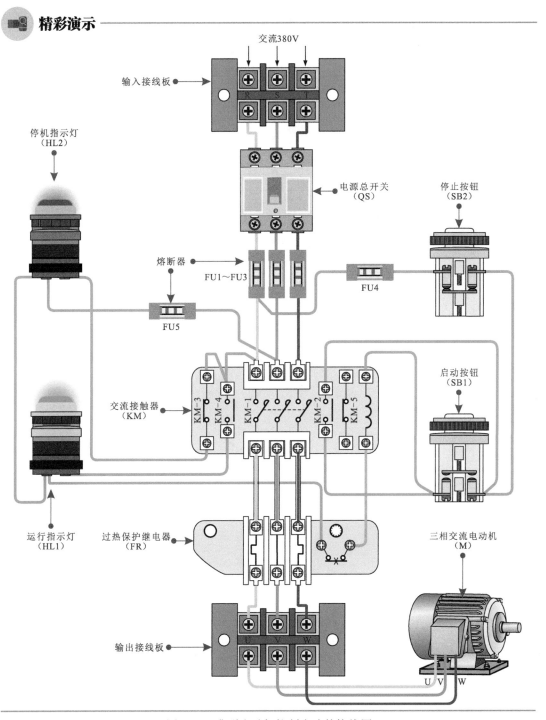

图 10-4　典型电动机控制电路的接线图

10.2 电动机启 / 停控制电路的结构组成与工作特点

10.2.1 电动机启 / 停控制电路的结构组成

电动机启 / 停控制电路是指由按钮开关、接触器等功能部件实现对电动机启动和停止的电气控制，是电动机最基本的电气控制电路。

图 10-5 为典型单相交流电动机启 / 停控制电路的结构组成。

精彩演示

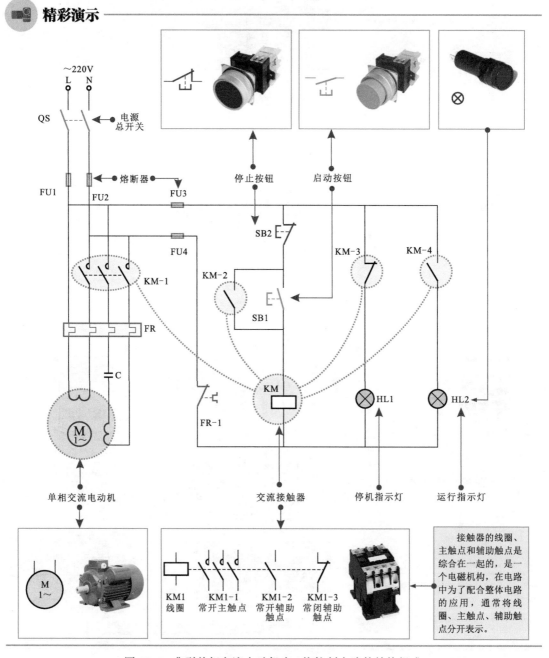

图 10-5 典型单相交流电动机启 / 停控制电路的结构组成

10.2.2 电动机启 / 停控制电路的工作特点

电动机启 / 停控制电路的控制过程比较简单，主要包括启动和停机两个过程，可根据电路结构和电路中各部件的连接关系，并结合各部件的功能特点分析电路。

图 10-6 为单相交流电动机启 / 停控制电路的工作过程。

精彩演示

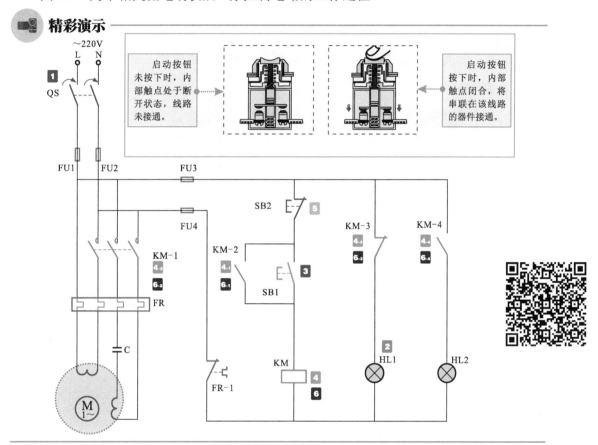

图 10-6 单相交流电动机启 / 停控制电路的工作过程

1 合上电源总开关 QS，接通单相电源。

1 → **2** 电源经常闭触点 KM-3 为停机指示灯 HL1 供电，HL1 点亮。

3 按下启动按钮 SB1。

3 → **4** 交流接触器 KM 线圈得电。

    4-1 KM 的常开辅助触点 KM-2 闭合，实现自锁功能。

    4-2 常开主触点 KM-1 闭合，电动机接通单相电源，开始启动运转。

    4-3 常闭辅助触点 KM-3 断开，切断停机指示灯 HL1 的供电电源，HL1 熄灭。

    4-4 常开辅助触点 KM-4 闭合，运行指示灯 HL2 点亮，指示电动机处于工作状态。

5 当需要电动机停机时，按下停止按钮 SB2。

5 → **6** 交流接触器 KM 线圈失电。

    6-1 常开辅助触点 KM-2 复位断开，解除自锁功能。

    6-2 常开主触点 KM-1 复位断开，切断电动机的供电电源，电动机停止运转。

    6-3 常闭辅助触点 KM-3 复位闭合，停机指示灯 HL1 点亮，指示电动机目前处于停机状态。

    6-4 常开辅助触点 KM-4 复位断开，切断运行指示灯 HL2 的电源供电，HL2 熄灭。

10.3   电动机联锁控制电路的结构组成与工作特点

10.3.1   电动机联锁控制电路的结构组成

　　电动机联锁控制电路是指对电路中两台或两台以上电动机的启动顺序进行控制，也称为顺序控制电路，通常应用在要求一台电动机先运行，另一台或几台电动机后运行的设备中。

　　图 10-7 为两台三相交流电动机联锁控制电路的结构组成。

🎥 **精彩演示**

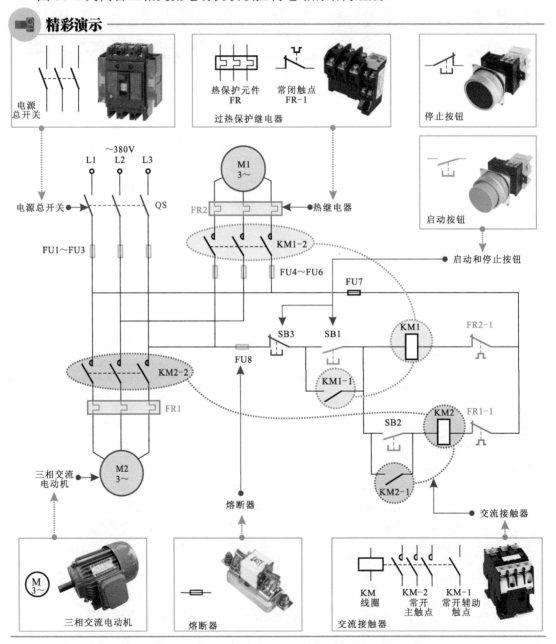

图 10-7　两台三相交流电动机联锁控制电路的结构组成

10.3.2 电动机联锁控制电路的工作特点

电动机联锁控制电路的运行过程主要包括启动、顺序启动控制和停机等基本过程。分析电路时，重点根据电路器件各自的功能特点和器件之间的连接关系进行分析。

图 10-8 为两台三相交流电动机联锁控制电路的工作过程。

精彩演示

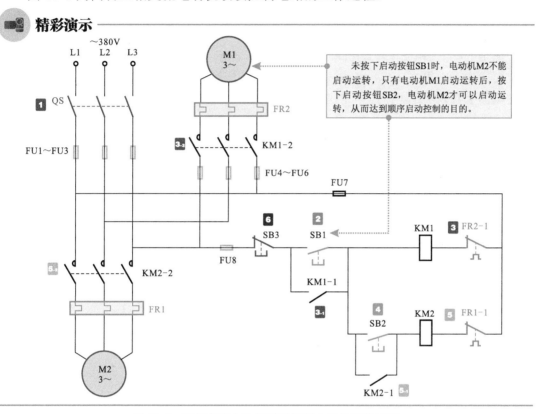

未按下启动按钮SB1时，电动机M2不能启动运转，只有电动机M1启动运转后，按下启动按钮SB2，电动机M2才可以启动运转，从而达到顺序启动控制的目的。

图 10-8　三相交流电动机联锁控制电路的工作过程

1 合上电源开关 QS，接通电源。

2 按下启动按钮 SB1，常开触点闭合。

2 → 3 交流接触器 KM1 线圈得电。

    3-1 常开辅助触点 KM1-1 接通，实现自锁功能。

    3-2 常开主触点 KM1-2 接通，电动机 M1 开始运转。

4 当按下启动按钮 SB2 时，常开触点闭合。

4 → 5 交流接触器 KM2 线圈得电。

    5-1 常开辅助触点 KM2-1 接通，实现自锁功能。

    5-2 常开主触点 KM2-2 接通，电动机 M2 开始运转，实现顺序启动。

6 当两台电动机需要停机时，按下停止按钮 SB3，交流接触器 KM1、KM2 线圈失电，所有触点全部复位，电动机 M1、M2 停止运转。

 资料扩展

在电动机联锁控制电路中，除可借助控制按钮实现顺序启停控制外，还可借助时间继电器实现自动联锁控制。改变电动机联锁控制电路的控制关系或控制部件的数量、类型可实现不同联锁控制功能。

10.4　电动机串电阻降压启动控制电路的结构组成与工作特点

10.4.1　电动机串电阻降压启动控制电路的结构组成

电动机串电阻降压启动控制电路是指在电动机定子电路中串入电阻器，启动时，利用串入的电阻器起到降压、限流的作用，当电动机启动完毕后，再通过电路将串联的电阻短接，使电动机进入全压正常运行状态。

图 10-9 为三相交流电动机串电阻降压启动控制电路的结构组成。可以看到，该电路主要由电源总开关 QS、启动按钮 SB1、停止按钮 SB2、交流接触器 KM1/KM2、时间继电器 KT、熔断器 FU1 ～ FU3、电阻器 R1 ～ R3、过热保护继电器 FR、三相交流电动机等构成。

📷 **精彩演示**

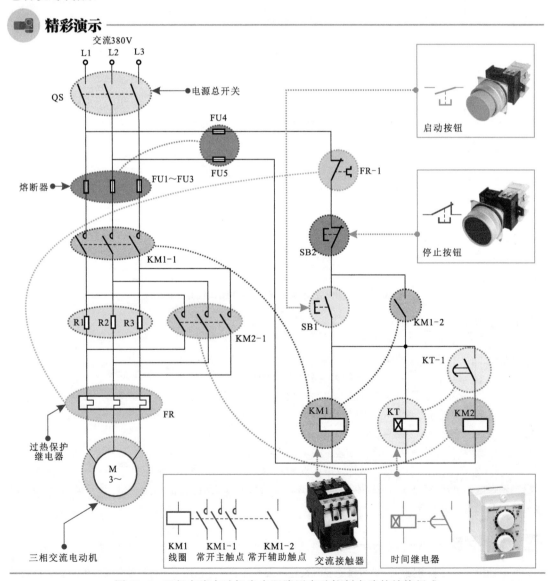

图 10-9　三相交流电动机串电阻降压启动控制电路的结构组成

图 10-10 为三相交流电动机串电阻降压启动控制电路的接线图。

精彩演示

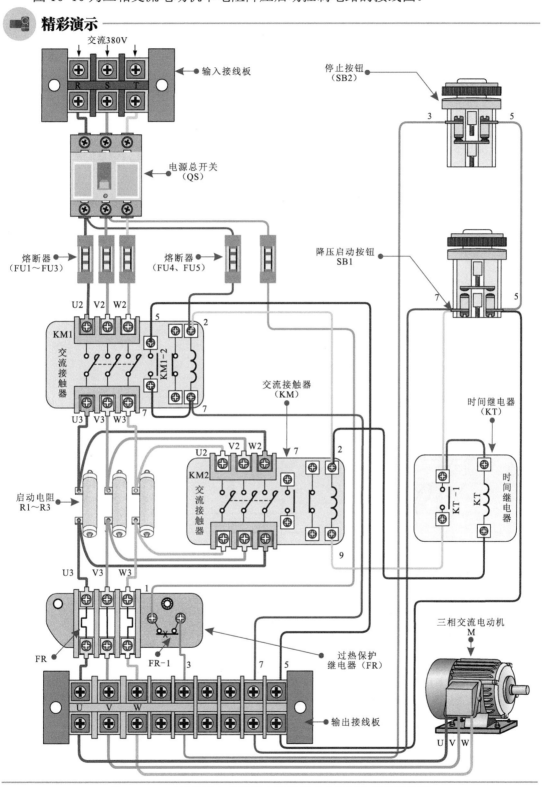

图 10-10　三相交流电动机串电阻降压启动控制电路的接线图

10.4.2 电动机串电阻降压启动控制电路的工作特点

　　电动机串电阻降压启动控制电路的运行过程包括降压启动、全压运行和停机 3 个过程，可根据电路器件各自的功能特点和器件之间的连接关系进行分析，如图 10-11 所示。

精彩演示

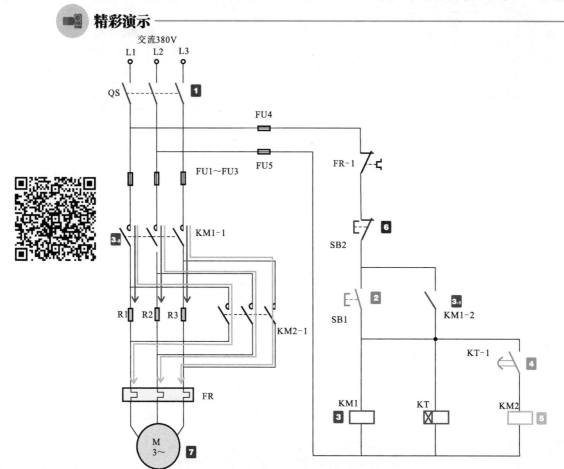

图 10-11　电动机串电阻降压启动控制电路的工作过程

1 合上电源总开关 QS，接通三相电源。

2 按下启动按钮 SB1，常开触点闭合。

2→3 交流接触器 KM1 线圈得电，时间继电器 KT 线圈得电。

　　3₁ 常开辅助触点 KM1-2 闭合，实现自锁功能。

　　3₂ 常开主触点 KM1-1 闭合，电源经电阻器 R1、R2、R3 为三相交流电动机 M 供电，三相交流电动机降压启动。

4 当时间继电器 KT 达到预定的延时时间后，常开触点 KT-1 延时闭合。

4→5 交流接触器 KM2 线圈得电，常开主触点 KM2-1 闭合，短接电阻器 R1、R2、R3，三相交流电动机在全压状态下运行。

6 当需要三相交流电动机停机时，按下停止按钮 SB2，交流接触器 KM1、KM2 和时间继电器 KT 线圈均失电，触点全部复位。

6→7 KM1、KM2 的常开主触点 KM1-1、KM2-1 复位断开，切断三相交流电动机供电电源，三相交流电动机停止运转。

10.5 电动机 Y-△ 降压启动控制电路的结构组成与工作特点

10.5.1 电动机 Y-△ 降压启动控制电路的结构组成

电动机 Y-△降压启动控制电路是指三相交流电动机启动时，先由电路控制三相交流电动机定子绕组连接成 Y 形进入降压启动状态，待转速达到一定值后，再由电路控制三相交流电动机定子绕组连接成△形，进入全压正常运行状态。

图 10-12 为典型电动机 Y-△降压启动控制电路的结构组成。

精彩演示

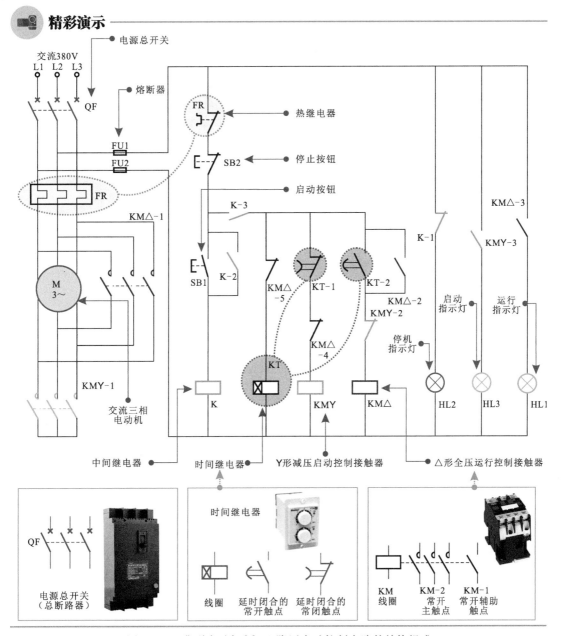

图 10-12　典型电动机 Y-△降压启动控制电路的结构组成

资料扩展

当三相交流电动机绕组采用 Y 形连接时,三相交流电动机每相绕组承受的电压均为 220V;当三相交流电动机绕组采用△形连接时,三相交流电动机每相绕组承受的电压为 380V,如图 10-13 所示。

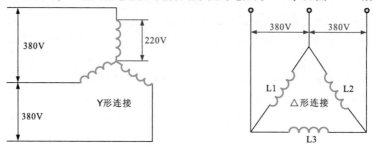

图 10-13 三相交流电动机绕组的连接形式

10.5.2 电动机 Y-△ 降压启动控制电路的工作特点

根据电动机 Y-△降压启动控制电路中各部件的功能特点和连接关系,可分析和理清电气部件之间的控制关系和过程。

图 10-14 为电动机 Y-△降压启动控制电路的工作过程。

精彩演示

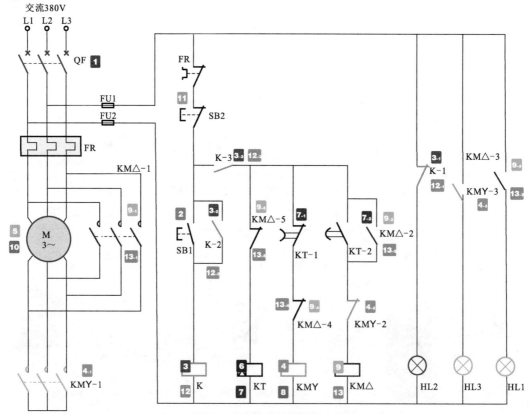

图 10-14 电动机 Y-△降压启动控制电路的工作过程

1 闭合总断路器 QF，接通三相电源，停机指示灯 HL2 点亮。

2 按下启动按钮 SB1，触点闭合。

2 → 3 电磁继电器 K 的线圈得电。

    3-1 常闭触点 K-1 断开，停机指示灯 HL2 熄灭。

    3-2 常开触点 K-2 闭合自锁。

    3-3 常开触点 K-3 闭合，接通控制电路供电电源。

3-3 → 4 交流接触器 KMY 的线圈得电。

    4-1 KMY 常开主触点 KMY-1 闭合，三相交流电动机以 Y 形方式接通电源。

    4-2 KMY 常闭辅助触点 KMY-2 断开，防止 KM △线圈得电，起联锁保护作用。

    4-3 KMY 常开辅助触点 KMY-3 闭合，启动指示灯 HL3 点亮。

4-1 → 5 电动机降压启动运转。

3-3 → 6 时间继电器 KT 线圈得电，开始计时。

6 → 7 时间继电器 KT 到达预定时间。

    7-1 KM 常闭触点 KT-1 延时断开。

    7-2 KM 常开触点 KT-2 延时闭合。

7-1 → 8 断开交流接触器 KMY 的供电，KMY 触点全部复位。

7-2 → 9 交流接触器 KM △的线圈得电。

    9-1 KM △常开主触点 KM △-1 闭合，三相交流电动机以△形方式接通电源。

    9-2 KM △常开辅助触点 KM △-2 闭合自锁。

    9-3 KM △常开辅助触点 KM △-3 闭合，运行指示灯 HL1 点亮。

    9-4 KM △常闭辅助触点 KM △-4 断开，防止 LMY 线圈得电，起联锁保护作用。

    9-5 KM △常闭辅助触点 KM △-5 断开，切断 KT 线圈的供电，触点全部复位。

9-1 → 10 电动机开始全压运行。

11 当需要三相交流电动机停机时，按下停止按钮 SB2。

11 → 12 电磁继电器 K 线圈失电。

    12-1 常闭触点 K-1 复位闭合，停机指示灯 HL2 点亮。

    12-2 常开触点 K-2 复位断开，解除自锁功能。

    12-3 常开触点 K-3 复位断开，切断控制电路的供电电源。

11 → 13 交流接触器 KM △线圈失电。

    13-1 常开主触点 KM △-1 复位断开，切断供电电源，三相交流电动机停止运转。

    13-2 常开辅助触点 KM △-2 复位断开，解除自锁功能。

    13-3 常开辅助触点 KM △-3 复位断开，切断运行指示灯 HL1 的供电，HL1 熄灭。

    13-4 常闭辅助触点 KM △-4 复位闭合，为下一次降压启动做好准备。

    13-5 常闭辅助触点 KM △-5 复位闭合，为下一次降压启动运转时间计时控制做好准备。

10.6 电动机反接制动控制电路的结构组成与工作特点

10.6.1 电动机反接制动控制电路的结构组成

电动机反接制动控制电路是指通过反接电动机的供电相序改变电动机的旋转方向，降低电动机转速，最终达到停机的目的。电动机在反接制动时，电路会改变电动机定子绕组的电源相序，使之有反转趋势而产生较大制动力矩，使电动机的转速降低，最后通过速度继电器自动切断制动电源，确保电动机不会反转。

图 10-15 为典型电动机反接制动控制电路的结构组成。该电路主要由电源总开关 QS、启动按钮 SB2、制动按钮 SB1、交流接触器 KM1/KM2、时间继电器 KT、速度继电器 KS 和三相交流电动机等构成。

精彩演示

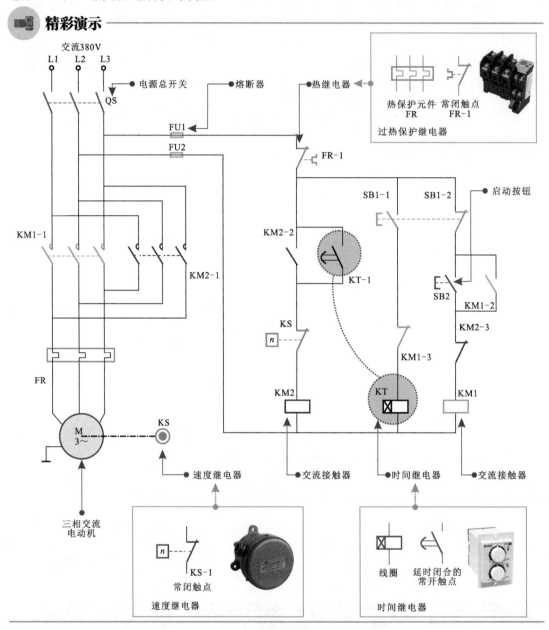

图 10-15　典型电动机反接制动控制电路的结构组成

10.6.2　电动机反接制动控制电路的工作特点

根据电动机反接制动控制电路中各部件的功能特点和连接关系，可分析和理清电气部件之间的控制关系和过程。

图 10-16 为电动机反接制动控制电路的工作过程。

精彩演示

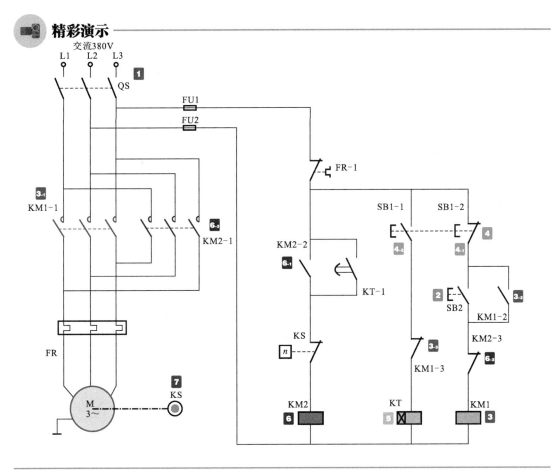

图 10-16　电动机反接制动控制电路的工作过程

1 合上电源总开关 QS，接通三相电源。

2 按下启动按钮 SB2，常开触点闭合。

2→3 交流接触器 KM1 线圈得电。

    3-1 常开主触点 KM1-1 闭合，三相交流电动机按 L1、L2、L3 的相序接通三相电源，开始正向启动运转。

    3-2 常开辅助触点 KM1-2 闭合，实现自锁功能。

    3-3 常闭触点 KM1-3 断开，防止 KT 线圈得电。

4 如需制动停机，按下制动按钮 SB1。

    4-1 常闭触点 SB1-2 断开，交流接触器 KM1 线圈失电，触点全部复位。

    4-2 常开触点 SB1-1 闭合，时间继电器 KT 线圈得电。

5 当达到时间继电器 KT 预先设定的时间时，常开触点 KT-1 延时闭合。

6 交流接触器 KM2 线圈得电。

    6-1 常开触点 KM2-2 闭合自锁。

    6-2 常闭触点 KM2-3 断开，防止交流接触器 KM1 线圈得电。

    6-3 常开触点 KM2-1 闭合，改变电动机中定子绕组电源相序，电动机有反转趋势，产生较大的制动力矩，开始制动减速。

7 当电动机转速减小到一定值时，速度继电器 KS 断开，KM2 线圈失电，触点全部复位，切断电动机的制动电源，电动机停止运转。

10.7 电动机能耗制动控制电路的结构组成与工作特点

10.7.1 电动机能耗制动控制电路的结构组成

电动机能耗制动控制电路多用于直流电动机制动电路中。该电路的工作原理是：维持直流电动机的励磁不变，把正在接通电源并具有较高转速的直流电动机电枢绕组从电源上断开，使直流电动机变为发电机，并与外加电阻器连接为闭合回路，利用此电路中产生的电流及制动转矩使直流电动机快速停车。在制动过程中，将拖动系统的动能转化为电能并以热能的形式消耗在电枢电路的电阻器上。

图 10-17 为典型直流电动机能耗制动控制电路的结构组成。

精彩演示

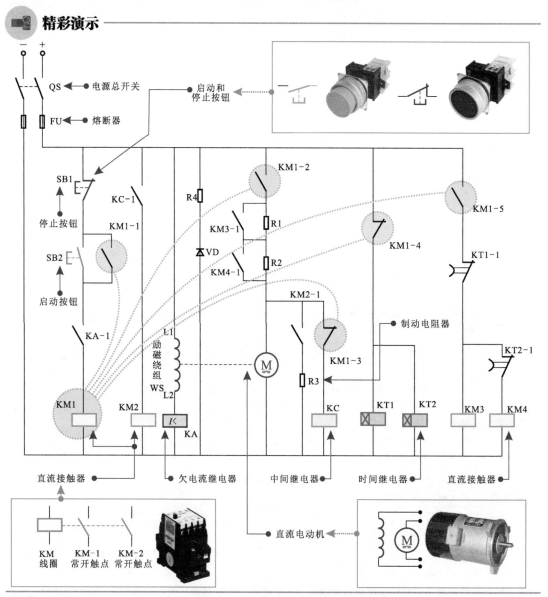

图 10-17　典型直流电动机能耗制动控制电路的结构组成

10.7.2 电动机能耗制动控制电路的工作特点

　　结合电动机能耗制动控制电路的控制功能，根据电路中主要部件的功能特点和部件之间的连接关系，完成对电动机能耗制动控制电路工作过程的具体分析。

　　图 10-18 为典型直流电动机能耗制动控制电路的工作过程。

精彩演示

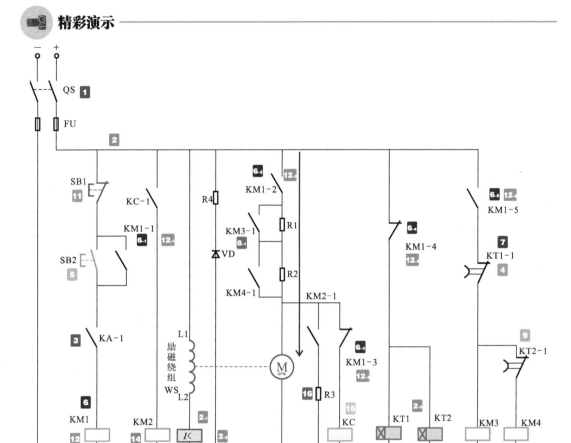

图 10-18　典型直流电动机能耗制动控制电路的工作过程

1 合上电源总开关 QS。

1→**2** 接通电动机控制线路的直流电源。

　　　　2₁ 励磁绕组 WS 中有直流电压通过。

　　　　2₂ 欠电流继电器 KA 线圈得电。

　　　　2₃ 时间继电器 KT1、KT2 线圈得电。

2₂→**3** KA 的常开触点 KA-1 闭合。

2₃→**4** KT1、KT2 的延时闭合触点 KT1-1、KT2-1 瞬间断开，防止 KM2、KM3 线圈得电。

5 按下启动按钮 SB2，常开触点闭合。

5→**6** 直流接触器 KM1 线圈得电。

　　　　6₁ 常开触点 KM1-1 闭合，实现自锁功能。

　　　　6₂ 常开触点 KM1-2 闭合，直流电动机串联启动电阻器 R1、R2 后，开始低速启动运转。

　　　　6₃ 常闭触点 KM1-3 断开，防止中间继电器 KA 线圈得电。

⑥. 常闭触点 KM1-4 断开，KT1、KT2 线圈均失电，进入延时复位闭合计时状态。

⑥. 常开触点 KM1-5 闭合，为直流接触器 KM3、KM4 线圈得电做好准备。

⑥→⑦ 时间继电器 KT1、KT2 线圈失电后，经一段时间延时（该电路中，时间继电器 KT2 的延时复位时间要长于时间继电器 KT1 的延时复位时间），时间继电器的常闭触点 KT1-1 首先复位闭合。

⑦→⑧ 直流接触器 KM3 线圈得电。

⑧. 常开触点 KM3-1 闭合，短接启动电阻器 R1，直流电动机串联启动电阻器 R2 进行运转，速度提升。

⑨ 当到达时间继电器 KT2 的延时复位时间时，常闭触点 KT2-1 复位闭合。

⑨→⑩ 直流接触器 KM4 线圈得电，常开触点 KM4-1 闭合，短接启动电阻器 R2，电压经闭合的常开触点 KM3-1 和 KM4-1 直接为直流电动机 M 供电，直流电动机工作在额定电压下，进入正常运转状态。

直流电动机的停机控制过程识读如下：

⑪ 当需要直流电动机停机时，按下停机按钮 SB1。

⑪→⑫ 直流接触器 KM1 线圈失电。

⑫. 常开触点 KM1-1 复位断开，解除自锁功能。

⑫. 常开触点 KM1-2 复位断开，切断直流电动机的供电电源，直流电动机做惯性运转。

⑫. 常闭触点 KM1-3 复位闭合，为中间继电器 KC 线圈的得电做好准备。

⑫. 常闭触点 KM1-4 复位闭合，再次接通时间继电器 KT1、KT2 的供电。

⑫. 常开触点 KM1-5 复位断开，直流接触器 KM3、KM4 线圈失电。

⑬ 惯性运转的电枢切割磁力线，在电枢绕组中产生感应电动势，并联在电枢两端的中间继电器 KC 线圈得电，常开触点 KC-1 闭合。

⑬→⑭ 直流接触器 KM2 线圈得电，常开触点 KM2-1 闭合，接通制动电阻器 R3 回路，这时电枢的感应电流方向与原来的方向相反，电枢产生制动转矩，使直流电动机迅速停止转动。

⑭→⑮ 当直流电动机转速降低到一定程度时，电枢绕组的感应电动势也降低，中间继电器 KC 线圈失电，常开触点 KC-1 复位断开。

⑮→⑯ 直流接触器 KM2 线圈失电，常开触点 KM2-1 复位断开，切断制动电阻器 R3 回路，结束能耗制动，整个系统停止工作。

资料扩展

图 10-19 为直流电动机能耗制动控制电路的原理图。直流电动机制动时，激励绕组 L1、L2 两端电压极性不变，因而励磁的大小和方向不变。常开触点 KM-1 断开，电枢脱离直流电源。常开触点 KM-2 闭合，制动电阻器 R 与电枢绕组构成闭合回路。

此时，由于直流电动机存在惯性，仍会按照直流电动机原来的方向继续旋转，因此电枢反电动势的方向不变，并且成为电枢回路的电源，使得制动电流的方向与原来的供电方向相反，电磁转矩的方向也随之改变，成为制动转矩，促使直流电动机迅速减速至停止。在能耗制动过程中，还需要考虑 R 阻值的大小，若 R 的阻值太大，则制动缓慢；选择 R 的阻值大小时，要使最大制动电流不超过电枢额定电流的 2 倍。

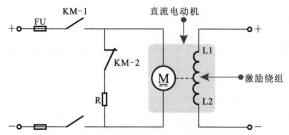

图 10-19 直流电动机能耗制动控制电路的原理图

10.8 电动机调速控制电路的结构组成与工作特点

10.8.1 电动机调速控制电路的结构组成

电动机调速控制电路是指利用时间继电器控制电动机的低速或高速运转，通过低速运转按钮和高速运转按钮实现对电动机低速和高速运转的切换控制。

图 10-20 为典型三相交流电动机调速控制电路的结构组成。

精彩演示

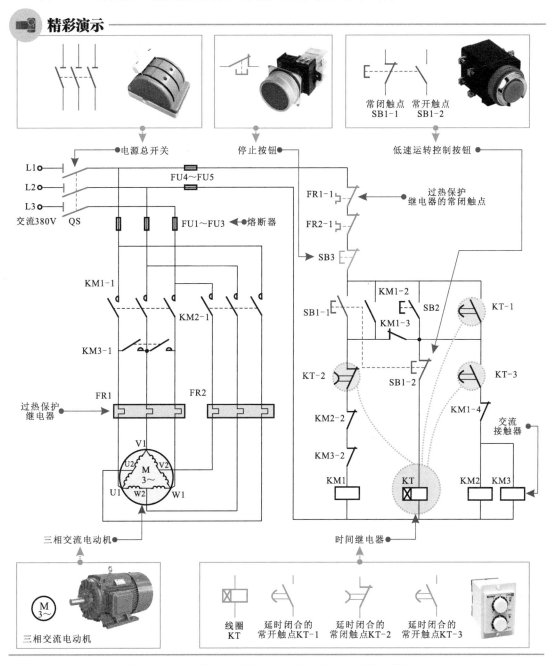

图 10-20 典型三相交流电动机调速控制电路的结构组成

10.8.2 电动机调速控制电路的工作特点

结合电动机调速控制电路的控制功能，根据电路中各部件的功能特点和连接关系，可完成对电动机调速控制电路的工作过程分析，如图 10-21 所示。

精彩演示

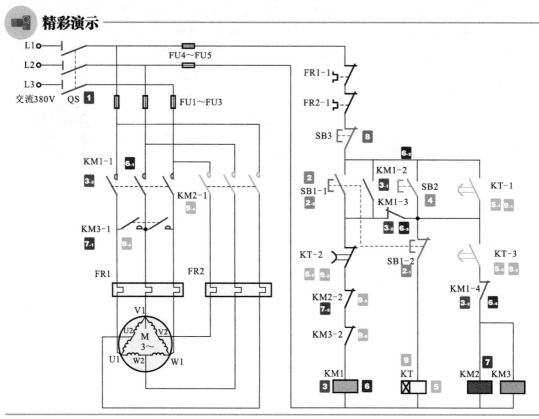

图 10-21 典型三相交流电动机调速控制电路的工作过程

1 合上电源总开关 QS，接通三相电源。

2 按下低速运转控制按钮 SB1。

  2-1 常闭触点 SB1-2 断开，防止时间继电器 KT 线圈得电，起到联锁保护作用。

  2-2 常开触点 SB1-1 闭合。

2-2→3 交流接触器 KM1 线圈得电。

  3-1 KM1 的常开辅助触点 KM1-2 闭合自锁。

  3-2 KM1 的常闭辅助触点 KM1-3 和 KM1-4 断开，防止交流接触器 KM2 和 KM3 的线圈及时间继电器 KT 得电，起联锁保护功能。

  3-3 常开主触点 KM1-1 闭合，三相交流电动机定子绕组成△形连接，开始低速运转。

4 按下高速运转控制按钮 SB2。

4→5 时间继电器 KT 的线圈得电，进入高速运转计时状态，达到预定时间后，相应延时动作的触点发生动作。

  5-1 KT 的常开触点 KT-1 闭合，锁定 SB2，即使松开 SB2 也仍保持接通状态。

  5-2 KT 的常闭触点 KT-2 断开。

  5-3 KT 的常开触点 KT-3 闭合。

5-3→6 交流接触器 KM1 线圈失电。

6- 常开主触点 KM1-1 复位断开，切断三相交流电动机的供电电源。

6- 常开辅助触点 KM1-2 复位断开，解除自锁。

6- 常开辅助触点 KM1-3 复位闭合。

6- 常开辅助触点 KM1-4 复位闭合。

5- → **7** 交流接触器 KM2 和 KM3 线圈得电。

    7- 常开主触点 KM3-1 和 KM2-1 闭合，使三相交流电动机定子绕组成 Y Y 形连接，三相交流电动机开始高速运转。

    7- 常闭辅助触点 KM2-2 和 KM3-2 断开，防止 KM1 线圈得电，起联锁保护作用。

8 当需要停机时，按下停止按钮 SB3。

8- → **9** 交流接触器 KM2/KM3 和时间继电器 KT 线圈均失电，触点全部复位。

    9- 常开触点 KT-1 复位断开，解除自锁。

    9- 常闭触点 KT-2 复位闭合。

    9- 常开触点 KT-3 复位断开。

    9- 常开主触点 KM3-1 和 KM2-1 断开，切断三相交流电动机电源供电，停止运转。

    9- 常开辅助触点 KM2-2 复位闭合。

    9- 常开辅助触点 KM3-2 复位闭合。

📖 资料扩展

    三相交流电动机的调速方法有多种，如变极调速、变频调速和变转差率调速等方法。通常，车床设备电动机的调速方法主要是变极调速。双速电动机控制是目前应用中最常用一种变极调速形式。

    图 10-22 为双速电动机定子绕组的连接方法。

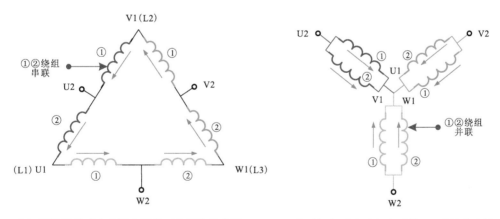

    （a）低速运行时电动机定子的三角形连接方法   （b）高速运行时电动机定子的 Y Y 形连接方法

图 10-22   双速电动机定子绕组的连接方法

    图 10-22（a）为低速运行时定子的三角形（△）连接方法。在这种接法中，电动机的三相定子绕组接成三角形，三相电源线 L1、L2、L3 分别连接在定子绕组三个出线端 U1、V1、W1 上，且每相绕组中点接出的接线端 U2、V2、W2 悬空不接，此时电动机三相绕组构成三角形连接，每相绕组的①、②线圈相互串联，电路中电流方向如图中箭头所示。若此电动机磁极为 4 极，则同步转速为 1500r/min。

    图 10-22（b）为高速运行电动机定子的 YY 形连接方法。这种连接是指将三相电源 L1、L2、L3 连接在定子绕组的出线端 U2、V2、W2 上，且将接线端 U1、V1、W1 连接在一起，此时电动机每相绕组的①、②线圈相互并联，电流方向如图中箭头方向所示。若此时电动机磁极为 2 极，则同步转速为 3000r/min。

10.9 电动机间歇启/停控制电路的结构组成与工作特点

10.9.1 电动机间歇启/停控制电路的结构组成

电动机间歇启/停控制电路是指控制电动机运行一段时间自动停止，然后自动启动，反复控制，实现电动机的间歇运行。通常，电动机的间歇是通过时间继电器进行控制的，通过预先设定时间继电器的延迟时间实现对电动机启动时间和停机时间的控制。

图 10-23 为典型三相交流电动机间歇启/停控制电路的结构组成。

精彩演示

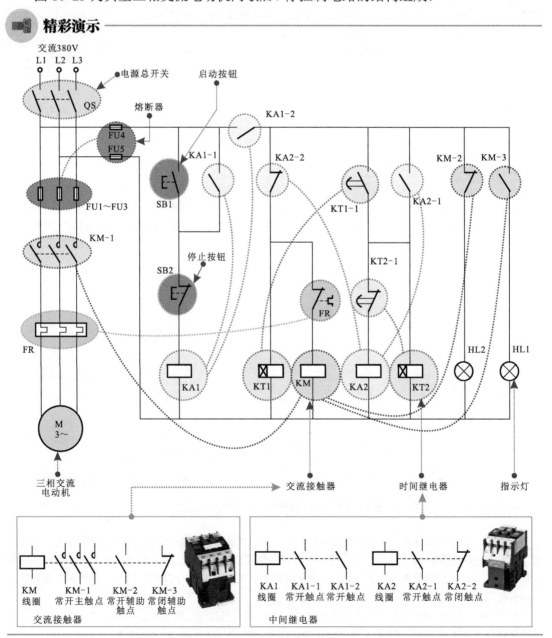

图 10-23　典型三相交流电动机间歇启/停控制电路的结构组成

10.9.2 电动机间歇启/停控制电路的工作特点

　　结合电动机间歇启/停控制电路的控制功能，根据电路中各主要部件的功能特点和部件之间的连接关系，完成对电动机间歇启/停控制电路的工作过程分析。

　　图 10-24 为典型三相交流电动机间歇启/停控制电路的工作过程。

📹 精彩演示

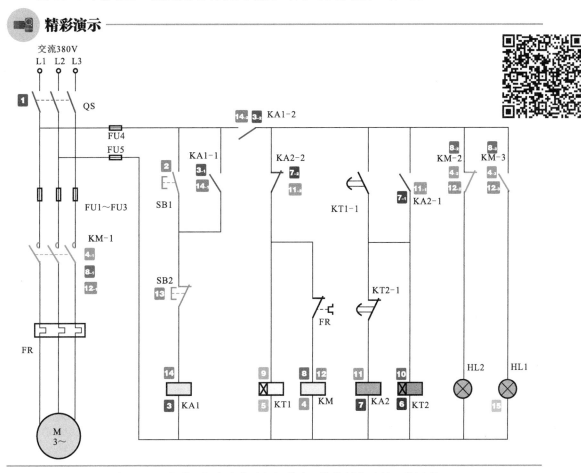

图 10-24　典型三相交流电动机间歇启/停控制电路的工作过程

1 合上电源总开关 QS，接通三相电源。

2 按下启动按钮 SB1，常开触点闭合，接通线路。

2 → 3 中间继电器 KA1 线圈得电。

　　　　3-1 常开触点 KA1-1 闭合，实现自锁功能。

　　　　3-2 常开触点 KA1-2 闭合，接通控制电路的供电电源，电源为交流接触器 KM 供电。

　　　　3-3 常闭辅助触点 KM-2 控制指示灯 HL2 的供电，KM 不动作 HL2 点亮。

3-2 → 4 交流接触器 KM 线圈得电。

　　　　4-1 常开主触点 KM-1 闭合，三相交流电动机接通三相电源，启动运转。

　　　　4-2 常闭辅助触点 KM-2 断开，切断停机指示灯 HL2 的供电，HL2 熄灭。

　　　　4-3 常开辅助触点 KM-3 闭合，运行指示灯 HL1 点亮，三相交流电动机处于工作状态。

3-2 → 5 时间继电器 KT1 线圈得电，进入延时控制。当延时到达时间继电器 KT1 预定的延时时间后，常开触点 KT1-1 闭合。

5 → **6** 时间继电器 KT2 线圈得电，进入延时状态。

5 → **7** 中间继电器 KA2 线圈得电。

　　　　7₁ 常开触点 KA2-1 闭合，实现自锁功能。

　　　　7₂ 常闭触点 KA2-2 断开，切断线路。

7₂ → **8** 交流接触器 KM 线圈失电。

　　　　8₁ 常开主触点 KM-1 复位断开，切断三相交流电动机供电电源，三相交流电动机停止运转。

　　　　8₂ 常闭辅助触点 KM-2 复位闭合，停机指示灯 HL2 点亮，指示三相交流电动机处于停机状态。

　　　　8₃ 常开辅助触点 KM-3 复位断开，切断运行指示灯 HL1 的供电，HL1 熄灭。

7₂ → **9** 时间继电器 KT1 线圈失电，常开触点 KT1-1 复位断开。

6 → **10** 时间继电器 KT2 进入延时状态后，当延时到达预定的延时时间后，常闭触点 KT2-1 断开。

10 → **11** 中间继电器 KA2 线圈失电。

　　　　11₁ 常开触点 KA2-1 复位断开，解除自锁功能，同时时间继电器 KT2 线圈失电。

　　　　11₂ 常闭触点 KA2-2 复位闭合，接通线路电源。

11₂ → **12** 交流接触器 KM 和时间继电器 KT1 线圈再次得电。

　　　　12₁ 交流接触器 KM 线圈得电，常开主触点 KM-1 再次闭合，三相交流电动机接通三相电源，再次启动运转。

　　　　12₂ 常闭辅助触点 KM-2 再次断开，切断停机指示灯 HL2 的供电，HL2 熄灭。

　　　　12₃ 常开辅助触点 KM-3 再次闭合，运行指示灯 HL1 点亮，指示三相交流电动机处于工作状态。

　　如此反复动作，实现三相交流电动机的间歇运转控制。

13 当需要三相交流电动机停机时，按下停止按钮 SB2。

13 → **14** 中间继电器 KA1 线圈失电。

　　　　14₁ 常开触点 KA1-1 复位断开，解除自锁功能。

　　　　14₂ 常开触点 KA1-2 复位断开，切断控制电路的供电电源，交流接触器 KM、时间继电器 KT1/KT2、中间继电器 KA2 线圈均失电，触点全部复位。

14₂ → **15** 当三相交流电动机处于间歇运转过程时，三相交流电动机立即停机，运行指示灯 HL1 熄灭，停机指示灯 HL2 点亮，再次启动时，需重新按下启动按钮 SB1。

　　当三相交流电动机处于间歇停机过程时，三相交流电动机将不能再次启动运转，若需重新启动，需再次按下启动按钮 SB1。

 资料扩展

　　在电动机控制电路中，电路的具体控制功能不同，所选用时间继电器的类型也不同，主要体现在其线圈和触点的延时状态方面。例如，有些时间继电器的常开触点闭合时延时动作，但断开时立即动作；有些时间继电器的常开触点闭合时立即动作、断开时延时动作。识图分析时，可根据时间继电器的图形符号进行判断，如图 10-25 所示。

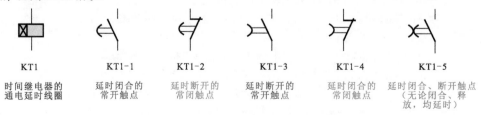

图 10-25　时间继电器及其常见的触点类型

第11章 农机与机床控制电路

11.1　禽类养殖孵化室湿度控制电路的结构组成与控制关系

11.1.1　禽类养殖孵化室湿度控制电路的结构组成

　　禽类养殖孵化室湿度控制电路用来控制孵化室内的湿度维持在一定范围内。当孵化室内的湿度低于设定的湿度时，自动启动加湿器加湿；当孵化室内的湿度达到设定的湿度时，自动停止加湿器加湿，保证孵化室内的湿度保持在一定范围内。

　　图11-1为典型禽类养殖孵化室湿度控制电路的结构组成。

■ 精彩演示

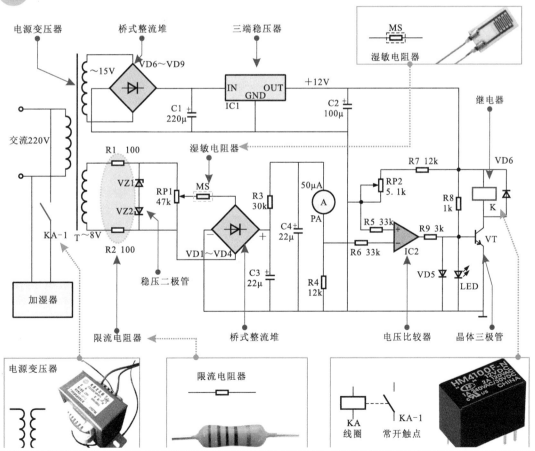

图11-1　典型禽类养殖孵化室湿度控制电路的结构组成

11.1.2 禽类养殖孵化室湿度控制电路的控制关系

根据禽类养殖孵化室湿度控制电路的结构组成，结合电路各组成器件的功能特点，可理清电路的控制关系，如图 11-2 所示。

精彩演示

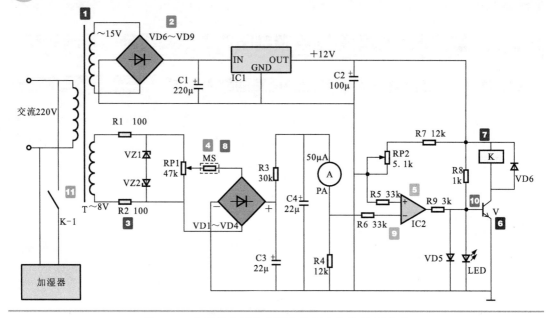

图 11-2 禽类养殖孵化室湿度控制电路的控制关系

1 接通电源，交流 220V 电压经电源变压器 T 降压后，由二次侧分别输出交流 15V、8 V 电压。

2 交流 15V 电压经桥式整流堆 VD6～VD9 整流、滤波电容器 C1 滤波、三端稳压器 IC1 稳压后，输出 +12V 直流电压，为湿度控制电路供电，指示灯 LED 点亮。

3 交流 8V 电压经限流电阻器 R1、R2 限流，稳压二极管 VZ1、VZ2 稳压后输出交流电压，经电位器 RP1 调整取样、湿敏电阻器 MS 降压、桥式整流堆 VD1～VD4 整流、C3 滤波后，经限流电阻器 R3 限流及滤波电容器 C4 滤波后，加到电流表 PA 上。

4 当禽类养殖孵化室内的环境湿度较低时，湿敏电阻器 MS 的阻值变大，桥式整流堆输出电压减小（流过电流表 PA 上的电流就变小，流过电阻器 R4 的电流也变小）。

4→5 此时电压比较器 IC2 反相输入端（−）的比较电压低于正向输入端（＋）的基准电压，IC2 的输出端输出高电平。

5→6 三极管 V 导通。

6→7 继电器 K 线圈得电，常开触点 K-1 闭合，接通加湿器的供电电源，加湿器开始加湿。

8 当禽类养殖孵化室内的环境湿度逐渐增高时，湿敏电阻器 MS 的阻值逐渐变小，整流电路输出电压升高（流过电流表 PA 上的电流逐渐变大，R4 产生的压降也逐渐变大）。

9 此时，电压比较器 IC2 反相输入端（−）的比较电压也逐渐变大。

10 当禽类养殖孵化室内的环境湿度达到设定湿度时，电压比较器 IC2 反相输入端（−）的比较电压要高于正向输入端（＋）的基准电压，IC2 的输出端输出低电平，三极管 V 截止。

10→11 继电器 K 线圈失电后，常开触点 K-1 复位断开，切断加湿器的供电电源，加湿器停止加湿。

资料扩展

　　加湿器停止加湿一段时间后，禽类养殖孵化室内的环境湿度逐渐降低，湿敏电阻器MS的阻值逐渐变大，流过电流表 PA 上的电流逐渐变小，R4 两端的压降也逐渐变小，电压比较器 IC2 反相输入端（−）的比较电压逐渐减小。当禽类养殖孵化室内的环境湿度不能达到设定湿度时，IC2 反相输入端（−）的比较电压再次低于正向输入端（＋）的基准电压，IC2 的输出端再次输出高电平，通过控制器件控制加湿器加湿，如此反复循环，保证禽类养殖孵化室内的湿度保持在一定范围内。

11.2　鱼类孵化池换水和增氧控制电路的结构组成与控制关系

11.2.1　鱼类孵化池换水和增氧控制电路的结构组成

　　鱼类孵化池换水和增氧控制电路是一种自动工作的电路，电路通电后，每隔一段时间便会自动接通或切断水泵、增氧泵的供电，维持池水的含氧量、清洁度。该类电路一般采用典型集成电路 NE555 时基电路作为核心控制部件。

 资料扩展

　　NE555 时基电路是一种典型集成电路。在一般情况下，NE555 时基电路的②脚电位低于 $1/3V_{cc}$，即有低电平触发信号加入时，会使输出端③脚输出高电平；当②脚电位高于 $1/3V_{cc}$，⑥脚电位高于 $2/3V_{cc}$ 时，输出端③脚输出低电平。

　　④脚为 NE555 复位端。当④脚电压小于 0.4V 时，不管②脚、⑥脚状态如何，③脚都输出低电平。

　　⑦脚为放电端，与③脚输出同步，输出电平一致，但⑦脚并不输出电流。

　　在一些延迟触发电路中，NE555 引脚外接电容器实现充、放电过程，延长③脚输出高电平或低电平的时间。其工作过程如图 11-3 所示。

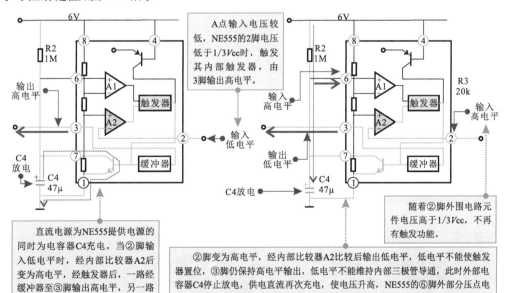

图 11-3　NE555 在延迟触发电路中的工作过程

鱼类孵化池换水和增氧控制电路的结构组成如图11-4所示。

精彩演示

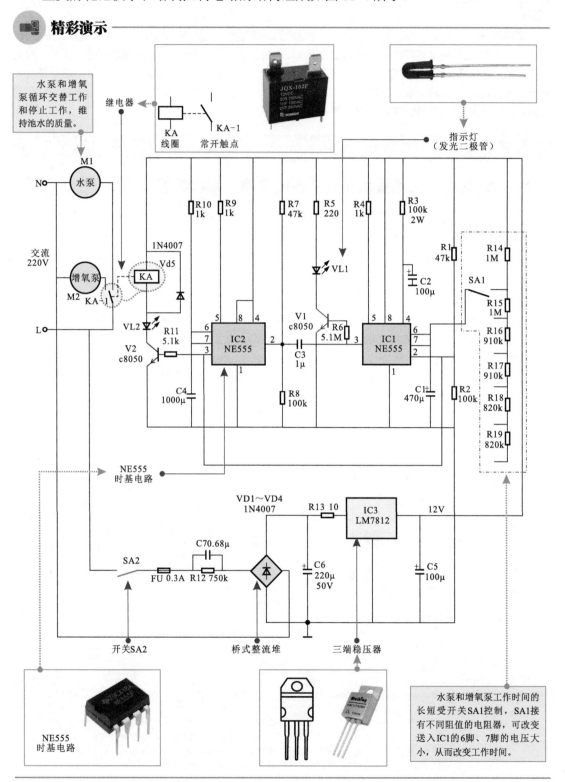

图11-4 鱼类孵化池换水和增氧控制电路的结构组成

11.2.2 鱼类孵化池换水和增氧控制电路的控制关系

根据鱼类孵化池换水和增氧控制电路中各部件的功能特点和连接关系，可分析和理清电气部件之间的控制关系和过程。

图 11-5 为鱼类孵化池换水和增氧控制电路的控制关系。

精彩演示

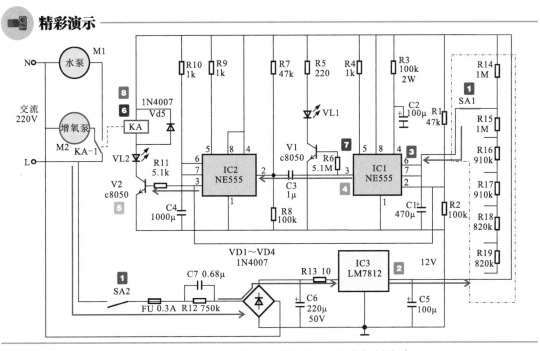

图 11-5　鱼类孵化池换水和增氧控制电路的控制关系

1 开关 SA1、SA2 闭合，交流 220V 电源电压为电路供电。在初始状态下，水泵工作，增氧泵停机。

2 交流电压经 C7 降压，再经桥式整流堆和电容器 C6 整流滤波，再经三端稳压器 IC3 稳压后，输出 12V 直流电压。

2→3 12V 直流电压经 SA1 后为电容器 C1 充电，C1 两端电压上升，IC1 的⑥、⑦脚电压也升高。

4 IC1 的③脚端输出低电平，送到 IC2 的②脚上。

4→5 IC2 的③脚输出高电平，使三极管 V2 导通，指示灯 VL2 亮。

5→6 继电器 KA 线圈得电，触点转换，水泵停机，增氧泵工作。

7 一段时间后，C1 充电完成，IC1 的③脚输出高电平，IC2 的②脚上升到高电平，③脚输出低电平，电路又回到初始状态。

8 继电器 KA 的线圈失电，触点复位，水泵工作，增氧泵停机。

11.3　农田排灌设备控制电路的结构组成与控制关系

11.3.1 农田排灌设备控制电路的结构组成

农田排灌自动控制电路可在农田灌溉时根据排灌渠中水位的高低自动控制排灌电动机的启动和停机，防止排灌渠中无水而排灌电动机仍然工作的现象，起到保护排灌电动机的作用。

图 11-6 为农田排灌设备控制电路的结构组成。

精彩演示

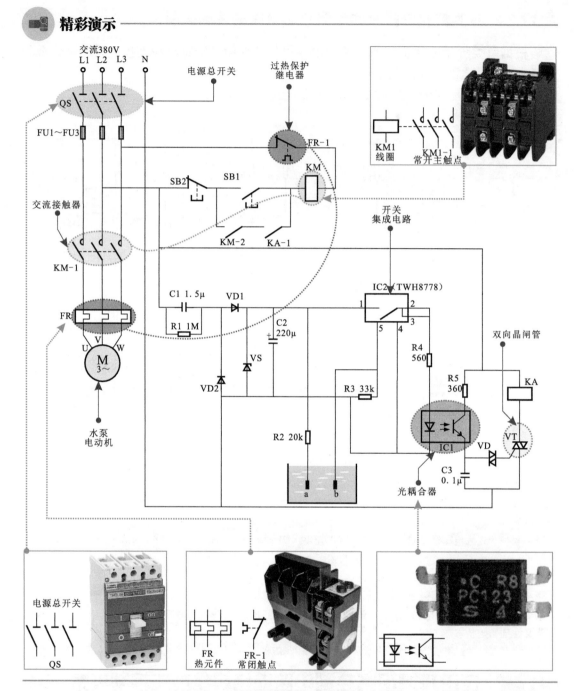

图 11-6　农田排灌设备控制电路的结构组成

11.3.2　农田排灌设备控制电路的控制关系

根据农田排灌设备控制电路的结构和连接关系，结合各组成部件的功能特点，可分析和理清电路的控制关系。

图 11-7 为农田排灌设备控制电路的控制关系。

精彩演示

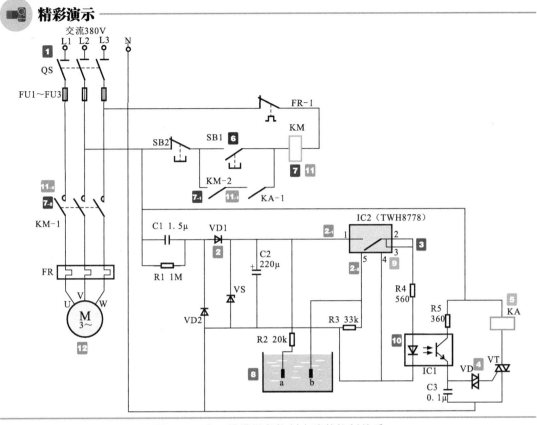

图 11-7　农田排灌设备控制电路的控制关系

1 闭合电源总开关 QS。

2 交流 220V 电压经电容器 C1 降压，整流二极管 VD1、VD2 整流，稳压二极管 VZ 稳压，滤波电容器 C2 滤波后，输出 +9 V 直流电压。

　　2₁ 一路加到开关集成电路 IC2 的①脚。

　　2₂ 另一路经 R2 和电极 a、b 加到 IC2 的⑤脚。

3 + **2₂** → **3** 开关集成电路 IC2 内部的电子开关导通，由②脚输出 +9 V 电压。

3 → **4** +9V 电压经 R4 为光耦合器 IC1 供电，输出触发信号，触发双向触发二极管 VD 导通。

4 → **5** VD 导通后，触发双向晶闸管 VT 导通，中间继电器 KA 线圈得电，常开触点 KA-1 闭合。

6 按下启动按钮 SB1，触点闭合。

7 交流接触器 KM 线圈得电，相应的触点动作。

　　7₁ 常开自锁触点 KM-2 闭合自锁，锁定启动按钮 SB1，即使松开 SB1，KM 线圈仍可保持得电状态。

　　7₂ 常开主触点 KM-1 闭合，接通电源，水泵电动机 M 带动水泵启动运转，对农田灌溉。

8 排水渠水位降低至最低，水位检测电极 a、b 由于无水而处于开路状态。

8 → **9** 开关集成电路 IC2 内部的电子开关复位断开。

9 → **10** 光耦合器 IC1、双向触发二极管 VD、双向晶闸管 VS 均截止，中间继电器 KA 线圈失电，触点 KA-1 复位断开。

10 → **11** 交流接触器 KM 的线圈失电，触点复位。

　　11₁ KM 的常开自锁触点 KM-2 复位断开。

　　11₂ KM 的主触点 KM-1 复位断开，接触 SB1 锁定，为控制电路下次启动做好准备。

12 电动机电源被切断，电动机停止运转，灌溉作业结束。

资料扩展

在排灌电动机进行农田灌溉过程中，若需要手动控制排灌电动机停止运转，可按下停止按钮 SB2。交流接触器 KM 线圈失电，常开辅助触点 KM-2 复位断开，解除自锁功能；同时，常开主触点 KM-1 复位断开，切断排灌电动机的供电电源，排灌电动机停止运转。

在排灌设备控制电路中，还有一种是池塘排灌控制电路，用来检测池塘中的水位，根据池塘中的水位，利用电动机带动水泵工作，对水位进行调整，使水位保持在设定值。该电路节约了人力劳动，提高了产业效率。

图 11-8 为池塘排灌控制电路的结构和控制关系。

精彩演示

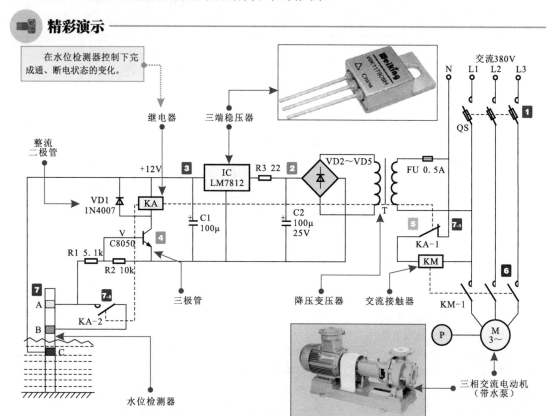

图 11-8　池塘排灌控制电路的结构和控制关系

1 将带有熔断器的刀闸总开关 QS 闭合。

2 交流 220V 电压经变压器 T 降压变为交流低压，再经桥式整流电路 VD2～VD5 整流后输出直流电压。

2→**3** 直流电压经电容器滤波后，由三端稳压器 IC 将直流电压稳定为 12V，为检测电路供电。

4 当水位监测器检测到池塘中的水位低于 C 点时，三极管 V 截止。

4→**5** 继电器 KA 不动作，常闭触点 KA-1 保持闭合，交流接触器 KM 线圈得电。

5→**6** 继电器 KM 的常开触点 KM-1 闭合，电动机 M 得电启动运转，带动水泵工作。

7 当水位监测器检测到池塘中的水位高于 A 点时，三极管 V 导通，继电器 KA 线圈得电。

　7-1 KA 的常闭触点 KA-1 断开，交流接触器 KM 线圈失电，常开触点 KM-1 复位断开，电动机 M 失电，停止工作。

　7-2 KA 的常开触点 KA-2 闭合。

11.4 秸秆切碎机驱动控制电路的结构组成与控制关系

11.4.1 秸秆切碎机驱动控制电路的结构组成

秸秆切碎机驱动控制电路是指利用两个电动机带动机械设备动作，完成送料和切碎工作的农机控制电路，可有效节省人力劳动，提高工作效率。

图 11-9 为秸秆切碎机驱动控制电路的结构组成。

精彩演示

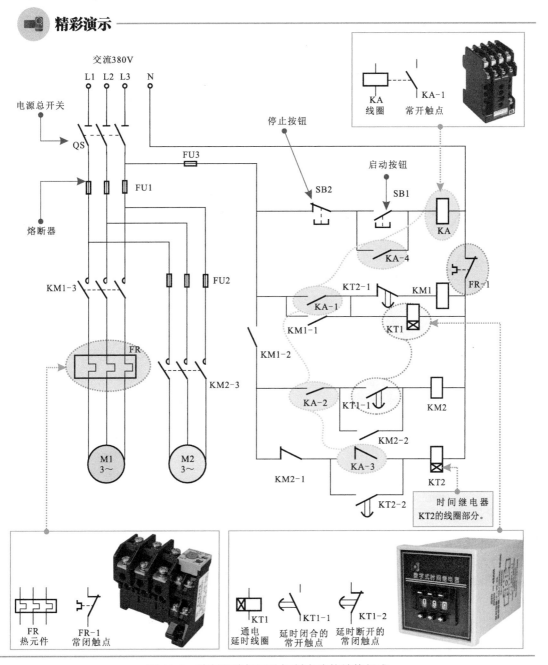

图 11-9 秸秆切碎机驱动控制电路的结构组成

11.4.2 秸秆切碎机驱动控制电路的控制关系

根据秸秆切碎机驱动控制电路的结构组成和连接关系，结合各组成部件的功能特点，可分析和理清电路的控制关系。

图 11-10 为秸秆切碎机驱动控制电路的控制关系。

精彩演示 ————————————————————————————

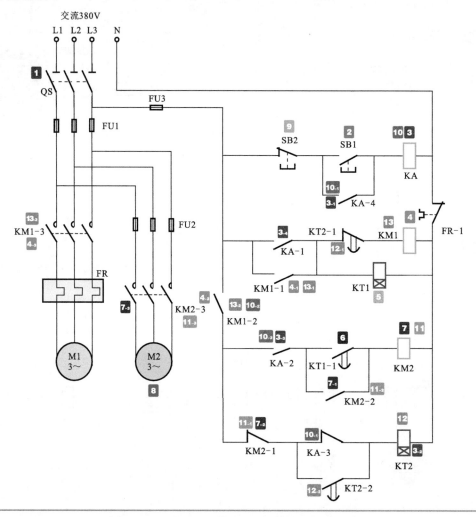

图 11-10　秸秆切碎机驱动控制电路的控制关系

1 闭合电源总开关 QS。

2 按下启动按钮 SB1，触点闭合。

2 → **3** 中间继电器 KA 的线圈得电，相应触点动作。

    3₄ 自锁常开触点 KA-4 闭合，实现自锁，即使松开 SB1，中间继电器 KA 仍保持得电状态。

    3₃ 控制时间继电器 KT2 的常闭触点 KA-3 断开，防止 KT2 得电。

    3₂ 控制交流接触器 KM2 的常开触点 KA-2 闭合，为 KM2 线圈得电做好准备。

    3₁ 控制交流接触器 KM1 的常开触点 KA-1 闭合。

3₄ → **4** 交流接触器 KM1 的线圈得电，相应触点动作。

4₋₁ 自锁常开触点 KM1-1 闭合，实现自锁控制，即当触点 KA-1 断开后，交流接触器 KM1 的线圈仍保持得电状态。

4₋₂ 辅助常开触点 KM1-2 闭合，为 KM2、KT2 的线圈得电做好准备。

4₋₃ 常开主触点 KM1-3 闭合，切料电动机 M1 启动运转。

3₋ — **5** 时间继电器 KT1 的线圈得电，时间继电器开始计时（30s），实现延时功能。

5 — **6** 当时间经 30s 后，KT1 中延时闭合的常开触点 KT1-1 闭合。

4₋₂ **6** — **7** 交流接触器 KM2 的线圈得电。

7₋₁ 自锁常开触点 KM2-2 闭合，实现自锁。

7₋₂ 时间继电器 KT2 线路上的常闭触点 KM2-1 断开。

7₋₃ KM2 的常开主触点 KM2-3 闭合。

7₋ — **8** 接通送料电动机电源，电动机 M2 启动运转。

确保 M2 在 M1 启动 30s 后才启动，以免进料机因进料过多而溢出。

9 当需要系统停止工作时，按下停机按钮 SB2，触点断开。

9 — **10** 中间继电器 KA 的线圈失电。

10₋₁ 自锁常开触点 KA-4 复位断开，解除自锁。

10₋₂ 控制交流接触器 KM1 的常开触点 KA1 断开，由于 KM1-1 自锁功能，此时 KM1 线圈仍处于得电状态。

10₋₃ 控制交流接触器 KM2 的常开触点 KA-2 断开。控制时间继电器 KT2 的常开触点 KA-3 闭合。

10₋₃ — **11** 交流接触器 KM2 的线圈失电。

11₋₁ 辅助常闭触点 KM2-1 复位闭合。

11₋₂ 自锁常开触点 KM2-2 复位断开，解除自锁。

11₋₃ 常开主触点 KM2-3 复位断开，送料电动机 M2 停止工作。

10₋₄ **11₋₄** — **12** 时间继电器 KT2 线圈得电，相应的触点开始动作。

12₋₁ 延时断开的常闭触点 KT2-1 在 30s 后断开。

12₋₂ 延时闭合的常开触点 KT2-2 在 30s 后闭合。

12₋₁ — **13** 交流接触器 KM1 的线圈失电，触点复位。

13₋₁ 自锁常开触点 KM1-1 复位断开，解除自锁，时间继电器 KT1 的线圈失电。

13₋₂ 辅助常开触点 KM1-2 复位断开，时间继电器 KT2 的线圈失电。

13₋₃ 常开主触点 KM1-3 复位断开，切料电动机 M1 停止工作，M1 在 M2 停转 30s 后停止。

在秸秆切碎机电动机驱动控制电路工作过程中，若电路出现过载、电动机堵转导致过流、温度过热时，过热保护继电器 FR 中的热元件发热，常闭触点 FR-1 自动断开，使电路断电，电动机停转，进入保护状态。

11.5　大棚温度控制电路的结构组成与控制关系

11.5.1　大棚温度控制电路的结构组成

大棚温度控制电路是指自动对大棚内的环境温度进行调控的电路，利用热敏电阻器检测环境温度，通过热敏电阻器的阻值变化控制整个电路的工作，使加热器在低温时加热、高温时停止工作，维持大棚内的温度恒定。

图 11-11 为大棚温度控制电路的结构组成。

精彩演示

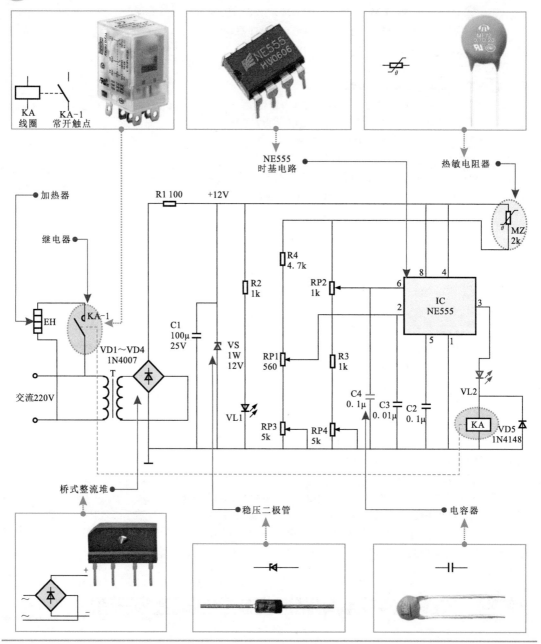

图 11-11   大棚温度控制电路的结构组成

11.5.2 大棚温度控制电路的控制关系

根据大棚温度控制电路中各组成元件的功能特点和连接关系，可分析和理清电路信号处理的流程和控制关系。

图 11-12 为大棚温度控制电路的控制关系。

精彩演示

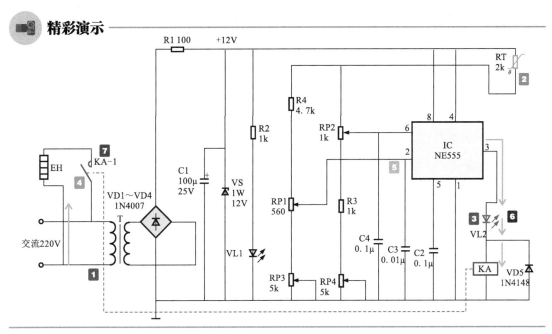

图 11-12   大棚温度控制电路的控制关系

1 交流电压经处理后为后级电路供电。

2 当大棚中的温度较低时，热敏电阻器 RT 的阻值减小，经分压电路后，使 IC（NE555）的②脚电压升高，直到②脚电压满足 NE555 内部电路触发条件。

2 → **3** IC 的③脚输出高电平，指示灯 VL2 点亮。

3 → **4** 继电器 KM 线圈得电，触点动作。KA 的常开触点 KA-1 接通，加热器得电，开始加热，大棚内温度升高。

5 当大棚中的温度较高时，热敏电阻器 RT 的阻值变大，使 IC 的②脚电压降低。

5 → **6** IC 的③脚输出低电平，指示灯 VL2 熄灭。

6 → **7** 继电器 KA 线圈失电，触点复位，KA 常开触点 KA-1 复位断开，加热器失电，停止加热。加热器反复工作，维持大棚内的温度恒定。

资料扩展

    热敏电阻器是一种阻值会随温度的变化而自动发生变化的电阻器，有正温度系数（PTC）和负温度系数（NTC）两种。其中，正温度系数热敏电阻器（PTC）的阻值随温度的升高而升高，随温度的降低而降低；负温度系数热敏电阻器（NTC）的阻值随温度的升高而降低，随温度的降低而升高。

    蔬菜大棚温度控制电路采用的热敏电阻器为正温度系数热敏电阻器，如图 11-13 所示。

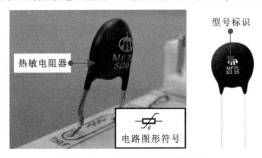

图 11-13   热敏电阻器的外形

11.6 CM6132 型车床控制电路的结构组成与控制关系

11.6.1 CM6132 型车床控制电路的结构组成

CM6132 型车床主要用于车削精密零件，加工公制、英制、径节螺纹等。CM6132 型车床共配置了 3 台电动机，分别通过交流接触器、中间继电器和时间继电器等进行控制。图 11-14 为 CM6132 型车床控制电路的结构组成。

精彩演示

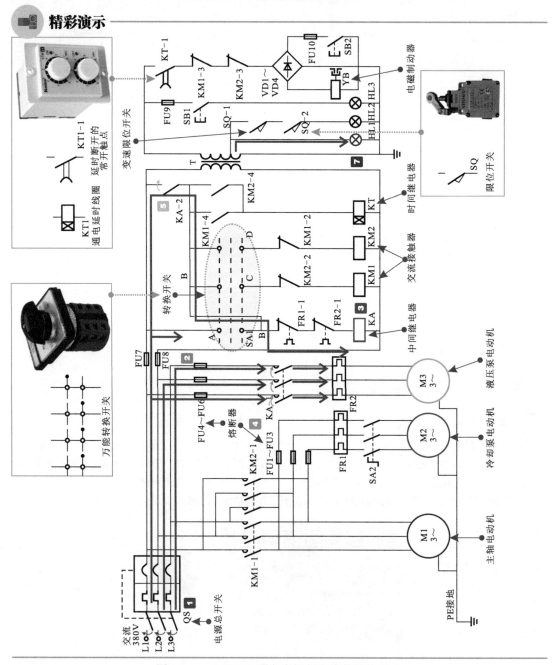

图 11-14　CM6132 型车床控制电路的结构组成

11.6.2 CM6132 型车床控制电路的控制关系

　　了解 CM6132 型车床控制电路的控制关系，应对整个车床控制电路的工作流程进行细致的解析，了解车床控制电路的工作过程和控制细节，从而完成车床控制电路的工作过程分析。图 11-15 为 CM6132 型车床控制电路的控制关系。

精彩演示

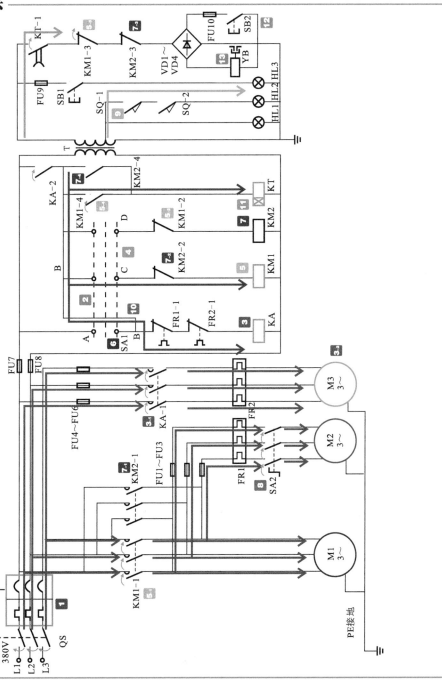

图 11-15　CM6132 型车床控制电路的控制关系

1 合上电源总开关 QS，接通三相电源，电压经变压器 T 降压后，为电源指示灯 HL1 供电，HL1 点亮。

2 旋转转换开关 SA1，触点 A、B 接通。

3 中间继电器 KA 的线圈得电，相应触点动作。

　　3₁ 常开主触点 KA-1 闭合，电源为液压泵电动机 M3 供电。

　　3₂ 液压泵电动机 M3 启动运转。

4 旋转转换开关 SA1，触点 B、C 接通。

5 交流接触器 KM1 的线圈得电，相应的触点动作。

　　5₁ 常开主触点 KM1-1 闭合，电源为主轴电动机 M1 供电，M1 正向启动运转。

　　5₂ 常闭辅助触点 KM1-2 断开，防止 KM2 得电，起联锁保护作用。

　　5₃ 常闭辅助触点 KM1-3 断开，切断电磁制动器 YB 的供电。

　　5₄ 常开辅助触点 KM1-4 闭合，时间继电器 KT 的线圈得电，延时断开的常开触点 KT-1 立即闭合，为 YB 供电做准备。

6 旋转转换开关 SA1，触点 B、D 接通。

7 KM1 失电，触点全部复位，交流接触器 KM2 的线圈得电。

　　7₁ 常开主触点 KM2-1 闭合，交流电源为主轴电动机 M1、冷却泵电动机 M2 供电。M1 反向启动运转。

　　7₂ 常闭辅助触点 KM2-2 断开，防止 KM1 的线圈得电，起联锁保护作用。

　　7₃ 常闭辅助触点 KM2-3 断开，切断电磁制动器 YB 的供电。

　　7₄ 常开辅助触点 KM2-4 闭合，时间继电器 KT 的线圈得电，延时断开的常开触点 KT-1 立即闭合，为 YB 供电做准备。

7₄ → 8 闭合旋转开关 SA2，冷却泵电动机 M2 得电，开始运转。

9 限位开关 SQ-1、SQ-2 被压合，指示灯 HL2 点亮，指示完成变速工作。

10 旋转转换开关 SA1，触点 A、B 接通，交流接触器 KM1、KM2 的线圈失电，触点全部复位，主轴电动机 M1 失电，惯性运转。

11 时间继电器 KT 的线圈失电，常开触点 KT-1 进入延时状态。

12 按下开关 SB2，触点闭合，电磁制动器 YB 得电，对主轴电动机 M1 进行制动。

13 时间继电器 KT 的延时常开触点 KT-1 经延时后断开，电磁制动器 YB 失电，停止对主轴电动机 M1 进行制动，制动结束，M1 停止运转。

11.7　CW6163B 型车床控制电路的结构组成与控制关系

11.7.1　CW6163B 型车床控制电路的结构组成

　　CW6163B 型车床适用于车削精密零件，如拉削油沟、键槽，加工内外圆柱面、圆锥面、旋转零件、公制、英制、径节螺纹等。

　　图 11-16 为 CW6163B 型车床控制电路的结构组成。该车床共配置 3 台电动机（M1～M3），分别通过交流接触器（KM1、KM2）、继电器 KA、时间继电器 KT、操控部件（SB、SQ-1、SQ-2、SB2、SA1、SA2）及电磁制动器 YB 等实现车床的功能控制。

11.7.2　CW6163B 型车床控制电路的控制关系

　　分析 CW6163B 型车床控制电路，主要应根据电路中各部件的功能特点和连接关系，

精彩演示

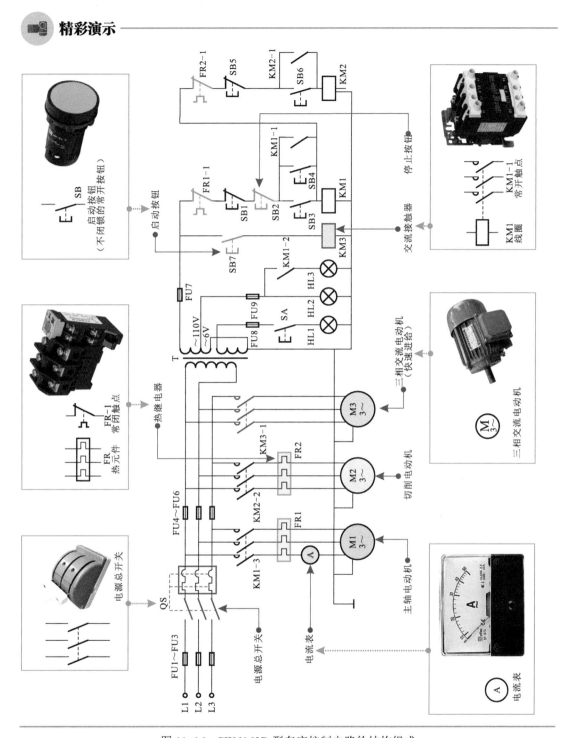

图 11-16　CW6163B 型车床控制电路的结构组成

分析和理清电气部件之间的控制关系和动作过程，重点理清各类开关触点"闭合"和"断开"状态的变化及所引起电路"通""断"状态的变化。

图 11-17 为 CW6163B 型车床控制电路的控制关系。

精彩演示

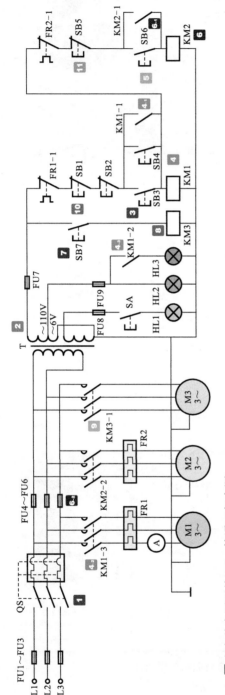

1 合上总电源开关 QS，接通三相电源。

2 电压经变压器 T 下降压后，为电源指示灯 HL2 供电，HL2 点亮。

3 按下启动按钮 SB3 或 SB4，触点接通。

3 → 4 交流接触器 KM1 的线圈得电，相应的触点动作。

4-1 常开触点 KM1-1 闭合，实现自锁功能。

4-2 常开主触点 KM1-3 闭合，电源为三相交流电动机 M1 供电，主轴电动机 M1 启动运转。

4-3 常开触点 KM1-2 闭合，指示灯 HL3 点亮。

5 主轴电动机 M1 运行过程中，按下启动按钮 SB6，触点接通。

6 交流接触器 KM2 的线圈得电，相应触点动作。

6-1 KM2 常开触点 KM2-1 闭合，实现自锁。

6-2 KM2 常开主触点 KM2-2 闭合，电源为三相交流电动机 M2 供电，切削电动机 M2 启动运转。

7 按下启动按钮 SB7，触点接通。

8 交流接触器 KM3 的线圈得电，相应触点动作。

8 → 9 KM3 常开主触点 KM3-1 闭合，电源为三相交流电动机 M3 供电；快速进给电动机 M3 启动运转。

10 当需要主轴电动机 M1 停机时，按下停止按钮 SB1 或 SB2，接触器 KM1 线圈失电，触点复位，M1 停止运转。

11 当需要切削泵电动机 M2 停机时，按下停止按钮 SB5，接触器 KM2 线圈失电，触点复位，M2 停止运转。

图 11-17　CW6163B 型车床控制电路的控制关系

11.8 Z535 型钻床控制电路的结构组成与控制关系

11.8.1 Z535 型钻床控制电路的结构组成

　　Z535 型钻床主要用于对工件进行钻孔、扩孔、铰孔、镗孔等。该钻床共配置两台电动机，分别为主轴电动机 M1 和冷却泵电动机 M2。其中，冷却泵电动机 M2 只有在钻床需要冷却液时才启动工作。图 11-18 为 Z535 型钻床控制电路的结构组成。

精彩演示

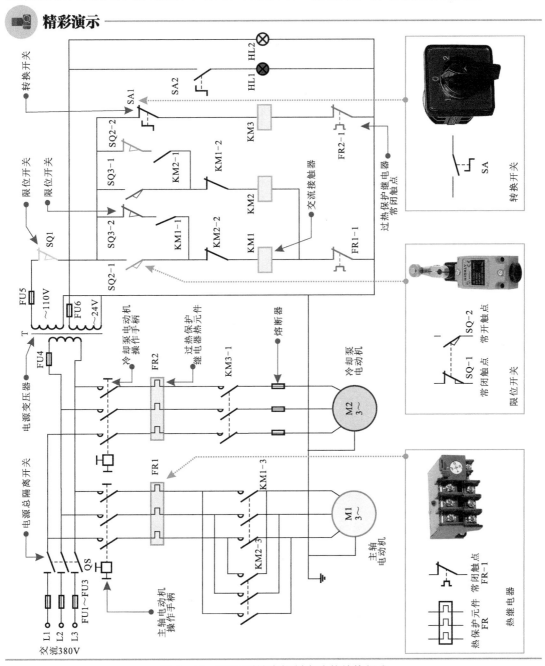

图 11-18　Z535 型钻床控制电路的结构组成

11.8.2 Z535型钻床控制电路的控制关系

根据 Z535 型钻床控制电路中各部件的功能特点和连接关系，可分析和理清电气部件之间的控制关系和过程。图 11-19 为 Z535 型钻床控制电路的控制关系。

精彩演示

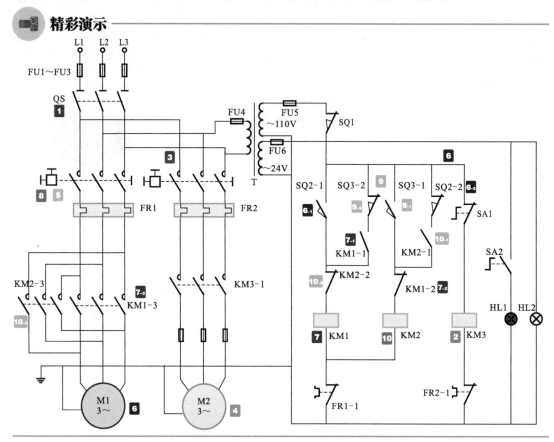

图 11-19　Z535 型钻床控制电路的控制关系

1 合上电源总开关 QS。

2 交流接触器 KM3 的线圈得电，常开主触点 KM3-1 闭合，接通 M2 的供电。

3 当钻床需要冷却液时，操作冷却泵电动机手柄至冷却位置。

2 + **3** → **4** 冷却泵电动机 M2 启动运转。

5 将主轴电动机操作手柄拨至正转位置。

5 → **6** 限位开关 SQ2 动作。

　　　6-1 常开触点 SQ2-1 闭合，接通控制电路电源。

　　　6-2 常闭触点 SQ2-2 断开，防止 KM2 得电，起联锁控制作用。

6-1 → **7** 交流接触器 KM1 的线圈得电，相应触点动作。

　　　7-1 常开辅助触点 KM1-1 闭合自锁。

　　　7-2 常闭触点 KM1-2 断开，防止 KM2 得电，起联锁保护作用。

　　　7-3 常开主触点 KM1-3 闭合，接通主轴电动机 M1 电源，开始正向运转。

8 将主轴电动机操作手柄拨至反转位置。

8 → **9** 限位开关 SQ3 动作。

　　　9-1 常开触点 SQ3-1 闭合。

　　9.2 常闭 SQ3-2 断开，防止 KM1 的线圈得电。

9.1 → **10** 交流接触器 KM2 的线圈得电。

　　　　10.1 常开辅助触点 KM2-1 闭合自锁。

　　　　10.2 常闭辅助触点 KM2-2 断开，防止 KM1 的线圈得电。

　　　　10.3 常开主触点 KM2-3 闭合，接通主轴电动机 M1 反相序电源，开始反向运转。

　　当需要主轴电动机 M1 停转时，将主轴电动机操作手柄拨至停止位置。无论 M1 处于何种运行状态，限位开关 SQ2、SQ3 都被释放，触点全部复位，限位开关 SQ1 动作，触点断开，交流接触器 KM1、KM2 线圈失电，触点全部复位，主轴电动机 M1 停止运转。

11.9 X8120W 型铣床控制电路的结构组成与控制关系

11.9.1 X8120W 型铣床控制电路的结构组成

　　铣床主要用于对工件进行铣削加工。

　　图 11-20 为 X8120W 型铣床控制电路的结构组成。该电路共配置两台电动机，分别为冷却泵电动机 M1 和铣头电动机 M2。其中，铣头电动机 M2 采用调速和正反转控制，可根据加工工件的需要，设置运转方向及速度；冷却泵电动机可根据需要，通过转换开关直接控制。

11.9.2 X8120W 型铣床控制电路的控制关系

　　根据 X8120W 型铣床控制电路中各部件的功能特点和连接关系，可分析和理清电气部件之间的控制关系和过程。

　　图 11-21 为 X8120W 型铣床控制电路的控制关系。

1 合上电源总开关 QS。

2 按下正转启动按钮 SB2，触点闭合。

2 → **3** 交流接触器 KM1 的线圈得电，相应触点动作。

　　　　3.1 常开辅助触点 KM1-1 闭合，实现自锁功能。

　　　　3.2 常开主触点 KM1-2 闭合，为 M2 正转做好准备。

　　　　3.3 常闭辅助触点 KM1-3 断开，防止 KM2 的线圈得电。

4 转动双速开关 SA1，触点 A、B 接通。

4 → **5** 交流接触器 KM3 的线圈得电，相应触点动作。

　　　　5.1 常闭辅助触点 KM3-2 断开，防止 KM4 的线圈得电。

　　　　5.2 常开主触点 KM3-1 闭合，电源为 M2 供电。

3.2 + **5.2** → **6** 铣头电动机 M2 绕组呈△形连接接入电源，开始低速正向运转。

7 闭合旋转开关 SA3，冷却泵电动机 M1 启动运转。

8 转动双速开关 SA1，触点 A、C 接通。

8 → **9** 交流接触器 KM4 的线圈得电，相应触点动作。

　　　　9.1 常闭辅助触点 KM4-3 断开，防止 KM3 的线圈得电。

　　　　9.2 常开触点 KM4-1、KM4-2 闭合，电源为铣头电动机 M2 供电。

3.2 + **9.2** → **10** 铣头电动机 M2 绕组呈 Y 形连接接入电源，开始高速正向运转。

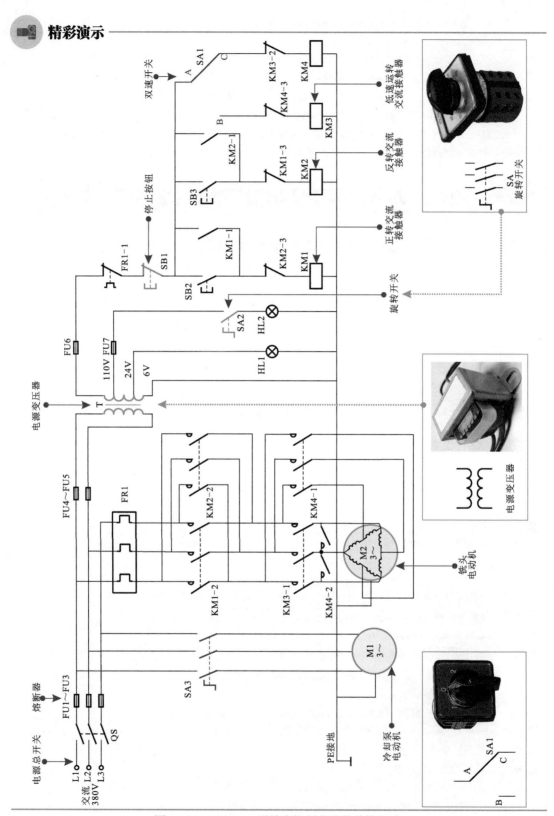

图 11-20　X8120W 型铣床控制电路的结构组成

精彩演示

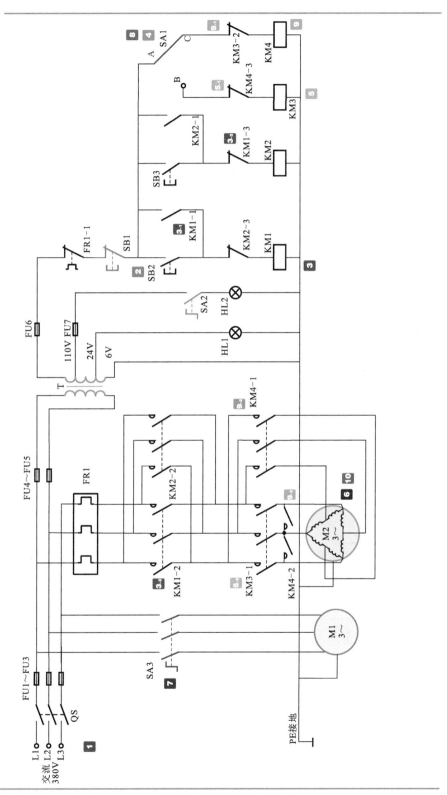

图 11-21　X8120W 型铣床控制电路的控制关系

11.10 M7130型平面磨床控制电路的结构组成与控制关系

11.10.1 M7130型平面磨床控制电路的结构组成

M7130型平面磨床是以砂轮为刀具精确有效加工工件表面的机床,共配置3台电动机。图11-22为M7130型平面磨床控制电路的结构组成。砂轮电动机M1和冷却泵电动机M2都是由接触器KM1控制的,液压泵电动机M3由接触器KM2单独控制。

精彩演示

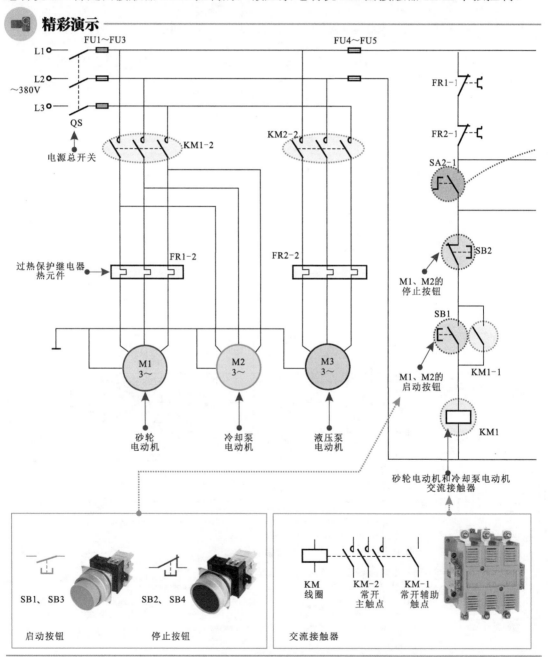

图11-22 M7130型平面磨床控制电路的结构组成

图中，电阻器 R1 和电容器 C 用于防止由变压器 T1 输出的交流电压有过压的情况。

电阻器 R2 用于吸收电磁吸盘 YH 瞬间断电释放的电磁能量，保证线圈及其他元器件不会损坏。

可变电阻器 RP 用于调整欠电流继电器的电流检测范围。

电源变压器 T1、T2 将交流高压降为交流低压。

整流二极管 VD1 ～ VD4 构成桥式整流电路，用于将 T1 输出的交流低压整流为直流电压，为欠电流继电器、电磁吸盘等提供直流电源。

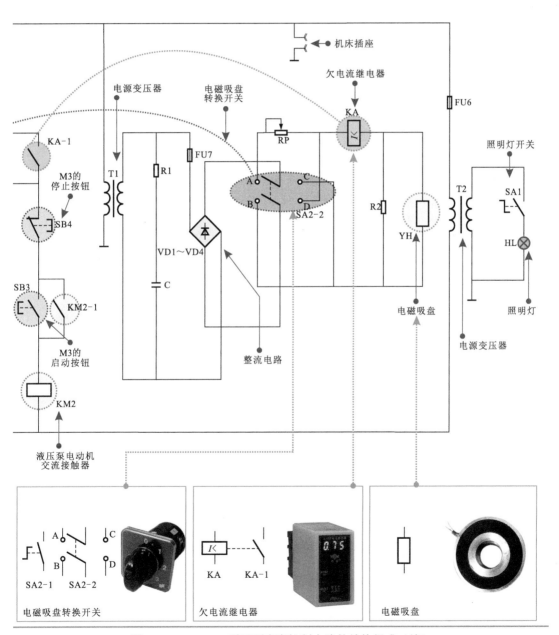

图 11-22　M7130 型平面磨床控制电路的结构组成（续）

11.10.2 M7130 型平面磨床控制电路的控制关系

M7130 型平面磨床通过操作按钮开关控制砂轮电动机和液压泵电动机的运转，带

 精彩演示

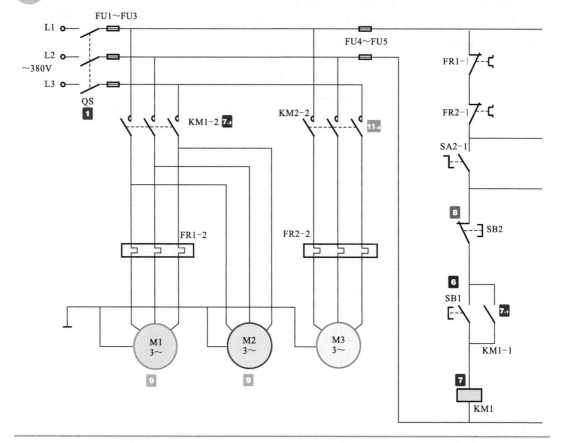

图 11-23　M7130 型平面磨床控制电路的控制关系

电动机启动工作前，需先启动电磁吸盘 YH。

1 合上电源总开关 QS，接通三相电源。

2 将电磁吸盘转换开关 SA2 拨至吸合位置，常开触点 SA2-2 接通 A 点、B 点，交流电压经变压器 T1 降压，再经桥式整流堆 VD1 ～ VD4 整流后输出 110V 直流电压，加到欠电流继电器 KA 线圈的两端。

2→**3** 欠电流继电器 KA 线圈得电。

3-1 KA 的常开触点 KA-1 闭合，为接触器 KM1、KM2 的线圈得电做好准备，即为砂轮电动机 M1、冷却泵电动机 M1 和液压泵电动机 M3 的启动做好准备。

3-2 系统供电经欠电流继电器 KA 检测正常后，110 V 直流电压加到电磁吸盘 YH 的两端，将工件吸牢。

4 磨削完成后，将电磁吸盘转换开关 SA2 拨至放松位置，SA2 的常开触点 SA2-2 断开，电磁吸盘 YH 线圈失电，放开工件。由于吸盘和工件都有剩磁，因此还需要对电磁吸盘进行去磁操作。于是，将 SA 拨至去磁位置，常开触点 SA2-2 接通 C 点、D 点，YH 线圈接通一个反向去磁电流进行去磁操作。

5 当去磁操作需要停止时，将电磁吸盘转换开关 SA2 拨至放松位置，触点断开，YH 失电，停止去磁。

动砂轮和进给工作台的相应动作，具体分析过程如图 11-23 所示。

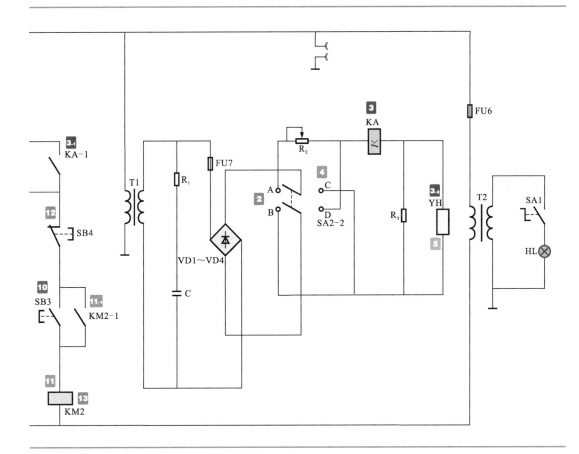

图 11-23   M7130 型平面磨床控制电路的控制关系（续）

6 当需要启动砂轮电动机 M1 和冷却泵电动机 M2 时，按下启动按钮 SB1，内部常开触点闭合。

6 → **7** 交流接触器 KM1 线圈得电。

    7 KM1 的常开辅助触点 KM1-1 闭合，实现自锁功能。

    7 KM1 的常开主触点 KM1-2 闭合，接通砂轮电动机 M1 和冷却泵电动机 M2 的供电电源，两台电动机同时启动运转。

8 当需要电动机停机时，按下停止按钮 SB2，内部常闭触点断开。

8 → **9** 交流接触器 KM1 线圈失电，所有触点全部复位，砂轮电动机 M1 和冷却泵电动机 M2 停止运转。

10 当需要启动液压泵电动机 M3 时，按下启动按钮 SB3，内部常开触点闭合。

10 → **11** 交流接触器 KM2 线圈得电。

    11 KM2 的常开辅助触点 KM2-1 闭合，实现自锁功能。

    11 KM2 的常开主触点 KM2-2 闭合，接通液压泵电动机 M3 的三相电源，M3 启动运转。

12 当需要电动机停止时，按下停止按钮 SB4，内部常闭触点断开。

12 → **13** 交流接触器 KM2 线圈失电，所有触点全部复位，液压泵电动机 M3 停止运转。

第12章 照明控制系统的设计安装与调试检修

12.1 室内照明控制系统的设计安装与调试检修

12.1.1 室内照明控制系统的规划设计

室内照明控制系统的规划设计，需要按照一定的规范来操作，如控制开关的安装位置、线路敷设、线路类型、照明灯具的位置等。

1 控制开关安装位置和线路敷设要求

室内照明控制系统中对控制开关的安装位置有着明确要求，控制开关一般距地面的高度为 1.3 ～ 1.5m，距门框的距离应为 0.15 ～ 0.2m，如果距离过大或过小，则可能会影响使用及美观。另外，控制开关必须控制相线，再与照明灯具连接，且要求控制线路穿管敷设。图 12-1 为控制开关安装位置和线路的敷设要求。

精彩演示

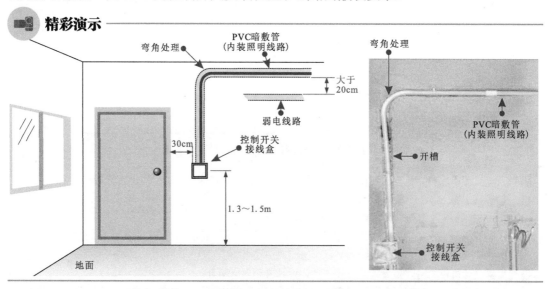

图 12-1 控制开关安装位置和线路的敷设要求

2 照明线路类型设计要求

在线路设计时，要根据住户需求和方便使用的原则，设计照明线路的类型。一般卧室要求在进门和床头都能控制照明灯，这种线路应设计成两地控制照明电路；客厅一般设有两盏或多盏照明灯，一般应设计成三方控制照明电路，分别在进门、主卧室外侧、次卧室门外侧进行控制等。图 12-2 为照明线路类型设计要求。

精彩演示

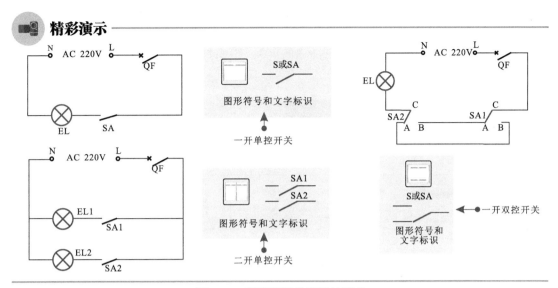

图 12-2　照明线路类型设计要求

3　照明灯具的安装方式要求

室内照明控制线路中，照明灯具主要有吸顶式和悬挂式两种，需要结合室内美观、用户需求和照度要求等进行设计安装。图 12-3 为照明灯具的安装方式要求。

精彩演示

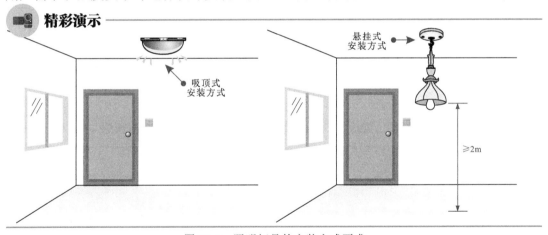

图 12-3　照明灯具的安装方式要求

资料扩展

采用悬挂式安装方式时，要重点考虑眩光和安全因素。眩光的强弱与日光灯的亮度及人的视角有关。因此，悬挂式灯具的安装高度是限制眩光的重要因素，如果悬挂过高，既不方便维护，又不能满足日常生活对光源亮度的需要；如果悬挂过低，则会产生对人眼有害的眩光，降低视觉功能，同时也存在安全隐患。图 12-4 为悬挂式灯具的安装方式。

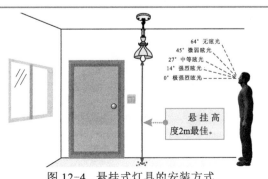

图 12-4　悬挂式灯具的安装方式

12.1.2 室内照明控制系统的安装技能

室内照明控制统中的设备主要有控制开关、照明灯等，学会这些设备的安装技能是非常有必要的。

1 控制开关的安装技能

图 12-5 为控制开关安装位置和线路的敷设要求。

📹 精彩演示

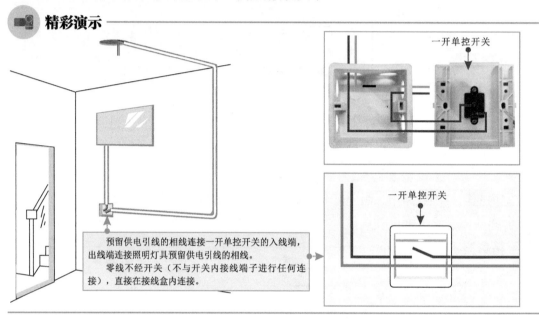

图 12-5 控制开关安装位置和线路的敷设要求

明确单控开关的安装方法后，接下来则需逐步完成控制开关的安装。图 12-6 为控制开关的安装技能。

📹 精彩演示

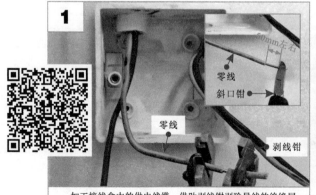

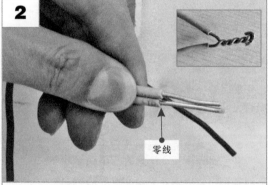

图 12-6 控制开关的安装技能

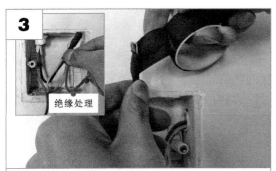

使用绝缘胶带对连接部位进行绝缘处理，不可有裸露的线芯，确保线路安全。

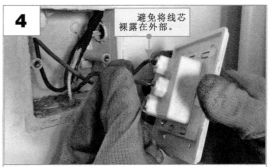

将电源供电端的相线端子穿入单控开关的一根接线柱中（一般先连接入线端，再连接出线端）。

使用螺钉旋具拧紧接线柱固定螺钉，固定电源供电端的相线，导线的连接必须牢固，不可出现松脱情况。

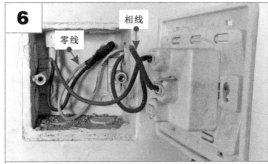

将连接导线适当整理，归纳在接线盒内，并再次确认导线连接是否牢固，无裸露线芯，绝缘处理良好。

将单控开关的底座中的螺钉固定孔对准接线盒中的螺孔按下。

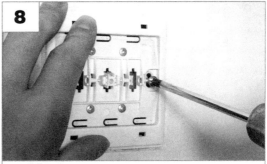

使用螺钉旋具将单控开关的底座固定在接线盒螺孔上，确认底板与墙壁之间紧密。

将单控开关的操作面板装到底板上，有红色标记的一侧向上。

将单控开关的护板安装到底板上，卡紧（按下时听到"咔"声）。

图 12-6 控制开关的安装技能（续）

2 灯具的安装技能

　　灯具中的吸顶灯是目前家庭灯控照明系统中应用最多的一种照明灯具，内设节能灯管，具有节能、美观等特点。下面以吸顶灯为例讲述灯具的安装技能。

　　吸顶灯的安装与接线操作比较简单，先将吸顶灯的面罩、灯管和底座拆开后，再将底座固定在屋顶上，最后将屋顶预留的相线和零线与灯座上的连接端子连接，重装灯管和面罩即可。图 12-7 为灯具的安装技能。

精彩演示

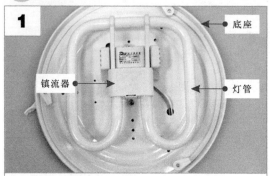

　　安装前，先检查灯管、镇流器、连接线等是否完好，确保无破损的情况。

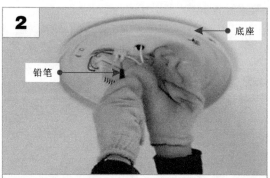

　　用一只手将灯的底座托住并按在需要安装的位置上，然后用铅笔插入螺钉孔，画出安装螺钉的位置。

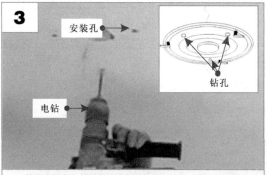

　　使用电钻在之前画好钻孔位置的地方打孔（实际的钻孔个数根据灯座的固定孔确定，一般不少于3个）。

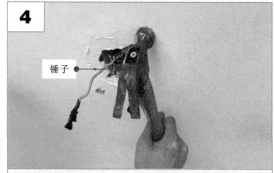

　　孔位打好之后，将塑料膨胀管按入孔内，并使用锤子将塑料膨胀管固定在墙面上。

　　将预留的导线穿过电线孔，使底座放在之前的位置，螺钉孔位要对上。

　　用螺钉旋具把一个螺钉拧入空位，不要拧过紧，固定后检查安装位置并适当调节，确定好后将其余的螺钉拧好。

图 12-7　灯具的安装技能

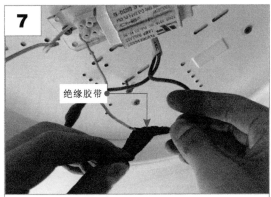

将预留的导线与吸顶灯的供电线缆连接，并使用绝缘胶带缠绕，使其绝缘性能良好。

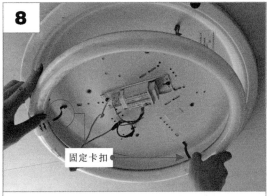

将灯管安装在吊灯的底座上，并使用固定卡扣将灯管固定在底座上。

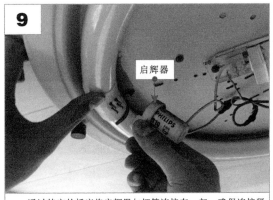

通过特定的插座将启辉器与灯管连接在一起，确保连接紧固。

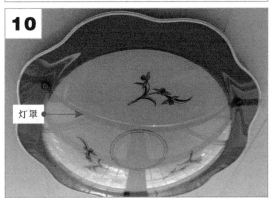

通电检查是否能够点亮（通电时不要触摸灯座内任何部位），确认无误后扣紧灯罩，吸顶灯安装完成。

图 12-7　灯具的安装技能（续）

12.1.3 室内照明控制系统的调试与检修

　　室内照明控制系统设计、安装和连接完成后，需要对系统进行调试，若系统照明控制部件的控制功能、照明灯具点亮与熄灭状态等都正常，则说明室内照明控制系统正常，可投入使用。若调试中发现故障，则应检修该线路。

　　对室内照明控制系统进行调试与检修，首先要了解线路的基本控制功能，根据线路功能逐一检查各照明开关的控制功能是否正常、控制关系是否符合设计要求、照明灯具受控状态是否正常。对控制失常的控制开关、无法点亮的照明灯具及关联线路应及时进行检修。

① 了解线路的功能

　　图 12-8 为室内照明线路。该线路中主要包括 12 盏照明灯，分别由相应的控制开关进行控制，其中除客厅吊灯、客厅射灯和卧室吊灯外，其他灯具均由一只单开单控开关进行控制，开关闭合照明灯亮，开关断开照明灯熄灭，控制关系简单。

　　客厅吊灯、客厅射灯和卧室吊灯均为两地控制线路，由两只单开双控开关控制，可实现在两个不同位置控制同一盏照明灯的功能，方便用户使用。

精彩演示

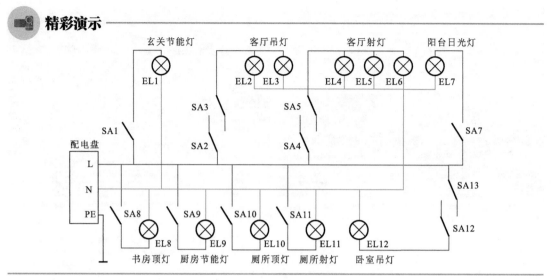

图12-8　室内照明线路

2 调试线路

　　线路安装完成后，首先根据电路图、接线图逐级检查线路有无错接、漏接情况，并逐一检查各控制开关的开关动作是否灵活，控制线路状态是否正常，对出现异常部位进行调整，使其达到最佳工作状态。图12-9为室内照明控制系统中线路的调试。

精彩演示

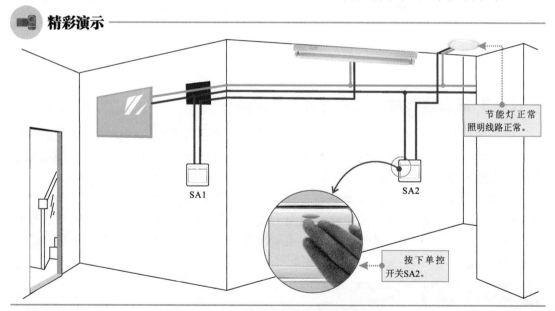

图12-9　室内照明控制系统中线路的调试

重要提示

　　调试线路分为断电调试和通电调试两个方面。通过调试确保线路能够完全按照设计要求实现控制功能，并正常工作。在断电状态下，对控制开关、照明灯具等直接检查；在通电状态下，可通过对控制开关的调试，判断线路中各照明灯的点亮状态是否正常，具体调试方法见表12-1。

表 12-1　室内照明控制系统调试时的状态（结合图 12-8）

断电调试	通电调试			
	闭合室内配电盘中的照明断路器，接通电源			
按动照明线路中各控制开关，检查开关动作是否灵活	按动SA1	闭合EL1亮；断开EL1灭	按动SA8	闭合EL8亮；断开EL8灭
	按动SA2	初始EL2、EL3亮，按动后灯灭	按动SA9	闭合EL9亮；断开EL9灭
	按动SA3	初始EL2、EL3灯灭，按动后亮	按动SA10	闭合EL10亮；断开EL10灭
观察照明灯具安装是否到位，固定是否牢靠	按动SA4	初始EL4、EL5、EL6亮，按动后灯灭	按动SA11	闭合EL11亮；断开EL11灭
	按动SA5	初始EL4、EL5、EL6灭，按动后亮	按动SA12	初始EL12亮，按动后灯灭
	按动SA7	闭合EL7亮；断开EL7灭	按动SA13	初始EL12灯灭，按动后灯亮

3　线路检修

　　当操作照明线路中的单控开关 SA8 闭合时，由其控制的书房顶灯 EL8 不亮，怀疑该照明线路存在异常情况，断电后检查照明灯具无明显损坏情况，采用替换法更换顶灯内的节能灯管、启辉器等均无法排除故障，怀疑控制开关损坏，可借助万用表检测控制开关。

　　图 12-10 为怀疑损坏线路中单控开关的检测方法。

 精彩演示

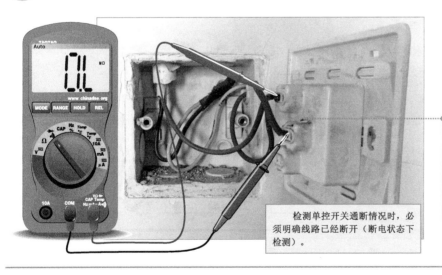

检测时，可将单控开关从墙上卸下。在正常情况下，当单控开关处于接通状态时，万用表蜂鸣器发出声响。当单控开关处于断开状态时，万用表蜂鸣器不响。实测时，该单控开关的通、断功能失效，更换后排除线路异常。

检测单控开关通断情况时，必须明确线路已经断开（断电状态下检测）。

图 12-10　怀疑损坏线路中单控开关的检测方法

重要提示

　　将单控开关从墙上卸下，切断该线路总电源，使用万用表蜂鸣挡或断开连接使用欧姆挡测量开关内触点的通、断。正常情况下，单控开关处于接通状态时，万用表蜂鸣器应发出蜂鸣声；

　　当单控开关处于断开状态时，内部触点断开，万用表蜂鸣器不响。

　　实际检测单控开关闭合状态下，内部触点无法接通（阻值为无穷大），说明该单控开关内的触点出现故障，使用同规格的单控开关进行更换即可排除故障。

12.2 公共照明控制系统的设计安装与调试检修

12.2.1 公共照明控制系统的规划设计

公共照明控制系统的规划设计需要根据具体的施工环境，考虑照明设备、控制部件的安装方式及数量，然后从实用的角度出发，选配合适的器件及线缆。下面我们以小区路灯照明和楼宇公共照明为例，介绍公共照明控制系统的设计要求。

1 小区路灯照明系统的规划设计

小区路灯照明是每个小区必不可少的公共照明设施，主要用来在夜间为小区内的道路提供照明，照明路灯大都设置在小区边界或园区内的道路两侧，为小区提供照明的同时，也美化了小区周围的环境。在设计该类线路时，应重点考虑照明灯具的布置要求和选材要求。除此之外，还需要先考虑路灯数量、放置位置及照明范围，规划施工方案。设计路灯位置时，要充分考虑灯具的光强分布特性，使路面有较高的照射亮度和均匀度，且尽量限制眩光的产生。

图 12-11 为小区路灯照明系统的规划设计。

精彩演示

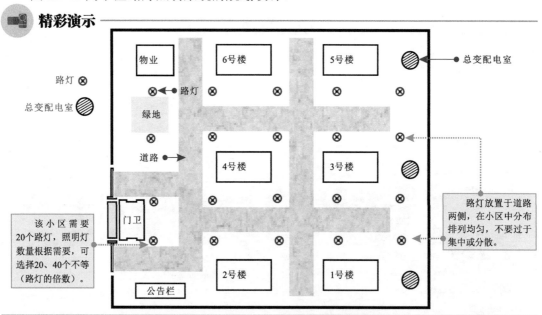

图 12-11 小区路灯照明系统的规划设计

重要提示

在规划小区路灯照明系统时，要确保照明系统可以覆盖到小区的每一个角落，而且要确保光照的照度和亮度，同时起到让小区更美观的作用。小区路灯照明线路的一些基本设计要求：

（1）小区的灯光照明系统应在保证小区内恰当的照度和亮度的条件下尽可能减少电线的长度。

（2）小区中一些主出入口、路口、公共区亮度都比较高，亮度均匀性（最低亮度与平均亮度之比）有一定的要求，一般不低于40%。

（3）小区平均照度相对较低，一般平均照度为11cd/m² 左右，路面亮度不低于1cd/m²，由于小区中车辆、人员行进速度都比较缓慢，所以小区路灯照明对于亮度均匀性没有要求。

（4）小区照明系统的主干道路灯并不一定以多为好、以强取胜，在小区中安装的路灯距离一般情况下为 25 ～ 30m，安装高度不低于 4.5m，对于接近弯道处的灯杆，其间距应适当减小。

（5）由于小区道路路型较为复杂，路口多、分叉多，所以要求照明有较好的视觉指导作用，一般多采用单侧排列，在道路较宽的住宅小区主干道，可采用双侧对称排列。

（6）在小区中进行照明设计，应避免室外照明对居民室内环境起不良的影响，这一点主要是通过选择恰当的灯位来控制。

（7）进行小区照明线路设计时，要求做好接地方案。

2　楼宇公共灯控照明系统的规划设计

楼宇公共照明主要为建筑物内的楼道、走廊等提供照明，方便人员通行。照明灯大都安装在楼道或走廊的中间（空间较大可平均设置多盏照明灯），需要手动控制的开关（触摸开关）通常设置在楼梯口，自动开关（如声控开关）通常设置在照明灯附近。图 12-12 为楼宇公共灯控照明系统的规划设计。

精彩演示

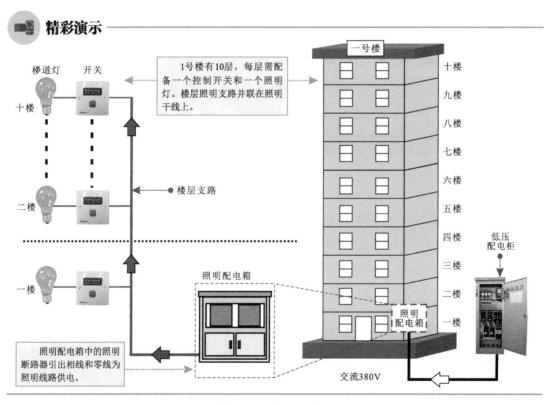

图 12-12　楼宇公共灯控照明系统的规划设计

设计楼宇公共照明线路，重点应考虑线路的实用性、方便性和节能特性，从线路选材、照明灯具选用和控制方式设计多方面综合考虑。

控制开关用于控制电路的接通或断开，在这里用来控制楼道照明灯的点亮或熄灭。设计楼道开关应满足方便、节能的特点，一般选用声控开关（或声光控开关）、人体感应开关和触摸开关等。

图 12-13 为楼宇公共灯控照明系统规划设计时的注意事项。

精彩演示

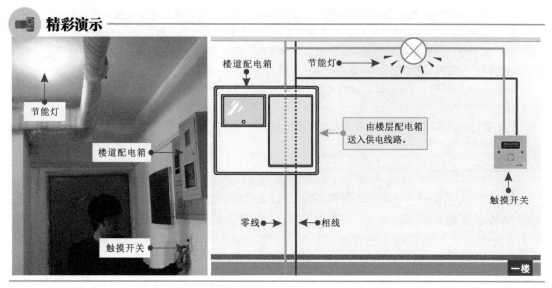

图 12-13 楼宇公共灯控照明系统的规划设计时的注意事项

12.2.2 公共照明控制系统的安装技能

公共照明控制系统中的设备主要有控制开关、公共照明灯等，在公共灯控照明系统中，学会这些设备的安装技能是非常有必要的。

1　控制开关的安装技能

公共照明控制开关主要用来控制公共照明灯的工作状态。目前，公共照明控制开关的种类较多，常见的有智能路灯控制器、光控路灯控制器及太阳能路灯控制器等，这些控制器可实现对公共照明灯开关的控制。下面以光控路灯控制开关为例，介绍一下具体的安装方法。图 12-14 为控制开关的安装技能。

精彩演示

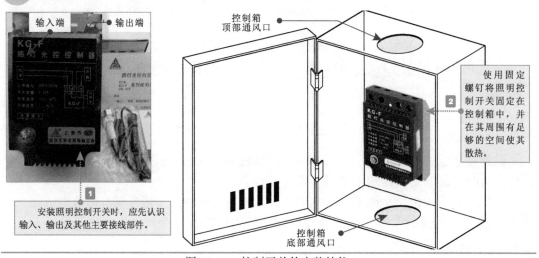

图 12-14 控制开关的安装技能

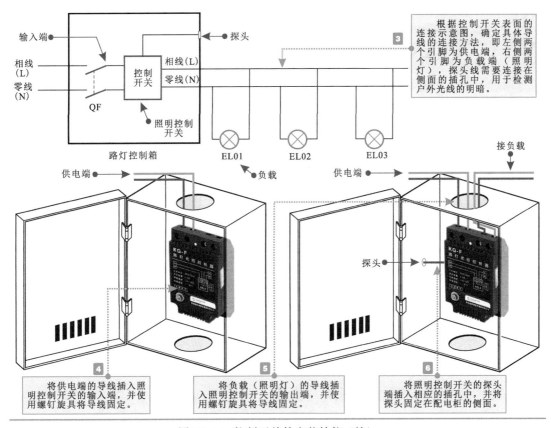

根据控制开关表面的连接示意图，确定具体导线的连接方法，即左侧两个引脚为供电端，右侧两个引脚为负载端（照明灯），探头线需要连接在侧面的插孔中，用于检测户外光线的明暗。

将供电端的导线插入照明控制开关的输入端，并使用螺钉旋具将导线固定。

将负载（照明灯）的导线插入照明控制开关的输出端，并使用螺钉旋具将导线固定。

将照明控制开关的探头端插入相应的插孔中，并将探头固定在配电柜的侧面。

图 12-14　控制开关的安装技能（续）

 公共照明灯具的安装技能

　　安装公共照明灯具时，应尽量使线路短直、安全、稳定、可靠，便于以后的维修，要严格按照照度及亮度的标准及设备的标准安装。在安装路灯照明系统前，应选择合适的路灯、线缆，通常需要考虑灯具的光线分布，以方便路面有较高的照射亮度和均匀度，并尽量限制眩光的产生。

　　下面以典型路灯为例介绍具体的安装方法，路灯的安装可大致分为 3 步：线缆的敷设、灯杆的安装、灯具的安装。图 12-15 为公共照明灯具的安装技能。

精彩演示

安装灯杆之前，应根据需要选择合适的灯杆，通常灯杆的高度可选择为5m，路灯之间的距离为25m左右，可根据道路路型的复杂程度，使路口多、分叉多的地方有较好的视觉指导作用，在主次干道采用的均为对称排列。

图 12-15　公共照明灯具的安装技能

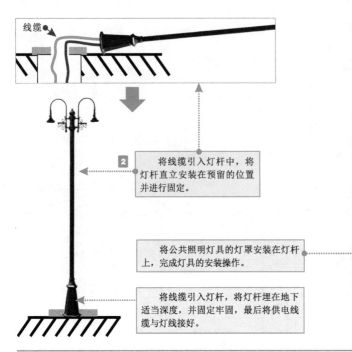

灯杆安装固定完成后，就需要对照明灯具和灯罩进行安装，首先将选择好的照明灯固定在灯杆上，然后将灯罩固定在灯杆上，并检查是否端正、牢固，避免松动、歪斜的现象。

2 将线缆引入灯杆中，将灯杆直立安装在预留的位置并进行固定。

将公共照明灯具的灯罩安装在灯杆上，完成灯具的安装操作。

将线缆引入灯杆，将灯杆埋在地下适当深度，并固定牢固，最后将供电线缆与灯线接好。

图 12-15　公共照明灯具的安装技能（续）

12.2.3　公共照明系统的调试与检修

公共灯控照明线路设计、安装和连接完成后，需要对线路进行调试，若线路各部件动作、控制功能等都正常，则说明公共灯控照明系统正常，可投入使用。若调试中发现故障，则应检修该控制线路。下面以典型小区公共灯控照明系统为例介绍调试与检修操作。

对小区公共照明线路调试与检修，首先要了解线路的基本控制功能，根据线路功能逐一检查各控制部件操控是否正常、执行部件动作是否到位、照明灯具能否点亮，并在调试过程中对动作不符合设计要求、无法点亮的照明灯具及关联线路进行检修。

1 了解线路的功能

图 12-16 为典型小区公共灯控照明系统的电路图。该小区公共照明线路为光控照明线路。当环境光线较暗时，由控制电路自动控制路灯得电，所有路灯点亮；当白天光线较强时，控制电路自动切断路灯的供电线路，路灯熄灭。

2 调试线路

线路安装完成后，首先根据电路图、接线图逐级检查电路的连接情况，有无错接、漏接，并根据小区公共照明线路的功能逐一检查各组成部件自身功能是否正常，并调整出现异常的部位，使其达到最佳工作状态。

图 12-17 为典型小区公共灯控照明系统的调试。

精彩演示

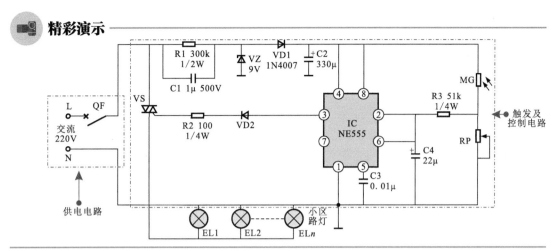

图 12-16　典型小区公共灯控照明系统的电路图

精彩演示

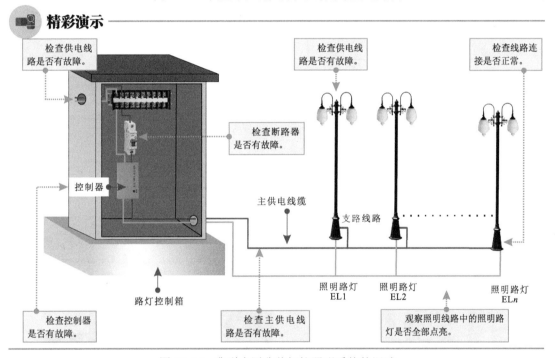

图 12-17　典型小区公共灯控照明系统的调试

3　线路的检修

　　检查小区照明控制线路中照明路灯，若全部无法点亮，应检查主供电线路有无故障；当主供电线路正常时，应查看路灯控制器有无故障；若路灯控制器正常，应当检查断路器是否正常；当路灯控制器和断路器都正常时，应检查供电线路有无故障；若照明支路中有一盏照明路灯无法点亮时，应当查看该照明路灯是否发生故障；若照明路灯正常，应检查支路供电线路是否正常；若线路有故障，应更换线路。

　　检查主供电线路，可以使用万用表在照明路灯 EL3 处检查线路中的电压，若无电压，则说明主供电线缆有故障。图 12-18 为典型小区公共灯控照明系统线路的检修。

精彩演示

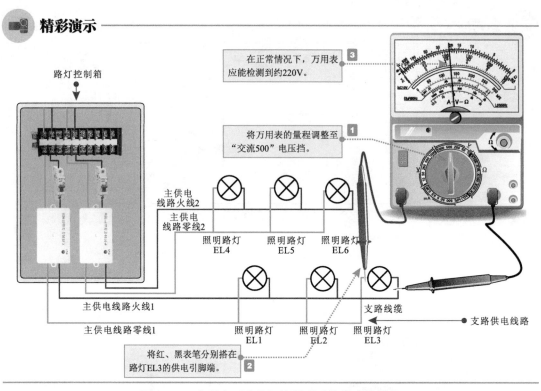

图 12-18　典型小区公共灯控照明系统线路的检修

4　更换损坏部件

在调试过程中，若发现小区供电线路正常，但路灯仍无法点亮，则多为路灯本身异常，需要对路灯进行检查，更换相同型号的路灯灯泡即可排除故障。

图 12-19 为更换照明系统中的灯泡。

精彩演示

图 12-19　更换照明系统中的灯泡

第13章 供配电系统的设计安装与调试检修

13.1 家庭供配电系统的设计安装与调试检修

13.1.1 家庭供配电系统的规划设计

家庭供配电线路是决定用户能否正常、合理使用用电设备的关键部分，因此在对家庭供电线路进行设计时，需要按照标准要求进行，其中包括配电箱、配电盘安装要求、电源插座的安装要求、负荷计算原则、供电线路分配要求、线材的选配要求等。

① 配电箱的安装要求

配电箱是家庭供电线路的起始部分，安装于用户室外（楼道）。在设计时，要求配电盘安装于靠近干线位置，采用嵌入式安装方式，距离地面的高度不小于1.5m。另外，配电箱输出的入户线缆暗敷于墙壁内，取最近距离开槽、穿墙，线缆由位于门左上角的穿墙孔引入室内，以便连接住户内部配电盘，如图13-1所示。

📹 精彩演示

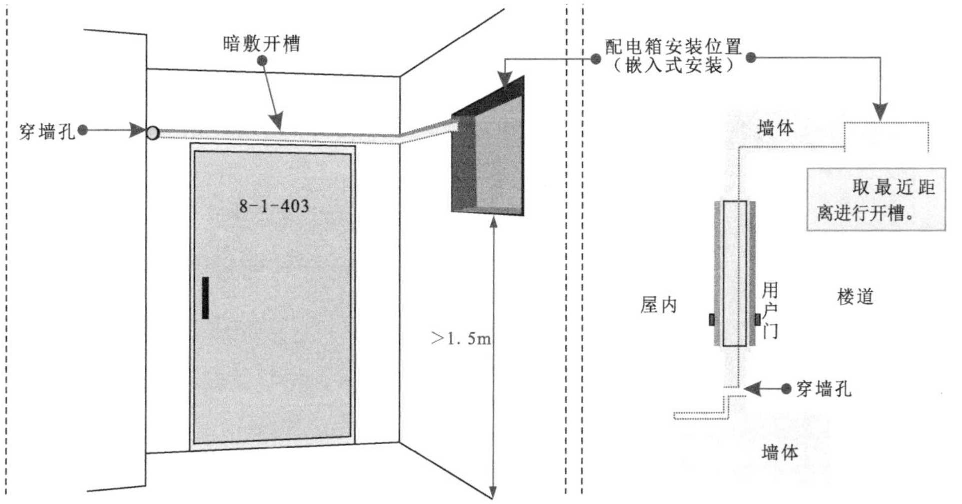

图13-1 家庭供配电系统中配电箱的安装要求

② 配电盘的安装要求

配电盘是家庭供配电系统中的核心设备，一般应放置在用户屋内的进门处，以便于入户线路的连接及用户使用为基本原则。配电盘也应采用嵌入安装方式，且要求配电盘下沿距离地面 1.9 m 左右，如图 13-2 所示。

精彩演示

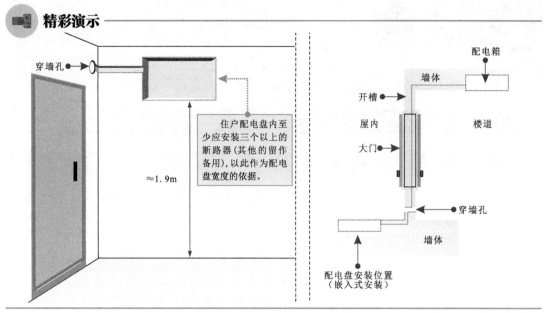

图 13-2　家庭供配电系统中配电盘的安装要求

3　电源插座的安装要求

电源插座是为家用电器提供市电（交流 220V）电压的连接部件，安装电源插座对其规格和安装高度有严格要求。图 13-3 为电源插座的安装要求。

精彩演示

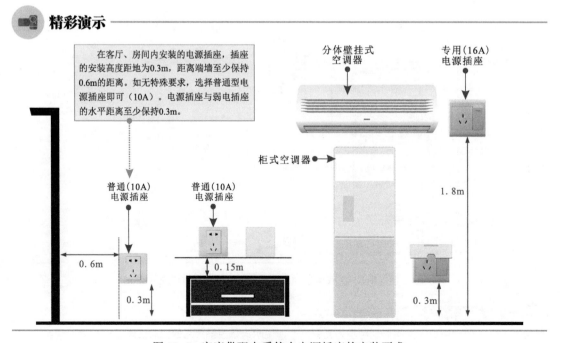

图 13-3　家庭供配电系统中电源插座的安装要求

重要提示

电源插座是家庭供配电系统的末端设备，根据应用需求不同，而安装环境多样。对于厨房和卫生间等特殊工作环境内的电源插座，其选配和安装也有明确的规定。通常，厨房内抽油烟机的电源插座安装的高度距地在 1.8～2m，如果旁边有煤气管道，则插座与煤气管路之间至少保持 0.4m 的间距。洗衣机的电源插座应选择带开关功能的专用防溅型电源插座（16A），插座的安装高度距地 1.2m。电热水器的电源插座也应选择带开关功能的专用防溅型电源插座（16A），安装于电热水器的右侧，距地高度为 1.4～1.5m。

4 用电负荷计算原则

设计家庭供电线路时，设备的选用及线路的分配均取决于家庭用电设备的用电负荷，因此，科学计量和估算家庭的用电负荷是十分重要和关键的环节。

设计要求供电线路的额定电流应大于所有可能会同时使用的家用电器的总电流值。其中，总电流的计算由所有用电设备的功率和除以额定供电电压获得，即总电流 = 家用电器的总功率 /220V。

资料扩展

将所有家用电器的功率相加即可得到总功率值。另外，家庭中的电器设备不可能同时使用，因此用电量一般取设备耗电量总和的 60%～70%，在此基础上考虑一定的预留量即可。值得注意的是，计算家庭总电流量（用电负荷）是家装强电选材中的关键环节。

总电流量 = 本线路所有常用电器的最大功率之和 ÷220V。常用电器功率：

微波炉：800～1500W	电饭煲：500～1700W	电磁炉：800～1800W
电炒锅：800～2000W	电热水器：800～2000W	电冰箱：70～250W
电暖器：800～2500W	电烤箱：800～2000W	消毒柜：600～800W
电熨斗：500～2000W		

1 匹空调器开机瞬间功率峰值是额定功率的 3 倍，即 724W×3=2172W。

1.5 匹空调器开机瞬间功率峰值是 1086W×3=3258W。

2 匹空调器开机瞬间功率峰值是 1448W×3=4344W。

由此可粗略计算出一般用电支路功率为：照明支路为 800W；插座支路为 3500W；厨房支路为 4400W；卫生间支路为 3500W；空调器支路为 3500W。

按上述功率计算的家庭用户的总功率约为 15700W，取总和的 60%～70% 约为 9400W，计算得总电流 I=9400W/220V ≈ 42A，由此供电线路设计负荷要求不小于 42A。

5 用电负荷分配原则

首先要考虑到住户的用电需要及每个房间内设有的电器部件数量等，在满足用户使用的前提下设计线路分配方案。

一般要求家庭供电线路分配至少 5 个支路，包括照明支路、插座支路、空调支路、厨房支路和卫生间支路，如图 13-4 所示。

6 线材的选配要求

在家庭供配电系统中，导线是最基础的供电部分，导线的质量、规格直接影响供配电性能和安全性。因此，合理选配线材在系统规划设计中尤为重要。

适用于家装强电线材的种类很多。目前，家庭供配电系统中线材要求选用铜芯塑料绝缘导线，且根据负荷不同，选配线材主要以横截面积作为主要参考依据，如图 13-5 所示。

 精彩演示

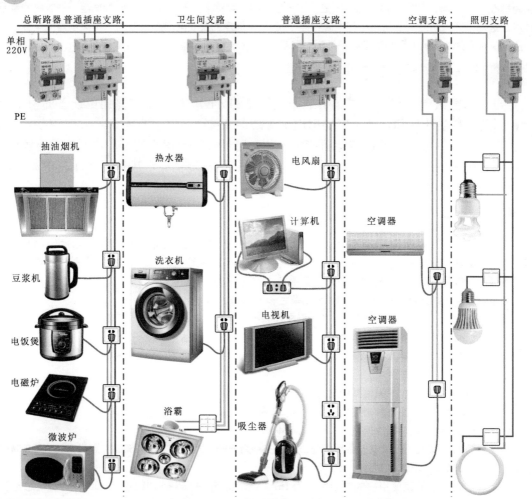

图 13-4 家庭供配电系统供电支路分配设计示意图

 精彩演示

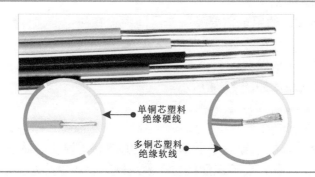

图 13-5 家庭供配电系统中的常用线材

在家庭供配电系统中的线缆主要包括进户线、照明线、插座线、空调专线，根据不同分支线路的用电负荷需要分别选材，如图 13-6 所示。

精彩演示

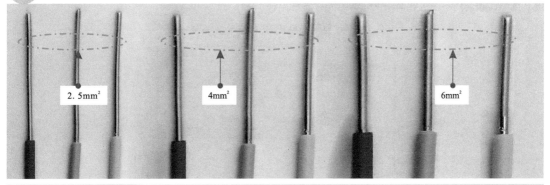

图 13-6　导线的横截面积

资料扩展

进户线由配电箱引入，要选择载流量大于等于实际电流量的绝缘线（硬铜线），不能采用花线或软线（护套线），暗敷在管内的电线不能采用有接头的电线，必须是一根完整的电线。

在单相两线制、单相三线制家用供配电电路中，零线横截面积和相线（铜线横截面积不大于 16mm²）的横截面积应相同。

目前，家装用照明、插座、开关等强电线材大多选用铜芯塑料绝缘导线。

导线横截面积的选择如下：

进户线：6～10mm² 铜芯线；　　　　照明支路：2.5mm² 铜芯线；　　　　厨房支路：4mm² 铜芯线；

卫生间支路：4mm² 铜芯线；　　　　10A 插座：2.5mm² 铜芯线；　　　　空调支路：4mm² 或 6mm² 专线

插座线：4mm² 铜芯线；　　　　　　空调挂机插座线：4mm² 铜芯线；

大功率空调柜机插座线：6mm² 的铜芯线。

家庭供配电系统中所使用导线的颜色应符合国家标准要求，即相线使用红色导线，零线使用蓝色导线，地线使用黄、绿双色导线。

在选用供电导线时，应根据使用环境的不同，选用合适横截面积的导线，否则，横截面积过大，将增加有色金属的消耗量；若横截面积过小，则线路在运行过程中不仅会产生过大的电压损失，还会使导线接头处因过热而引起断路的故障，因此必须合理选择导线的横截面积。

在选用家庭供配电线路中供电导线的横截面积时，可以按允许电压的损失来选择，电流通过导线时会产生电压损失，各种用电设备都规定了允许电压的损失范围。一般规定，端电压与额定电压不得相差 ±5%，按允许电压损失选择导线横截面积时可按下式计算：

$$S = \frac{PL}{\gamma \Delta U_r U_N^2} \times 100 \ (\text{mm}^2)$$

式中，S 表示导线的横截面积（mm²）；

P 表示通过线路的有功功率（kW）；

L 表示线路的长度；

γ 表示导线材料电导率，铜导线为 58×10^{-6}，铝导线为 35×10^{-6}（1 / Ωm）；

ΔU_r 表示允许电压损失中的电阻分量（%）；

U_N 表示线路的额定电压（kV）。

ΔU_r 可以根据以下公式计算：

$\Delta U_r = \Delta U - \Delta U_x = \Delta U - QX/10U_{2N}$。$\Delta U$ 表示允许电压损失（%），一般为 ±5%；ΔU_x 表示允许电压损失中的电抗分量（%）；Q 表示无功功率（kvar）；X 表示电抗（Ω）。

不同横截面积导线承载电流的能力不同，即载流量不同。

导线横截面积的选择依据所承载用电设备的总电流（本线路所有常用电器最大功率之和 ÷220V= 总电流）大小。家装用不同横截面积铜芯导线的载流量见表 13-1。

表 13-1   不同横截面积铜芯导线的载流量

铜线横截面积（mm²）	铜线直径（mm）	安全载流量（A）	允许长期电流（A）
2.5	1.78	28	16～25
4	2.25	35	25～32
6	2.77	48	32～40

7   配电设备的选配要求

在家庭供配电系统中，供配电设备主要有配电箱、配电盘、电度表、断路器、电源插座等。在实际应用中，需要根据实际的用电量情况，结合电能表、断路器及供电线缆的主要参数选配。

（1）配电箱的选配

选配配电箱一般要结合实际应用，根据内部装配电气部件的情况，选择相应容积的配电箱，如图 13-7 所示。

精彩演示

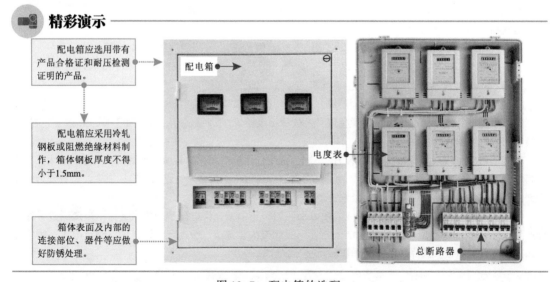

配电箱应选用带有产品合格证和耐压检测证明的产品。

配电箱应采用冷轧钢板或阻燃绝缘材料制作，箱体钢板厚度不得小于1.5mm。

箱体表面及内部的连接部位、器件等应做好防锈处理。

配电箱

电度表

总断路器

图 13-7   配电箱的选配

（2）配电盘的选配

配电盘是集中、切换、分配电能的设备。配电盘应选用带有产品合格证的产品，应具有一定的机械强度和耐压能力。配电盘内必须分设 N 线端子板和 PE 线端子板。

图 13-8 为配电盘的实物外形。

（3）电度表的选配

电度表的选用需要根据用电产品的多少来判断。若用电产品较多，总功率很大，

精彩演示

配电盘

配电盘应选用带有产品合格证的产品，应具有一定的机械强度和耐压能力。

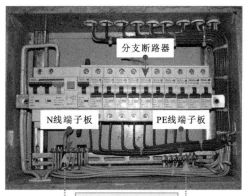

分支断路器

N线端子板　　PE线端子板

配电盘内分设N线端子板和PE线端子板。

图 13-8　配电盘的实物外形

则需要选用高额定电流的电度表，选用电度表的最大额定电流要大于总断路器的额定电流。另外，电度表种类多样，目前多为预付费电子式电度表。图 13-9 为预付费电度表的实物外形。

精彩演示

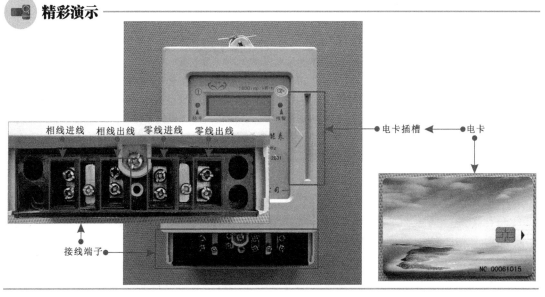

相线进线　相线出线　零线进线　零线出线

电卡插槽　　电卡

接线端子

图 13-9　预付费电度表的实物外形

（4）断路器的选配

断路器应选择质量合格、品牌优良的产品，额定电流一定要大于所对应线路的总电流。选总断路器，需要根据公式计算出负荷的功率值，然后转换成电流，根据负荷电流值选配断路器规格，如图 13-10 所示。例如，若所有负载的总功率为 11kW，取总功率的 60% ～ 70%，有效功率约为 6600W，根据公式可以算出，电流 $I=P/U=6600W \div 220V \approx 30A$，因此选择断路器的最大电流应大于 30A，这里选用额定电流为 32A 的断路器。

精彩演示

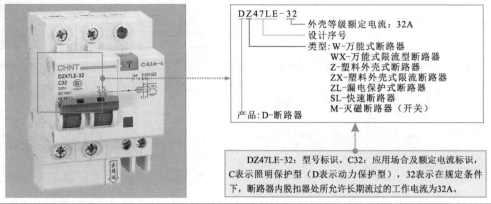

图13-10 总断路器的选配

选择支路断路器可根据计算公式计算出支路需要选用断路器电流的大小而定。根据供电分配原则，要求每一个用电支路选配一个断路器。选配的支路断路器应至少包括照明支路、插座支路、空调支路、厨房支路和卫生间支路，如图13-11所示。另外，卫生间供电线路，因环境潮湿需要漏电保护一般选用带漏电保护功能的双进双出断路器。

 重要提示

选配总断路器的额定电流应大于分支断路器总电流 × 实用系数，即

（16+16+16+20）A×（60% ~ 70%）≈ 40.8A ~ 47.6A，实际应选大于47.6A的总断路器。

除了根据电器功率计算选配外，还可以根据所连接线路的线材进行配比，$1.5mm^2$ 电线配10A的断路器；$2.5mm^2$ 电线配16A的断路器；$4mm^2$ 电线配20A的断路器。为避免因市电电压不稳定、线路设计不当导致断路器频繁跳闸，可提高断路器与电线的配比。一般选择高配方式：$1.5mm^2$ 电线配16A的断路器；$2.5mm^2$ 电线配20A的断路器；$4mm^2$ 电线配25A的断路器。

（5）电源插座的选配

电源插座的类型多种多样，家庭供电一般为两相，插座也应选用两相插座。常见的有三孔插座、五孔插座、五孔带开关插座、防溅水插座等。选配电源插座则需要根据实际需求和安装规范要求选择合适规格和数量的电源插座。

一般情况下，空调用插座一般选择大功率三孔专用插座；厨房插座选择带功能开关的五孔插座；卫生间则一般选择防溅水插座；客厅连接电视机等电源插座则多选择普通五孔插座。

 重要提示

家庭供电线路中插座的分布包括普通插座支路、厨房支路、卫生间支路、空调支路。这几个支路都属于对插座的分配，应遵循、安全、合理的分布原则，线路连接尽量走直线，节约材料，线路中串接插座的个数（可能连接的电器设备）不能超过所连接线路的载流量。

其中，普通插座支路一般采用小功率电源插座，在合理、美观的前提下，在可能使用电器设备的位置，尽量多设置电源插座，以满足各种情况下的使用；另外，厨房支路、卫生间支路、空调支路中设有大功率插座的位置需要根据实际用电负荷进行设置，遵循负荷计算基本原则进行规划。

精彩演示

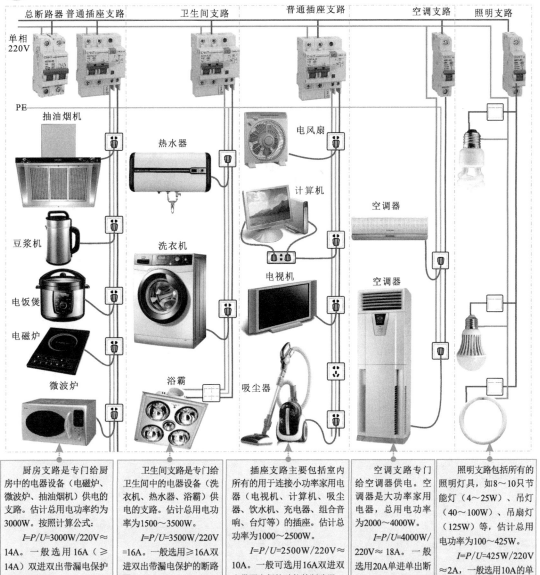

| 总断路器 普通插座支路 | 卫生间支路 | 普通插座支路 | 空调支路 | 照明支路 |

单相
220V

PE
抽油烟机

热水器

电风扇

计算机

空调器

豆浆机

洗衣机

电视机

空调器

电饭煲

电磁炉

微波炉

浴霸　吸尘器

|　厨房支路是专门给厨房中的电器设备（电磁炉、微波炉、抽油烟机）供电的支路。估计总用电功率约为3000W。按照计算公式：$I=P/U=3000W/220V≈$14A。一般选用 16A（≥14A）双进双出带漏电保护的断路器。|　卫生间支路是专门给卫生间中的电器设备（洗衣机、热水器、浴霸）供电的支路。估计总用电功率为1500～3500W。$I=P/U=3500W/220V$=16A。一般选用≥16A双进双出带漏电保护的断路器。|　插座支路主要包括室内所有的用于连接小功率家用电器（电视机、计算机、吸尘器、饮水机、充电器、组合音响、台灯等）的插座。估计总功率为1000～2500W。$I=P/U=2500W/220V≈$10A。一般可选用16A双进双出带漏电保护功能的断路器。|　空调支路专门给空调器供电。空调器是大功率家用电器，总用电功率为2000～4000W。$I=P/U=4000W/220V≈$18A。一般选用20A单进单出断路器。|　照明支路包括所有的照明灯具，如8～10只节能灯（4～25W）、吊灯（40～100W）、吊扇灯（125W）等，估计总用电功率为100～425W。$I=P/U=425W/220V≈$2A，一般选用10A的单进单出断路器。|

图 13-11　断路器的选配

13.1.2　家庭供配电设备的安装技能

家庭供配电系统中，配电箱和配电盘是主要的供配电设备，电工安装人员需要掌握配电箱、配电盘和电源插座安装基本技能。

❶　配电箱的安装技能

配电箱的安装做好规划，并选配好内部安装的电气设备后，便可以动手安装配电箱了。一般需要先将配电箱箱体嵌放到开好的槽中，然后将预留的供配电线缆引入配电箱中，为安装用户电度表和断路器做好准备。

配电箱箱体的嵌放操作这里不再介绍，以电度表的安装和接线为重点进行操作演示。由于待安装电度表为单相电子式预付费式电度表，为了方便用户插卡操作，需要确保电度表卡槽靠近配电箱箱门的观察窗附近，根据配电箱深度和电度表厚度比较，需要适当增加底板厚度，一般可在底板上加装木条，如图13-12所示。

 精彩演示

加工和处理木条。

在绝缘底板上加装木条。

根据待安装电度表尺寸加装底部木条。

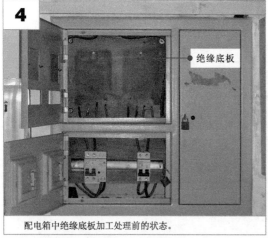

配电箱中绝缘底板加工处理前的状态。

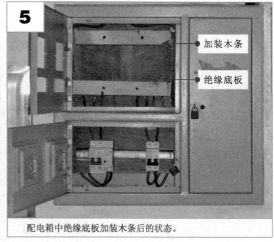

配电箱中绝缘底板加装木条后的状态。

图13-12　配电箱中绝缘底板的处理

配电箱中绝缘底板处理完成后，将电度表放到底板上，关闭配电箱箱门，确定电度表插卡槽位置可方便插拔电卡后，固定电度表，如图13-13所示。

电度表固定好后，需要将电度表与用户总断路器连接。按照"1、3进，2、4出"的接线原则，将电度表第1、3接线端子分别连接入户线的相线和零线；将第2、4接线端子分别连接总短路器的零线和相线接线端，如图13-14所示。

精彩演示

将电度表放到绝缘底板上，背部固定挂钩挂到固定螺栓上。

关闭配电箱门，根据箱门窗口位置调整电度表的位置。

将电度表固定到确定好的位置上（背部挂钩挂到固定螺栓上）

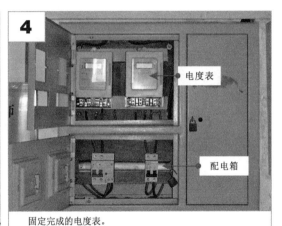

固定完成的电度表。

图 13-13　　电度表的安装

精彩演示

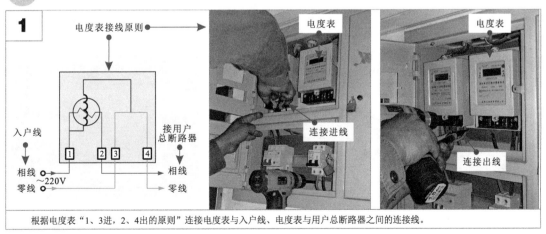

根据电度表"1、3进，2、4出的原则"连接电度表与入户线、电度表与用户总断路器之间的连接线。

图 13-14　　电度表与断路器的接线方法

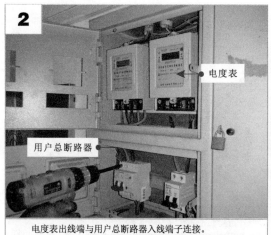

电度表出线端与用户总断路器入线端子连接。

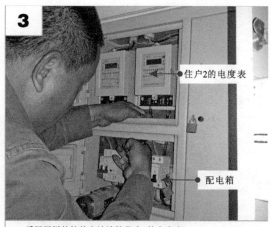

采用同样的接线方法连接住户2的电度表。

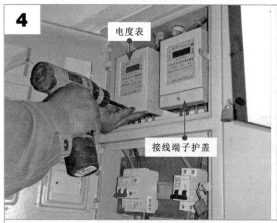

安装电度表接线端子护盖。

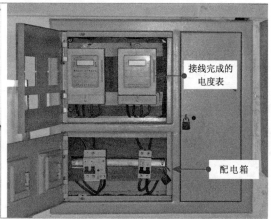

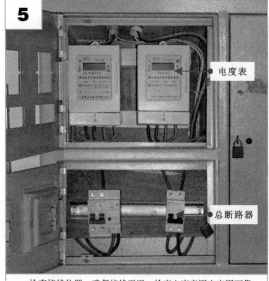

检查接线位置，确保接线无误，检查电度表固定牢固可靠。

关闭配电箱箱门，检查电度表正常。至此，电度表安装完成。

图 13-14　电度表与断路器的接线方法（续）

2　配电盘的安装技能

配电盘是家庭供配电系统中安装在住户室内的配电设备，配电盘的安装包括配电盘外壳的安装、支路断路器的安装与接线环节。

（1）配电盘外壳的安装

配电盘用于分配家庭的用电支路，在安装配电盘之前，首先确定配电盘的安装位置、高度等，其次根据安装标准，将配电盘安装在指定位置上，如图 13-15 所示。

精彩演示

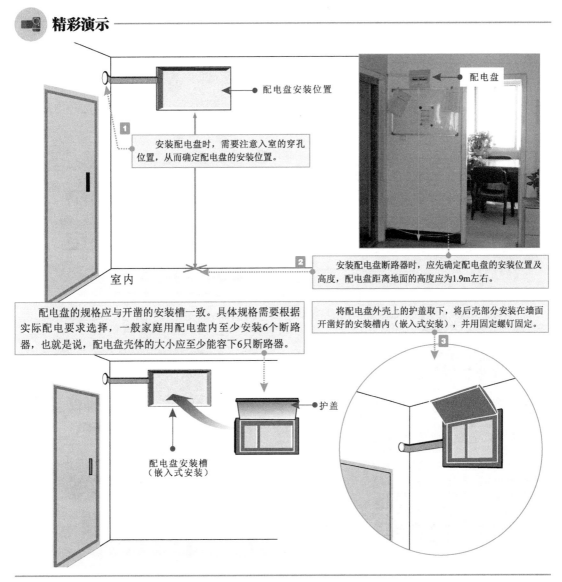

图 13-15　配电盘外壳的安装

（2）支路断路器的安装与接线

支路断路器选配完成后，将选配好的支路断路器安装到配电盘内。一般为了便于控制，在配电盘中还安装一只总断路器（一般可选带漏电保护的断路器），用于实现室内供配电线路的总控制功能。配电盘内的断路器全部安装完成后，按照"左零右火"原则连接供电线路，最终完成配电盘的安装，如图13-16所示。

🎬 精彩演示

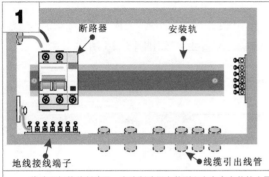
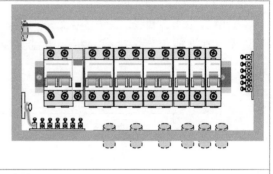

将选配好的总断路器、支路断路器安装到配电盘内安装轨上固定牢固。

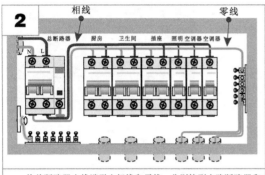

从总断路器出线端引出相线和零线，分别接到支路断路器和零线接线柱上，完成支路断路器入线端的安装。

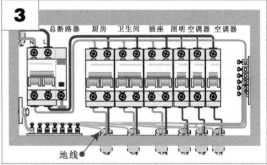

从支路断路器出线端分别引出相线、零线，从接地端子上引出地线，相线、零线、地线引出到线管中。

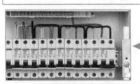
连接导线时，应按顺序有条理地放置导线，不可随意将导线缠绕在一起。

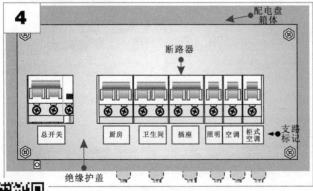

将配电盘的绝缘护盖安装在配电盘箱体上，并在护盖下部标记各支路控制功能的名称，方便用户操作、控制和后期调试、维修。至此，完成家庭配电盘的安装连接操作。

图13-16　支路断路器的安装与接线

3   **电源插座的安装技能**

安装电源插座，以家庭供配电系统中常用的三孔电源插座、五孔电源插座和为例介绍。

（1）三孔电源插座的安装方法

三孔插座是指插座面板上仅设有相线孔、零线孔和接地孔 3 个插孔的电源插座。电工操作中，三孔插座属于大功率电源插座，规格多为 16A，主要用于连接空调器等大功率电器。

在实际安装操作前，首先了解单相三孔插座的特点和接线关系，如图 13-17 所示。

精彩演示

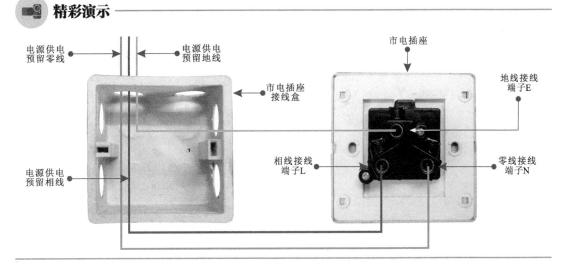

图 13-17 三孔电源插座的特点和连接关系

三孔插座的安装方法如图 13-18 所示。

精彩演示

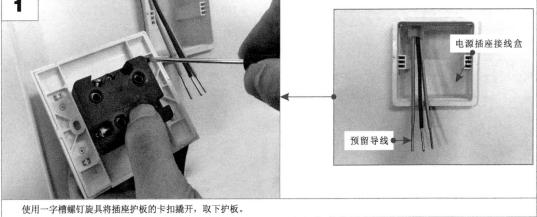

使用一字槽螺钉旋具将插座护板的卡扣撬开，取下护板。

图 13-18 三孔电源插座的安装方法

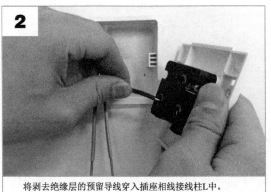

将剥去绝缘层的预留导线穿入插座相线接线柱L中。

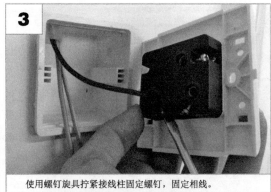

使用螺钉旋具拧紧接线柱固定螺钉，固定相线。

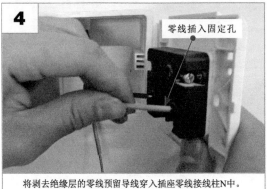

零线插入固定孔

将剥去绝缘层的零线预留导线穿入插座零线接线柱N中。

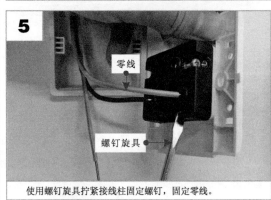

零线

螺钉旋具

使用螺钉旋具拧紧接线柱固定螺钉，固定零线。

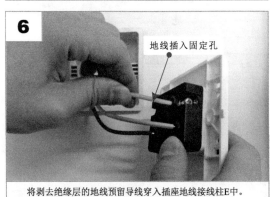

地线插入固定孔

将剥去绝缘层的地线预留导线穿入插座地线接线柱E中。

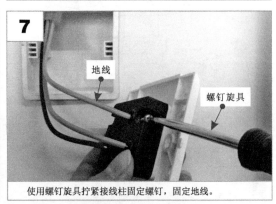

地线

螺钉旋具

使用螺钉旋具拧紧接线柱固定螺钉，固定地线。

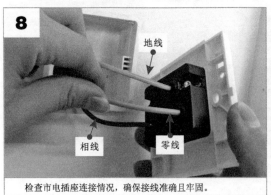

地线

相线

零线

检查市电插座连接情况，确保接线准确且牢固。

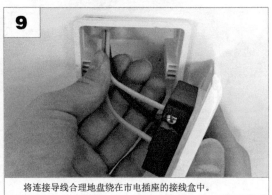

将连接导线合理地盘绕在市电插座的接线盒中。

图 13-18 三孔电源插座的安装方法（续）

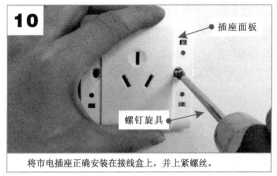

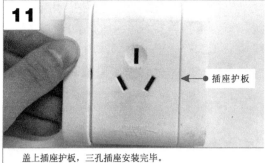

图 13-18　三孔电源插座的安装方法（续）

（2）五孔电源插座的安装

五孔电源插座面板上面为平行设置的两个孔，为采用两孔插头电源线的电气设备供电；下面为单相三孔插座，为采用三孔插头电源线的电气设备供电。

图 13-19 为单相五孔插座的特点和接线关系。

精彩演示

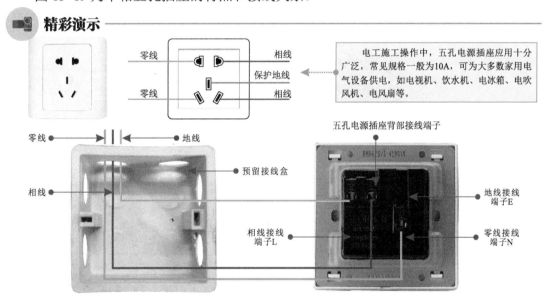

图 13-19　五孔电源插座的特点和接线关系

安装前，首先区分待安装五孔电源插座接线端子的类型后，在确保供电线路断电状态下，将预留接线盒中的相线、零线、保护地线连接到五孔电源插座相应标识的接线端子（L、N、E）内，并用螺钉旋具拧紧固定螺钉。

图 13-20 为五孔电源插座的安装方法。

精彩演示

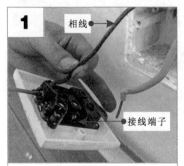

将电源供电预留相线连接到L接线端子。

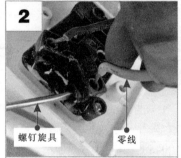

将电源供电零线连接到N接线端子。

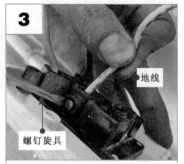

将电源供电预留地线连接到E接线端子。

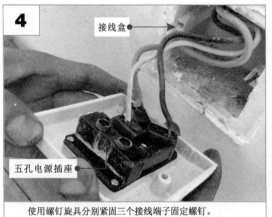

使用螺钉旋具分别紧固三个接线端子固定螺钉。

检查导线与接线端子之间的连接是否牢固，若松动，必须重新连接。

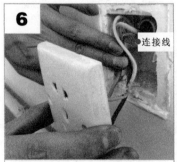

将接线盒内多余连接线盘绕在线盒内，将五孔电源插座推入接线盒中。

借助螺钉旋具将固定螺钉拧入插座固定孔内，使插座与接线盒固定牢固。

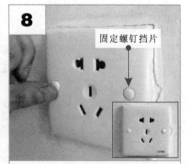

安装好插座固定螺钉挡片（有些为护板防护需安装护板），安装完成。

图 13-20　五孔电源插座的安装方法

13.1.3　家庭供配电系统的调试与检修技能

在家庭供配电系统安装完毕后，需要对系统的安装质量进行调试和检验，合格后才能交付使用。对家庭供配电系统进行验收时，首先用相关检测仪表检查各路通断和绝缘情况，其次进一步检查每一条供电支路运行参数，最后方可查看各支路控制功能。

① 检查线路的通、断情况

使用电子试电笔检查线路的通、断情况：按下电子试电笔上的检测键后，若电子试电笔显示屏显示出"闪电"符号，则说明线路中被测点有电压；若屏幕无显示，则说明线路存在断路故障，如图 13-21 所示。

📹 精彩演示

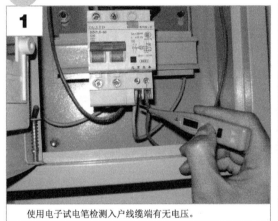 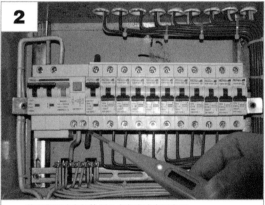

使用电子试电笔检测入户线缆端有无电压。　使用电子试电笔检测入户各支路有无电压。

图 13-21　查看线路的通、断情况

② 检查运行参数是否正常

供配电系统的运行参数只有在允许范围内，才能保证供配电系统长期正常运行。下面以楼宇配电箱为例，对配电箱中流过的电流值进行检测，如图 13-22 所示。

📹 精彩演示

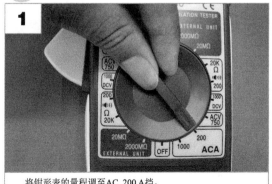 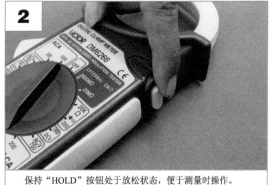

将钳形表的量程调至 AC 200 A 挡。　保持"HOLD"按钮处于放松状态，便于测量时操作。

图 13-22　配电箱运行参数的检测

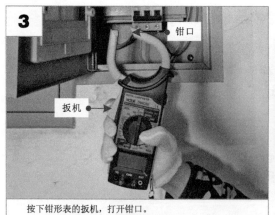

按下钳形表的扳机，打开钳口。

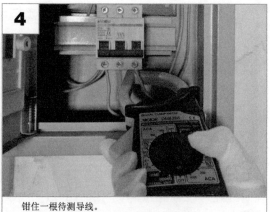

钳住一根待测导线。

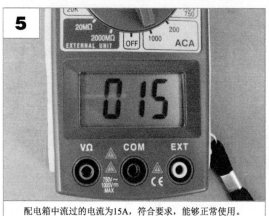

配电箱中流过的电流为15A，符合要求，能够正常使用。

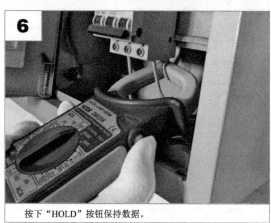

按下"HOLD"按钮保持数据。

图 13-22　配电箱运行参数的检测（续）

3　查看各支路控制功能是否正常

确认各供电支路的通、断及绝缘情况无误、线路运行参数均检测正常后，便可进一步检查楼道照明灯、电梯及室内照明设备的控制功能是否正常。若发现用电设备不能工作，则需要顺线路的走向逐一核查线路中的电气部件位，如图 13-23 所示。

精彩演示

查看楼道照明灯是否正常。

查看室内照明灯是否正常。

图 13-23　查看各支路控制功能

13.2 小区供配电系统的设计安装与调试检修

13.2.1 小区供配电系统的规划设计

小区供配电线路决定小区内公共照明、消防、楼宇对讲、家庭照明和用电等多方面的运行，因此在进行小区供配电线路设计时，需要遵循必要的设计要求，如配电室选址要求、防火要求、防水要求、隔离噪声及电磁屏蔽等。

 选址要求

设计小区供配电系统要遵循稳定、安全、科学、合理的基本原则。首先，需要确定供配电系统中主要设备的安装位置，低压配电柜一般设计安装在楼宇附近，便于配线安装；楼内配线箱要求设计在楼道中。其次，总变配电室是变配电系统的中间枢纽，变配电室的建筑与安装应严格遵照建筑电气安装工程的要求，设计时，应参照供电半径的要求（150m），接近负荷中心，满足末端客户的电压质量，如图 13-24 所示。

📷 **精彩演示**

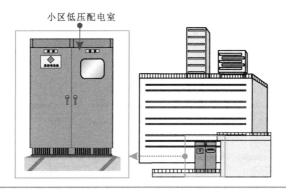

小区低压配电室

图 13-24　小区低压配电室的选址要求

2　线路配置方式设计要求

在小区供配电系统中，楼内主干线配置要求每个住宅楼门采用三相四线制供电，楼内干线为三相四线制，按层分相平衡配置三相负荷，如图 13-25 所示。

如果是高层建筑物，则可在配电方式上针对不同的用电特性采用不同的配电连接方式。住户用电的配电线路多采用放射式和链式混合的接线方式；公共照明的配电线路则采用树干式接线方式；对于用电不均衡部分，则会采用增加分区配电箱的混合配电方式，接线方式上也多为放射式与链式组合的形式，如图 13-26 所示。

3　线路负荷设计要求

小区供配电线路负荷设计，要求电工先对小区的用电负荷进行周密的考虑，通过科学的计算方法，计算出建筑物用户及公共设备的用电负荷范围，然后根据计算结果和安装需要选配适合的供配电器件和线缆，如图 13-27 所示。

精彩演示

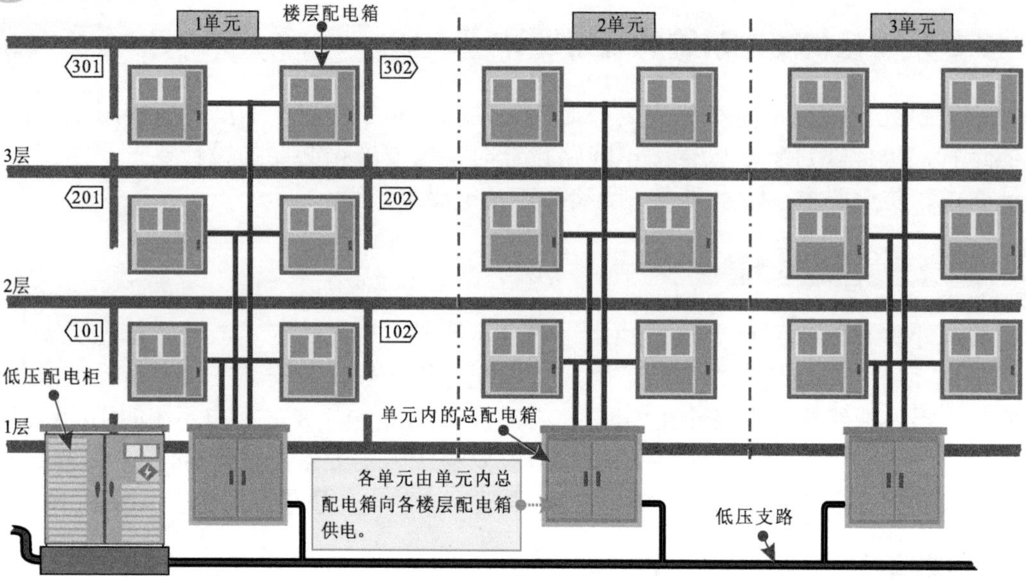

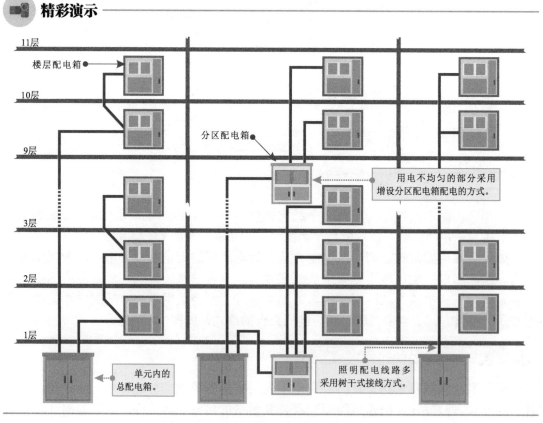

图 13-25　小区供配电系统中线路配置设计要求

精彩演示

图 13-26　小区中高层住宅楼的配电方式

精彩演示

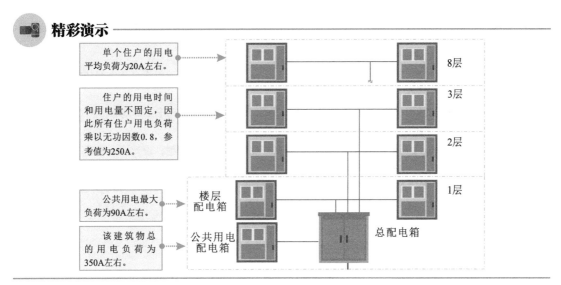

单个住户的用电平均负荷为20A左右。

住户的用电时间和用电量不固定，因此所有住户用电负荷乘以无功因数0.8，参考值为250A。

公共用电最大负荷为90A左右。

该建筑物总的用电负荷为350A左右。

楼层配电箱

公共用电配电箱

8层

3层

2层

1层

总配电箱

图 13-27　小区供配电线路用电负荷的计算

④ 线路的敷设要求

　　小区供配电线路不能明敷，应采用地下管网施工方式，将传输电力的电线、电缆敷设在地下预埋管网中，如图 13-28 所示。

精彩演示

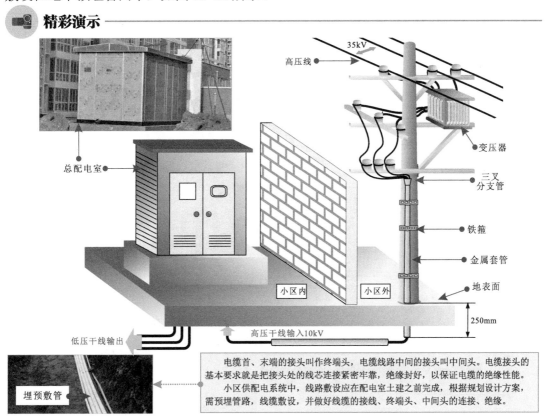

总配电室

埋预敷管

低压干线输出

小区内

小区外

高压干线输入10kV

高压线

变压器

三叉分支管

铁箍

金属套管

地表面

250mm

35kV

　　电缆首、末端的接头叫作终端头，电缆线路中间的接头叫中间头。电缆接头的基本要求就是把接头处的线芯连接紧密牢靠，绝缘封好，以保证电缆的绝缘性能。
　　小区供配电系统中，线路敷设应在配电室土建之前完成，根据规划设计方案，需预埋管路，线缆敷设，并做好线缆的接线、终端头、中间头的连接、绝缘。

图 13-28　小区供配电系统中线路的敷设要求

资料扩展

小区供配电线路设计其他方面的要求：

·防火要求。总配电室安装设计需要注意防火要求。建筑防火按照《建筑设计防火规范》（GB50016-2014）执行。

·防水要求。小区供配电线路设计需要注意防水要求。电气室地面宜高于该层地面标高0.1m（或设防水门槛）。电气室上方上层建筑内不得设置给排水装置或卫生间。

·隔离噪声及电磁屏蔽要求。总配电室正常工作会产生噪声及电磁辐射，设计要求屋顶及侧墙，内敷钢网及钢结构和阻音材料，以隔离噪声和电磁辐射，钢网及钢结构应焊接并可靠接地。

·通风要求。变配电室内宜采用自然通风。每台变压器的有效通风面积为 $2.5 \sim 3m^2$，并设置事故排风。

·配电室内不应有无关的管线通过。

13.2.2 小区供配电设备的安装技能

小区供配电系统的安装主要包括变配电室、低压配电柜的安装。

1 变配电室的安装

小区的变配电室是配电系统中不可缺少的部分，也是供配电系统的核心。变配电室应架设在牢固的基座上，如图13-29所示，且敷设的高压输电电缆和低压输电电线必须由金属套管进行保护，施工过程一定注意在断电的情况下进行。

 精彩演示

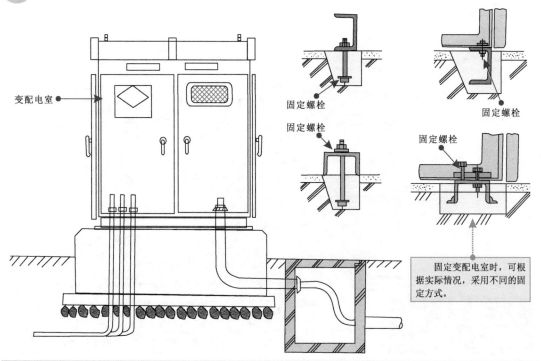

图13-29 小区供配电系统中变配电室的架设与固定

2　低压配电柜的安装

在小区供配电系统中，低压配电柜一般安装在楼体附近，如图 13-30 所示，用于对送入的 380V 或 220V 交流低压进行分配后，分别送入小区各楼宇中的各动力配电箱、照明（安防）配电箱及各楼层配电箱中。楼宇配电柜的安装、固定和连接应严格按照施工安全要求进行。

精彩演示

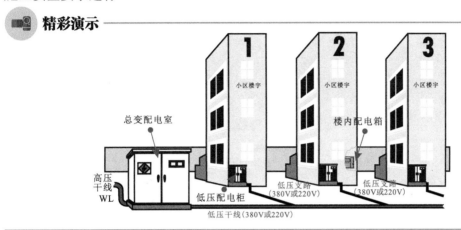

图 13-30　小区供配电系统中的低压配电柜

对小区配电柜进行安装连接时，应先确认安装位置、固定深度及固定方式等，然后根据实际的需求，确定所有选配的配电设备、安装位置并确定其安装数量等，如图 13-31 所示。

精彩演示

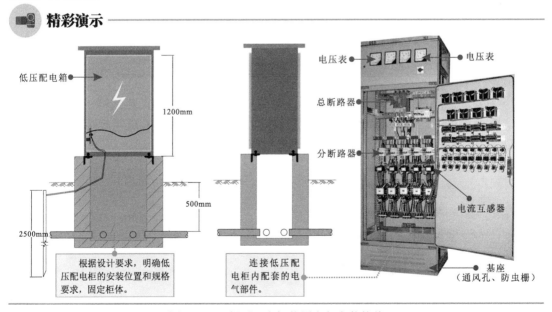

图 13-31　低压配电柜的固定与安装接线

固定低压配电柜时，可根据配电柜的外形尺寸进行定位，并使用起重机将配电柜吊起，放在需要固定的位置上，校正后，用螺栓将柜体与基础型钢紧固，如图 13-32 所示。

配电柜单独与基础型钢连接时，可采用铜线将柜内接地排与接地螺栓可靠连接，并必须加弹簧垫圈进行防松处理。

 精彩演示

配电柜内各部件连接完成后，应对配电柜的接地线进行连接。通常在配电柜的内侧有接地标识，可将导线与其进行连接。

根据安装要求，将配电柜内的各部件安装固定在配电柜内部，并进行导线的连接。各部件连接完成后，即完成小区配电柜的安装连接。

图 13-32　低压配电柜的安装与接线（续）

13.2.3　小区供配电系统的调试与检修技能

小区供配电系统安装和连接完成后，需要对系统进行调试，若线路各部件动作、控制功能等都正常，则说明系统安装正常，可投入使用。若调试中发现故障，则需检修。下面以典型小区供配电系统为例进行调试与检修操作。

❶　了解系统控制功能

图 13-33 为典型小区供配电系统的结构。了解系统的控制功能，理清各环节的控制关系，为调整和检修做好准备。

❷　系统调试

系统安装完成后，首先根据电路图、接线图逐级检查电路的连接情况，有无错接、漏接，其次根据小区供配电线路的功能逐一检查总配电室、低压配电柜、楼内配电箱内部件的连接关系是否正常、控制及执行部件的动作是否灵活等，对出现异常部位进行调整，使其达到最佳工作状态，如图 13-34 所示。

精彩演示

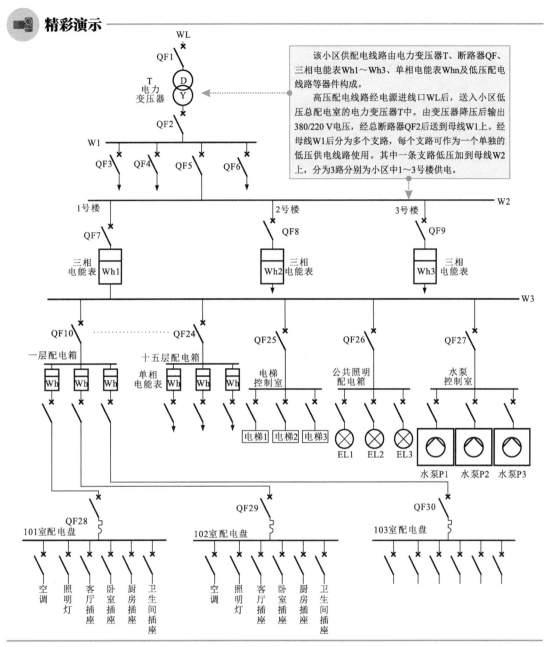

图 13-33　典型小区供配电系统的结构

资料扩展

图 13-33 中，高压电源经电源进线口 WL 输入后，送入小区低压配电室的电力变压器 T 中。由 T 降压后输出 380/220V 电压，经小区内总断路器 QF2 后送到母线 W1 上。经母线 W1 后分为多条支路，每条支路可作为一个单独的低压供电电路使用。其中一条支路低压加到母线 W2 上，分为 3 路分别为小区中 1 号楼～ 3 号楼供电。每一路上安装有一只三相电度表，用于计量每栋楼的用电总量。

由于每栋楼有 15 层，除住户用电外，还包括电梯用电、公共照明等用电及供水系统的水泵用电等。小区中的配电柜将电源电压送到楼内配电间后分为 18 条支路。15 条支路分别为 15 层住户供电，另外 3 条支路分别为电梯控制室、公共照明配电箱和水泵控制室供电。每条支路首先经一条支路总断路器后再分配。

精彩演示

	断电调试	通电调试
调试线路，验证线路功能。 调试线路分为断电调试和通电调试两个方面。 通过调试确保线路能够完全按照设计要求实现控制功能，并正常工作。	首先要根据技术图纸核对元器件型号，校验搭接点力矩，并做标识	拆除测试用短接线，清理工作现场。对高压电容器自动补偿部分进行调试
	按照电路图从电源端开始，逐段确认接线有无漏接、错接之处，检查导线接点的连接是否符合工艺要求，相间距是否符合标准。用万用表检查主回路、控制回路连接有无异常	合上电力变压器高压侧断路器 QF1，向变压器送电，观察变压器工作状态
	检查母线及引线连接是否良好；检查电缆头、接线桩头是否牢固可靠；检查接地线接线桩头是否紧固；检查所有二次回路接线连接是否可靠，绝缘是否符合要求	合上低压侧配电柜的断路器 QF2、QF5，向母排线送电，查看送电是否正常
	操作开关操作机构是否到位。检验高压电容放电装置、控制电路的接线螺丝及接地装置是否到位	合上低压配电柜各支路断路器QF7、QF10，观察电流表、电压表指示是否正常
	手动调试断路器机械联锁分合闸是否准确	

紧固接线桩头　　　　观察电能表及连接　　　　调整断路器接线　　　　检验仪表指示状态

图 13-34　小区低压供配电系统的调试

3　线路检修

检查小区供配电线路中无电压送出，怀疑总配电室内电气设备异常。断开高压侧总断路器，打开配电室门进行检修，如图 13-35 所示。

 精彩演示

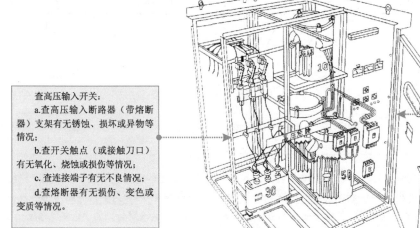

查高压输入开关：
a.查高压输入断路器（带熔断器）支架有无锈蚀、损坏或异物等情况；
b.查开关触点（或接触刀口）有无氧化、烧蚀或损伤等情况；
c.查连接端子有无不良情况；
d.查熔断器有无损坏、变色或变质等情况。

高压变压器调试要点：
a.查高压变压器的外壳有无损伤或过热的情况；
b.查高压变压器有无异常振动或异常噪声；
c.查高压变压器有无漏电的情况；
d.查高压变压器的连接处有无损伤、锈蚀、污物等情况。

图 13-35　小区低压供配电系统的检修

13.3 工地临时用电系统的设计安装与调试检修

13.3.1 工地临时用电系统的规划设计

工地临时用电系统是在工地建设时为了实现工地照明、动力设备用电而临时搭建的供配电系统，在工地设施未完工前提供电能输送；工地完工后需要按要求拆除。通常，工地临时用电系统包括电源、配电箱和用电设备三部分，如图 13-36 所示。

精彩演示

工地临时用电系统主要由电源、配电箱和用电设备构成。配线箱一般采用三级配电方式，即总配电箱、分配电箱和开关箱三级。

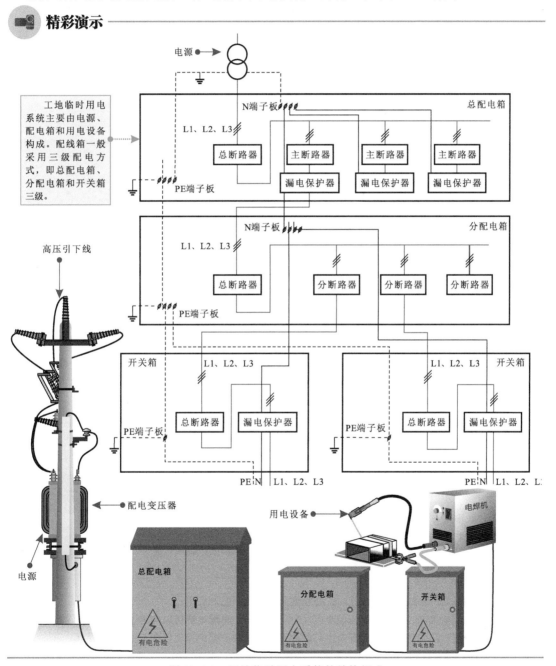

图 13-36　工地临时用电系统的结构组成

工地临时用电系统设计要求的核心是满足负荷需求、安全、可靠。其中，用电安全是保证工程正常施工的基础，线路中所有设计内容均需要遵循《施工现场临时用电安全技术规范》。

这里重点从工地临时用电系统的配电及保护形式、接地方式和安全防护三方面介绍，具体细节应按国家标准文件《施工现场临时用电安全技术规范》（编号 JGJ 46 46—2005）执行。

1　配电及保护形式要求

工地临时用电系统设计要求采用"三级配电两级保护"系统。其中，三级配电是指施工现场从电源进线开始至用电设备之间，经过三级配电装置配送电力，即电路经总配电箱开始，依次经分配电箱和开关箱后送入用电设备。两级保护是指在三级配电中至少两级设置漏电保护器设备，一般要求设置在总配电箱和开关箱中。

图 13-37 为工地临时用电系统的配电及保护形式。

 精彩演示

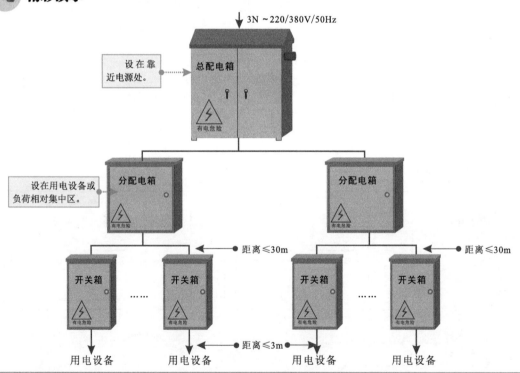

图 13-37　工地临时用电系统的配电及保护形式

重要提示

在进行工地临时用电线路方案设计时，必须遵循以下几项基本要求：

· 从一级总配电箱向二级分配电箱配电可以分路，即一个总配电箱可以向若干分配电箱配电。

· 从二级分配电箱向三级开关箱配电也可以分路，即一个分配电箱可以向若干开关箱配电。

· 从三级开关箱向用电设备配电必须实行 "一机、一闸、一漏、一箱"要求，不存在分路问题，即每一个开关箱只能连接控制一台与其相关的用电设备（含插座）。

·动力配电箱与照明配电箱应分别设置。若动力与照明合置于同一配电箱内共箱配电，则动力与照明应分路配电。

·动力开关箱与照明开关箱必须分箱设置，不存在共箱分路设置问题。

·分配电箱与开关箱之间，开关箱与用电设备之间的空间间距应尽量缩短。

·开关箱（末级）应有漏电保护且保护器正常，漏电保护装置参数应匹配。

·配电箱的安装位置应恰当，周围无杂物，以便操作。

·若配电箱内设计多路配电，则应有标记。

·配电箱下引出线应整齐，且配电箱应有门、锁和防雨措施。

·配电箱所处环境应干燥、通风、常温，周围无易燃、易爆物及腐蚀介质，不可堆放杂物和器材。

2 接地方式要求

临时用电工程为 220/380V 三相五线制低压电力系统，采用专用电源中性点直接接地，接地方式必须为 TN-S 接零保护系统，即工作零线与保护零线分开设置的接零保护系统，如图 13-38 所示。

 精彩演示

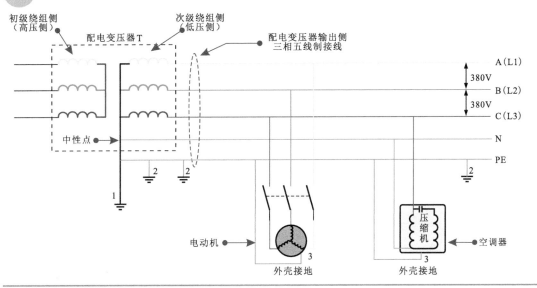

图 13-38 工地临时用电系统的接地方式

重要提示

变压器输出绕组的中性点直接接地。工作零线与保护零线（PE 线）也接地。
图中的接地含义：1—工作接地；2—重复接地；3—电气设备金属外壳（正常不带电的外露可导电部分）；
L1、L2、L3—相线；N—工作零线；PE—保护零线。

3 安全防护要求

工地临时用电线路设计，安全用电是方案设计的总准则。在实际施工设计中，需要明确安全规范要求，在各级配电箱外壳设置安全防护栏，警示提醒信息等，如图 13-39 所示。

精彩演示

图 13-39 工地临时用电系统的安全防护要求

13.3.2 工地临时用电设备的安装技能

工地临时用电系统中的设备主要包括配电变压器及周边设备（电源）、总配电箱、分配电箱及开关箱等。下面分别介绍这些设备的安装技能。

① 配电变压器及周边设备的安装

配电变压器、跌落式高压熔断器、避雷器、接地装置等构成了工地临时用电系统的电源部分，安装时需要配合安装和连接。

（1）配电变压器的安装

配电变压器需要安装在电杆的架台上，安装时，通常需要借助起重机将其吊起，安放在架台上，并进行固定，如图 13-40 所示。

精彩演示

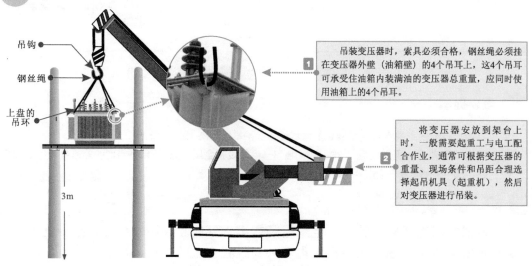

吊钩

钢丝绳

上盘的
吊环

3m

1   吊装变压器时，索具必须合格，钢丝绳必须挂在变压器外壁（油箱壁）的4个吊耳上，这4个吊耳可承受住油箱内装满油的变压器总重量，应同时使用油箱上的4个吊耳。

2   将变压器安放到架台上时，一般需要起重工与电工配合作业，通常可根据变压器的重量、现场条件和吊距合理选择起吊机具（起重机），然后对变压器进行吊装。

图 13-40 配电变压器的安装

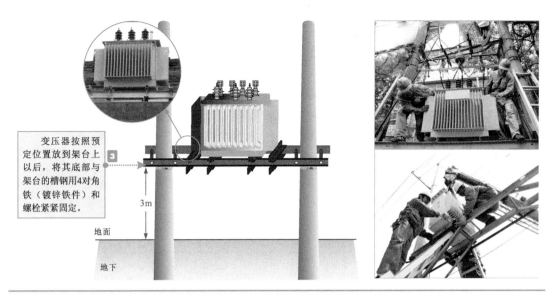

图 13-40　配电变压器的安装（续）

（2）跌落式高压熔断器的安装

跌落式高压熔断器主要由绝缘支架、熔断器熔体等构成，安装在配电变压器高压侧或输送给分支的线路上，如图 13-41 所示，具有短路保护、过载及隔离电路的功能。

📷 精彩演示

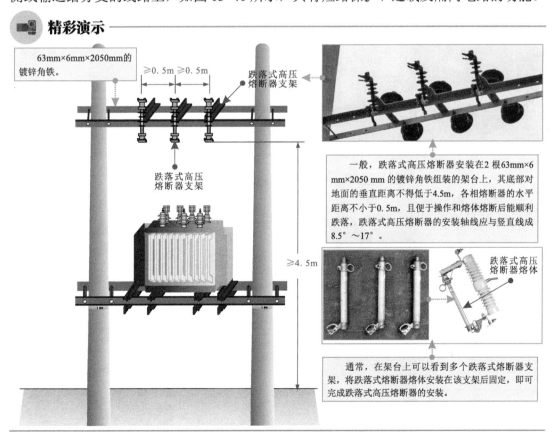

图 13-41　跌落式高压熔断器的安装

重要提示

值得注意的是，跌落式高压熔断器的熔体按配电变压器内部或高、低压出线发生短路时能迅速熔断的原则进行选择。

熔体的熔断时间必须小于或等于0.1s。通常，配电变压器容量在100kVA及以下时，跌落式高压熔断器的熔体额定电流按变压器高压侧额定电流的2～3倍选择；变压器容量在100kVA以上时，跌落式高压熔断器的熔体额定电流按变压器高压侧额定电流的1.5～2倍选择。

（3）避雷器的安装

避雷器是配电变压器中必不可少的防雷装置，一般高压侧避雷器应安装在高压熔断器与变压器之间，通常安装在一根63mm×6mm×2050mm的镀锌金属横担上。

图13-42为避雷器的安装。

精彩演示

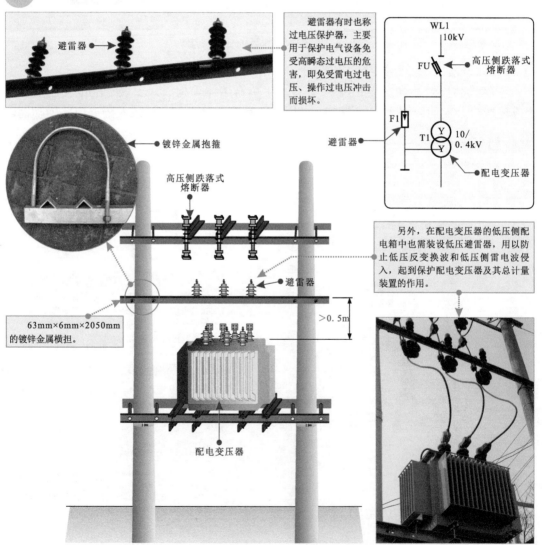

图13-42　避雷器的安装

（4）接地装置的安装

接地装置主要由接地体和接地线组成。通常，直接与土壤接触的金属导体被称为接地体；电气设备与接地线之间连接的金属导体被称为接地线。接地装置的安装包括接地体的安装和接地线的安装两部分，如图 13-43 所示。

精彩演示

在安装接地体时，应尽量选择自然接地体进行连接，这样可以节约材料和费用。安装时，首先需要制作垂直接地体。垂直安装管钢接地体和角钢接地体长度应在 2500mm 左右。接地体下端呈尖脚状，其中角钢的尖脚应保持在角脊线上，尖点的两条斜边要求对称。而钢管的下端应单面削尖，形成一个尖点，便于安装时打入土中。垂直接地体的上端部可与扁钢（40mm×4mm）焊接，用作接地体的加固，以及作为接地体与接地线之间的连接板。

值得注意的是，变压器外壳必须保证良好接地，一般可将其外壳与防雷地线间用螺栓拧紧，不可焊接，以便检修。

配电电力变压器接地线的连接点一般埋入地下 600～700mm 处。

在接地干线引出地面 2～2.5m 处断开，再用螺母压紧，以便检测接地电阻。

为了检测方便和用电安全，引上线连接点应设在变压器底下的槽钢位置。

将避雷器的接地端、变压器的外壳及低压侧中性点用横截面积不小于 25mm² 的多股铜芯塑料线连接，将连接好的接地线连接在接地装置上，起到防雷保护作用。

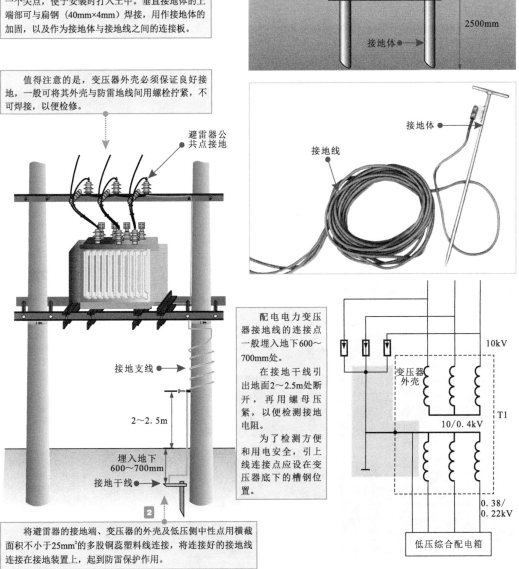

图 13-43　接地装置的安装

2　总配电箱的安装

　　总配电箱主要用于与配电变压器输出侧的连接，通常为标准统一的低压综合不锈钢配电箱，一般安装于配电变压器架台下侧，如图 13-44 所示。

精彩演示

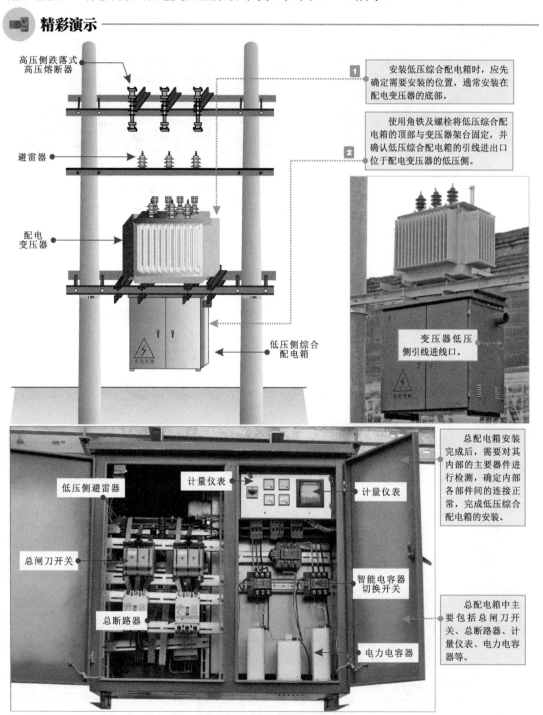

图 13-44　总配电箱的安装

　　配电变压器及相关配电装置、总配电箱安装好后，接下来需要使用相应规格的导线将这些装置连接起来，如图 13-45 所示。

精彩演示

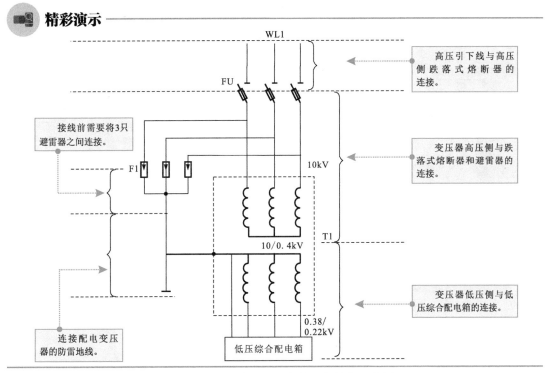

图 13-45　配电变压器与相关设备接线示意图

　　配电变压器与相关设备接线之前，需要先将避雷器两两之间连接，再与接地装置引线相连接，避雷器之间的连接线通常为横截面积不小于 $25mm^2$ 的多股铜芯塑料线，如图 13-46 所示。

精彩演示

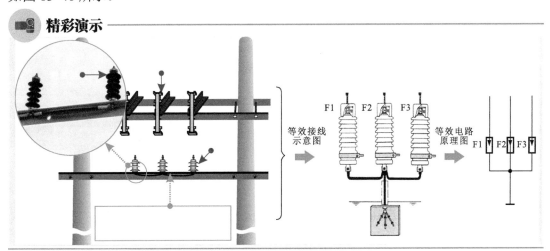

图 13-46　避雷器之间的接线操作

　　避雷器之间接线完成后，接下来需要按供电关系，将高压引下线与跌落式熔断器、避雷器、配电变压器及总配电箱连接。图 13-47 为配电变压器与相关设备的接线。

精彩演示

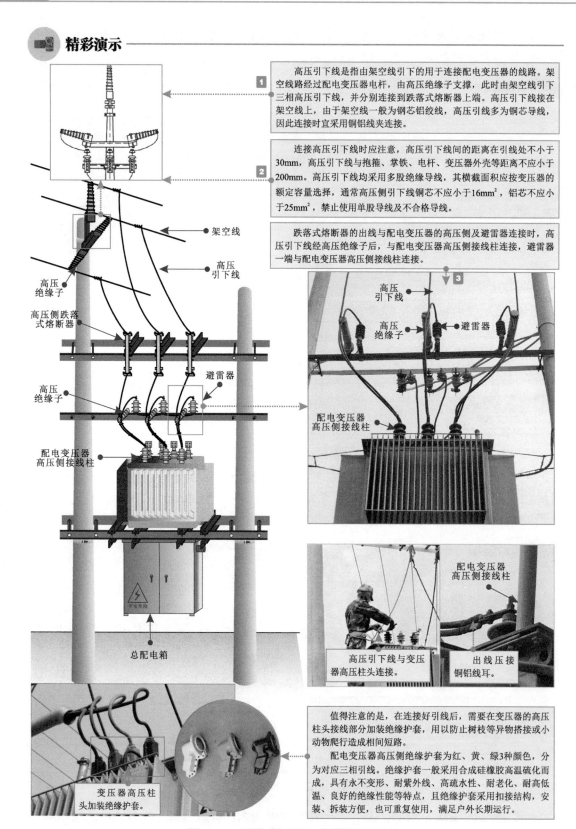

1 高压引下线是指由架空线引下的用于连接配电变压器的线路。架空线路经过配电变压器电杆，由高压绝缘子支撑，此时由架空线引下三相高压引下线，并分别连接到跌落式熔断器上端。高压引下线接在架空线上，由于架空线一般为钢芯铝绞线，高压引线多为铜芯导线，因此连接时宜采用铜铝线夹连接。

2 连接高压引下线时应注意，高压引下线间的距离在引线处不小于30mm，高压引下线与抱箍、掌铁、电杆、变压器外壳等距离不应小于200mm。高压引下线均采用多股绝缘导线，其横截面积应按变压器的额定容量选择，通常高压侧引下线铜芯不应小于16mm²，铝芯不应小于25mm²，禁止使用单股导线及不合格导线。

跌落式熔断器的出线与配电变压器的高压侧及避雷器连接时，高压引下线经高压绝缘子后，与配电变压器高压侧接线柱连接，避雷器一端与配电变压器高压侧接线柱连接。 **3**

值得注意的是，在连接好引线后，需要在变压器的高压柱头接线部分加装绝缘护套，用以防止树枝等异物搭接或小动物爬行造成相间短路。

配电变压器高压侧绝缘护套为红、黄、绿3种颜色，分为对应三相引线。绝缘护套一般采用合成硅橡胶高温硫化而成，具有永不变形、耐紫外线、高疏水性、耐老化、耐高低温、良好的绝缘性能等特点，且绝缘护套采用扣接结构，安装、拆装方便，也可重复使用，满足户外长期运行。

图 13-47 配电变压器与相关设备的接线

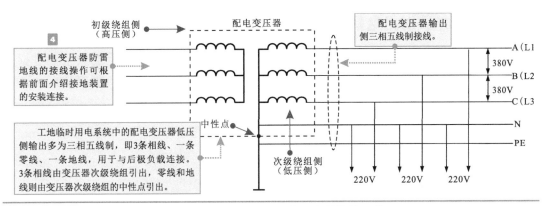

图 13-47　配电变压器与相关设备的接线（续）

3 ▌**分配电箱和开关箱的安装**

分配电箱、开关箱安装在总配电箱后级。通常，总配电箱、分配电箱和开关箱在安装前根据配电需求，将内部电气部件连接，并与箱体固定连接，作为成套开关设备连接到工地临时用电系统中，如图 13-48 所示。

📹 **精彩演示**

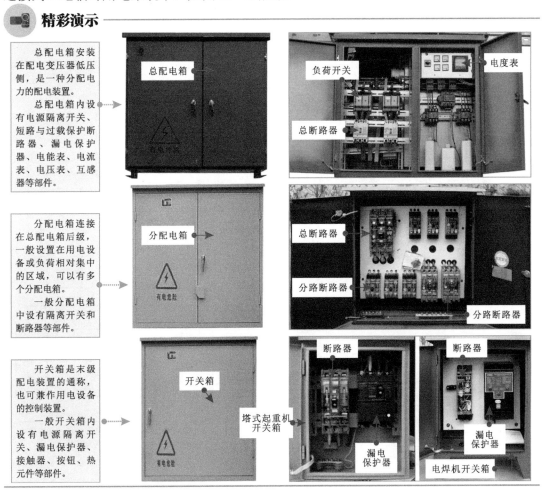

图 13-48　工地临时用电系统配电箱的安装

13.3.3 工地临时用电系统的调试与检修技能

工地临时用电系统安装完成后，需要对系统连接的正确性、运行的安全性进行检查调试，若调试过程中发现异常情况，需要及时检修处理，确保系统配电功能正常，如图 13-49 所示。

📹 **精彩演示**

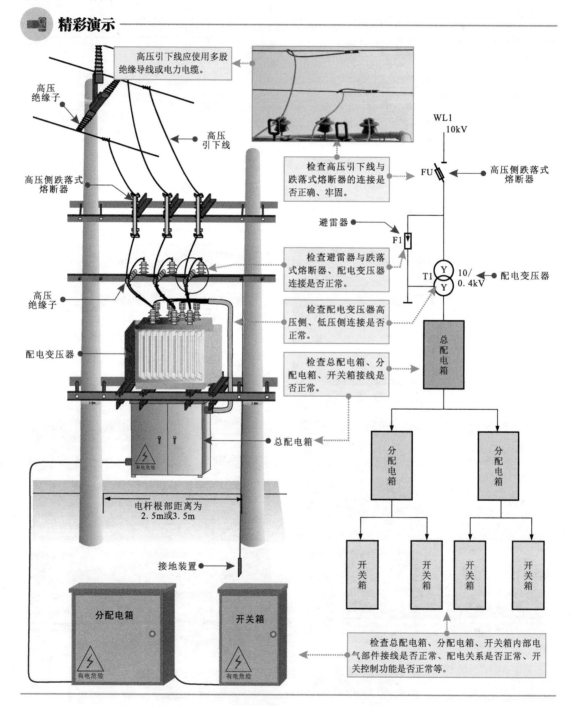

图 13-49　工地临时用电系统的调试与检修技能

第14章 电力拖动系统的设计安装与调试检修

14.1 电力拖动系统的规划设计与设备安装

14.1.1 电力拖动线路的设计要求

电力拖动线路是决定电动设备能否正常工作、合理拖动机械设备、完成动力控制的关键部分，在进行线路设计之初，需要综合了解电力拖动线路的设计要求，并以此作为规划、设计和安装总则。

1 要满足并实现生产机械对拖动系统的需求

电力拖动线路是为整个生产机械和工艺过程服务的，在对该电路进行设计前，首先要把生产要求弄清楚，了解生产设备的主要工作性能、结构特点、工作方式和保护装置等方面。一般控制线路只能满足电力拖动系统中的启动、方向和制动功能，如图 14-1 所示。有一些还要求在一定范围内平滑调速，当出现意外或发生事故时，要有必要的保护及预报措施，并且要求各部分运动时的配合和连锁关系等。

📷 **精彩演示**

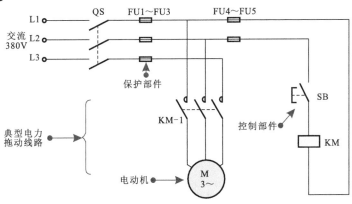

图 14-1 电力拖动系统的拖动需求

2 电力拖动线路应力求简单便捷

电力拖动线路的设计既要满足生产机械的要求，还要使整个系统简单、经济、合理、便于操作并方便日后的维修，尽量减少导线的数量和缩短导线的长度，尽量减少电气部件的数量，尽量减少线路的触头，保证控制功能和时序的合理性。

（1）尽量减小导线的数量和缩短导线的长度

在设计控制线路时，应考虑到各个元器件之间的实际连接和布线，特别应注意电气箱、操作台和行程开关之间的连接导线。通常，启动按钮与停止按钮是直接连接的，如图14-2所示。这样的连接方式可以减少导线的数量，缩短导线的长度。

精彩演示

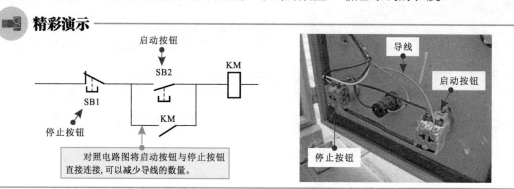

图 14-2 电力拖动系统设计尽量减少导线的数量和缩短导线的长度

（2）尽量减少电气部件的数量

在对电力拖动系统进行设计时，应减少电气部件的数量，简化电路，提高线路的可靠性。使用电气部件时，应尽量采用标准的和同型号的电气设备。

（3）尽量减少线路的触头

在设计电力拖动系统时，为了简化控制线路，在功能不变的情况下，应对控制线路进行整理，尽量减少触头的使用，如图14-3所示。

精彩演示

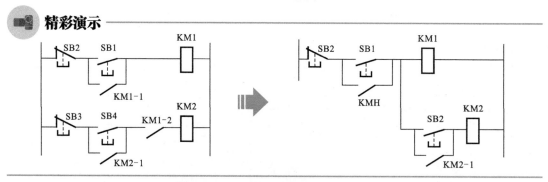

图 14-3 设计中尽量减少线路的触头

（4）控制功能和时序的合理性

控制电路工作时，除非必要的电气部件需要通电工作外，其余电气部件应尽量减少通电时间或减少通电电路部分，降低故障率，节约电能。

3 **电力拖动线路设计要保证控制线路的安全和可靠**

（1）电气部件动作的合理性

在控制线路中，应尽量使电气部件的动作顺序合理化，避免经许多电气部件依次动作后，才可以接通另一个电气部件的情况，如图14-4所示。电路中将开关 SB1 闭合后，则 KM1、KM2 和 KM3 可同时动作。

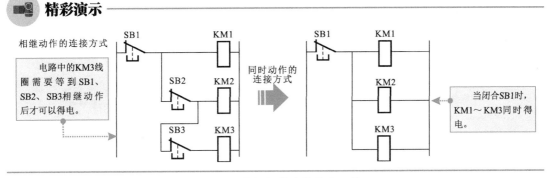

图 14-4　电气部件动作的合理性

（2）正确连接电气部件的触头

有些电气部件同时具有常开和常闭触头，且触头位置很近。行程开关两个触头的连接如图 14-5 所示。在对该类部件进行连接时，应将共用同一电源的所有接触器、继电器及执行器件的线圈端均接在电源的一侧，控制触头接在电源的另一侧，以免由于触头断开时产生的电弧造成电源短路的现象。

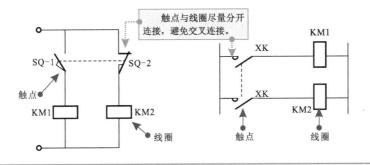

图 14-5　正确连接电气部件的触头

（3）正确连接电气部件的线圈

交流控制电路常常使用交流接触器，在使用时要注意额定工作电压及控制关系，若两个交流接触器的线圈串接在电路中（见图 14-6），则一个接触器断路，两个接触器均不能工作，而且会使工作电流不足，引起故障。

（4）应具有必要的保护环节

控制电路在事故情况下应能保证操作人员、电气设备、生产机械的安全，并能有效地制止事故的扩大。为此，在控制电路中应采取一定的保护措施。常用的有漏电保护开关、过载、短路、过电流、过电压、失电压、联锁与行程保护等措施，必要时还可设置相应的指示信号，如图 14-7 所示。

4　线路设计应尽量使控制设备的操作和维修方便

控制线路应操作简单和便利，应能迅速和方便地由一种控制方式转换到另一种控

精彩演示

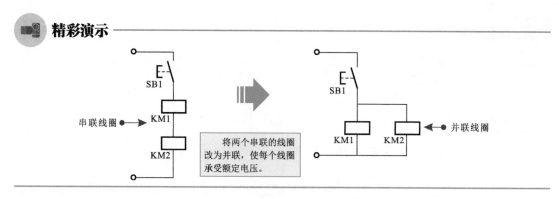

图 14-6 正确连接电气部件的线圈

精彩演示

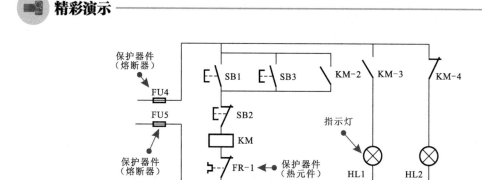

图 14-7 电力拖动线路中的保护环节

制方式，如由自动控制转到手动控制。电控设备应力求维修方便，使用安全，并应有隔离电器，以便带电抢修。总之，无论控制功能如何复杂，都是由一些基本环节组合而成的。因此，在进行线路设计时，要根据生产和工艺的要求选用适当的单元电路，并将它们合理地组合起来，就能完成线路的设计。

14.1.2 电动机及拖动设备的安装

电动机及拖动设备的安装包括电动机的安装固定及与被拖动设备的连接和安装。下面我们以电动机与水泵（被拖动设备）的安装为例进行具体的安装操作演示。操作时，将安装操作划分成电动机和拖动设备在底板上的安装、电动机与拖动设备的连接、电动机和拖动设备的固定三个步骤。

1 电动机和拖动设备在底板上的安装

水泵和电动机的重量较大，工作时会产生振动，因此不能将其直接安装放在地面上，应安装固定在混凝土基座、木板或专用的底板上，机座、木板或专用底板的长、宽尺寸应足够放置水泵和电动机。

选择底板的类型和规格要根据实际安装设备的规格，要求具有一定机械硬度，具体的安装如图 14-8 所示。

精彩演示

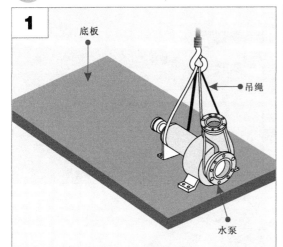

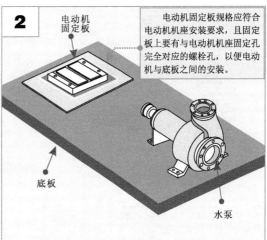

1 底板　吊绳　水泵

水泵作为拖动设备，在电动机带动下工作，首先将其安装在底板上。由于水泵重量相对较大，安装时可使用专用的吊装工具，吊起水泵，将其固定到底板上。

2 电动机固定板　底板　水泵

电动机固定板规格应符合电动机机座安装要求，且固定板上要有与电动机机座固定孔完全对应的螺栓孔，以便电动机与底板之间的安装。

水泵和电动机连接在一起，要求电动机转轴与水泵中心点在一条水平线上。当电动机高度不够时，需在其电动机的底部安装一块电动机固定板，再将该固定板安装在底板上。

图 14-8　电动机和拖动设备在底板上的安装

2　电动机与拖动设备的连接

　　水泵电动机的底板安装完成后，使用专业的吊装工具吊起电动机，将其安装固定在电动机固定板上，如图 14-9 所示，并通过联轴器与水泵连接，连接过程中应保证水泵传动轴与电动机的转轴中心线在一条水平线上。

精彩演示

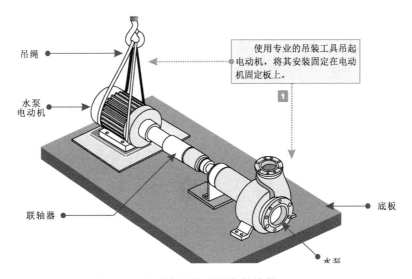

吊绳　水泵电动机　联轴器　底板　水泵

使用专业的吊装工具吊起电动机，将其安装固定在电动机固定板上。

图 14-9　电动机与拖动设备的连接

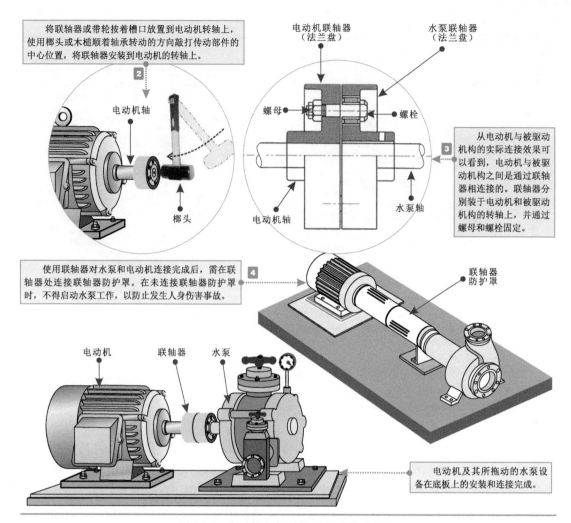

将联轴器或带轮按着槽口放置到电动机转轴上，使用榔头或木槌顺着轴承转动的方向敲打传动部件的中心位置，将联轴器安装到电动机的转轴上。

从电动机与被驱动机构的实际连接效果可以看到，电动机与被驱动机构之间是通过联轴器相连接的。联轴器分别装于电动机和被驱动机构的转轴上，并通过螺母和螺栓固定。

使用联轴器对水泵和电动机连接完成后，需在联轴器处连接联轴器防护罩。在未连接联轴器防护罩时，不得启动水泵工作，以防止发生人身伤害事故。

电动机及其所拖动的水泵设备在底板上的安装和连接完成。

图 14-9　电动机与拖动设备的连接（续）

3　电动机和拖动设备的固定

电动机和拖动设备在底板上安装完成后，需要将这一动力拖动机组固定到指定位置的水泥地上，如图 14-10 所示。

📹 精彩演示

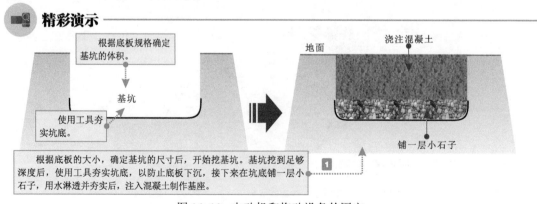

根据底板规格确定基坑的体积。

使用工具夯实坑底。

根据底板的大小，确定基坑的尺寸后，开始挖基坑。基坑挖到足够深度后，使用工具夯实坑底，以防止底板下沉，接下来在坑底铺一层小石子，用水淋透并夯实后，注入混凝土制作基座。

图 14-10　电动机和拖动设备的固定

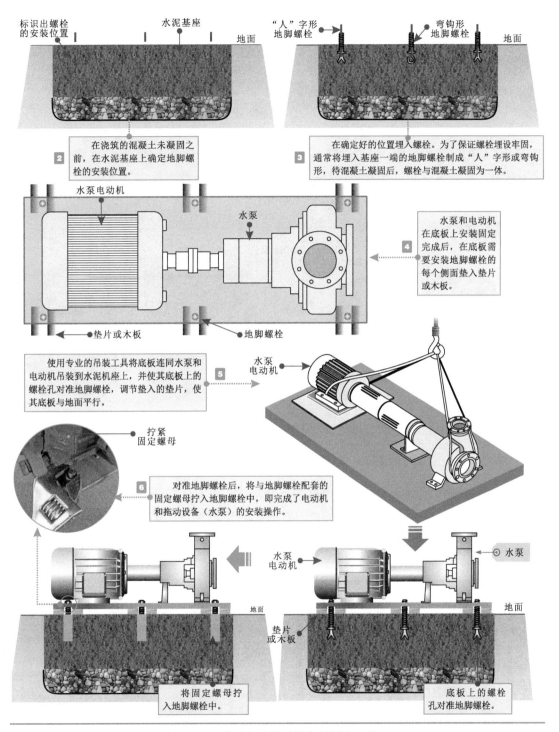

图 14-10 电动机和拖动设备的固定（续）

14.1.3 控制箱的安装与接线

控制箱是电力拖动线路中的重要组成部分，线路中的控制部件、保护部件及这些部件之间的电气连接等都集中在控制箱内，以便于操作人员集中安装、维护和操作。

安装控制箱前，首先根据控制要求，将所用电气部件准备好，并进行清点，以免出现电气部件丢失或型号不匹配的情况。整个安装过程分为箱内部件的安装与接线、控制箱的固定两个环节。

1 箱内电气部件的安装和连接

控制箱主要是由箱体、箱门和箱芯组成的。控制箱的箱芯用来安装电气部件。该部分可以从控制箱内取出，根据电气部件的数量确定控制箱外形的尺寸，在安装过程中，应先对电气部件进行布置和安装，然后根据电路图使用导线对各电气部件进行连接。

图14-11为电力拖动系统中常用的控制箱。

精彩演示

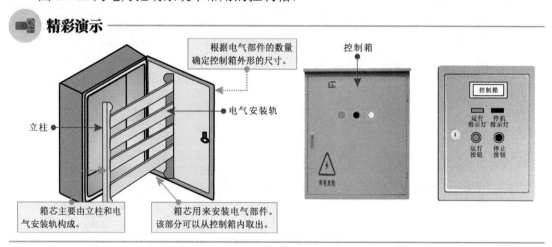

图14-11　电力拖动系统中常用的控制箱

根据电动机控制线路中主、辅电路的连接特点，以方便接线为原则，确定熔断器、接触器、继电器、热继电器、按钮等元件在控制箱中的位置，如图14-12所示。

精彩演示

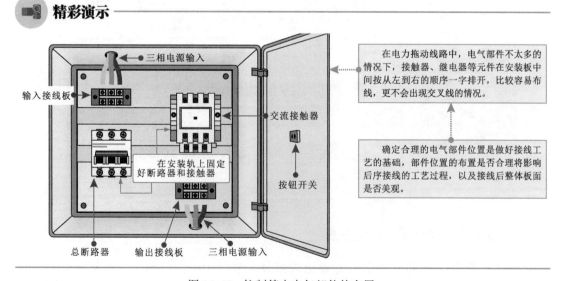

图14-12　控制箱中电气部件的布置

电气部件布置完成后，接下来应根据线路的原理图和接线图进行接线操作，即将控制箱的电源总开关、熔断器、热继电器、接触器等部件连接成具有一定控制关系的电力拖动线路。

（1）安装电源总开关

电源总开关是电动机控制系统中控制电源通断的部件，一般进线端与电源供电线路连接，出线端与控制系统保护器件（如熔断器）连接，如图 14-13 所示。

精彩演示

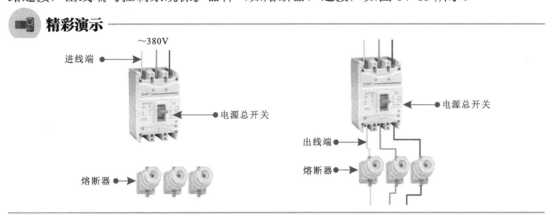

图 14-13　控制箱中电气部件的布置

（2）安装熔断器

熔断器是指在电工线路或电气系统中用于线路或设备的短路及过载保护的器件。在动手安装熔断器之前，首先要了解熔断器的安装形式和设计方法，再进行具体的安装操作，如图 14-14 所示。

精彩演示

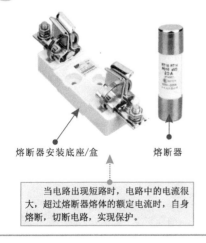

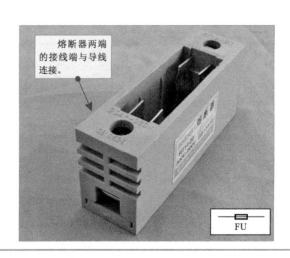

图 14-14　熔断器的安装连接示意图

了解熔断器的安装形式和设计方案后，便可以动手安装熔断器了。下面以典型电工线路中常用的熔断器为例，演示一下熔断器在电工电路中安装和接线的全过程，如图 14-15 所示。

精彩演示

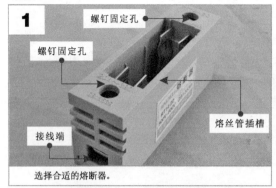

选择合适的熔断器。

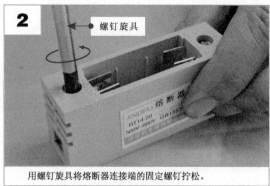

用螺钉旋具将熔断器连接端的固定螺钉拧松。

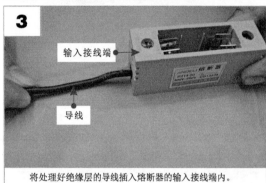

将处理好绝缘层的导线插入熔断器的输入接线端内。

用螺钉旋具拧紧输入接线端的螺钉。

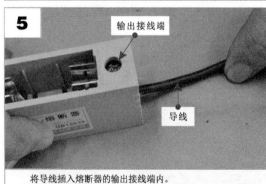

将导线插入熔断器的输出接线端内。

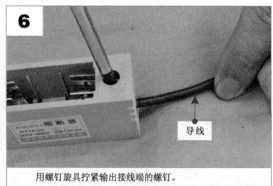

用螺钉旋具拧紧输出接线端的螺钉。

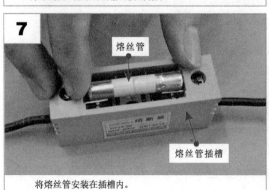

将熔丝管安装在插槽内。

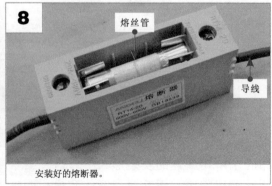

安装好的熔断器。

图 14-15 熔断器安装和接线的全过程

（3）安装热继电器

热继电器是电气部件中通过热量保护负载的一种器件。在动手安装热继电器之前，首先要了解热继电器的安装形式和设计方法后再安装，如图 14-16 所示。

精彩演示

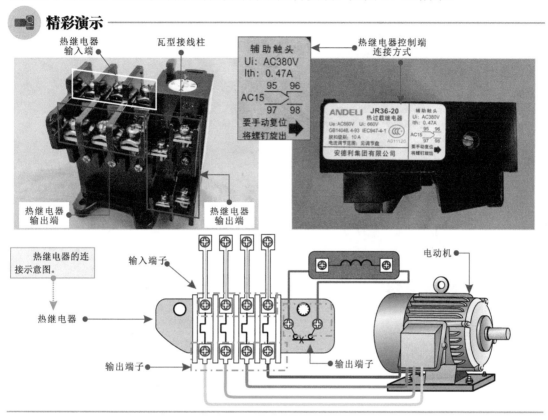

图 14-16　热继电器的安装连接示意图

了解热继电器的安装形式和设计方案后，便可以动手安装热继电器了。下面就演示一下热继电器安装的全过程，如图 14-17 所示。

精彩演示

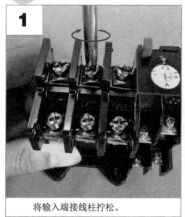

将输入端接线柱拧松。

将输出端接线柱拧松。

将控制端接线柱拧松。

图 14-17　热继电器安装的全过程

4 导线（黄色）

螺钉旋具

热继电器

使用螺钉旋具将导线与输入端连接。

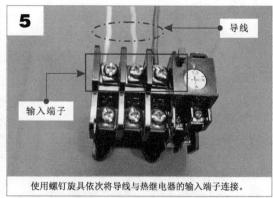

5 导线

输入端子

使用螺钉旋具依次将导线与热继电器的输入端子连接。

6 螺钉旋具

热继电器

使用螺钉旋具将导线与输出端连接。

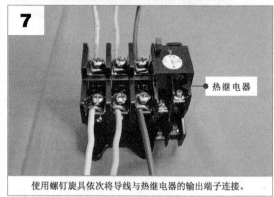

7 热继电器

使用螺钉旋具依次将导线与热继电器的输出端子连接。

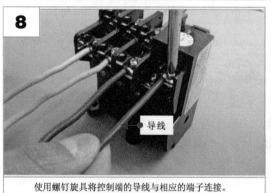

8 导线

使用螺钉旋具将控制端的导线与相应的端子连接。

9 螺钉旋具

使用螺钉旋具依次将导线与控制端子连接，导线连接完成。

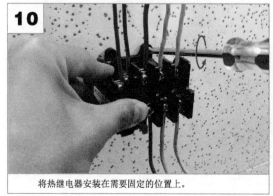

10

将热继电器安装在需要固定的位置上。

11 热继电器

用固定螺钉将热继电器固定好。

图 14-17　热继电器安装的全过程（续）

（4）安装交流接触器

交流接触器也称电磁开关，一般安装在控制电动机、电热设备、电焊机等控制线路中，是电工行业中使用最广泛的控制器件之一。安装前，先要了解交流接触器的安装形式，然后再进行具体的安装操作，如图 14-18 所示。

精彩演示

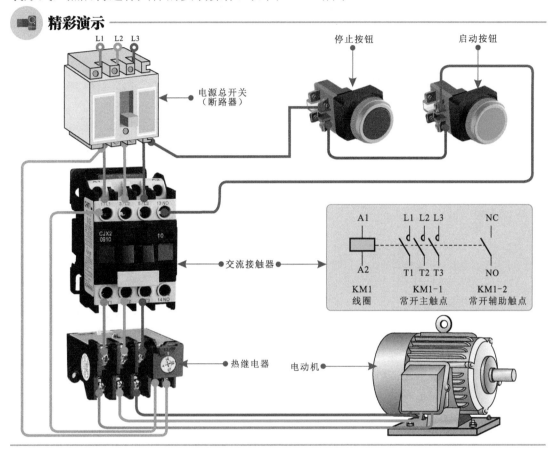

图 14-18　交流接触器的安装示意图

资料扩展

接触器的 A1 和 A2 引脚为内部线圈引脚，用来连接供电端；L1 和 T1、L2 和 T2、L3 和 T3、NO 连接端分别为内部开关引脚，用来连接电动机或负载，如图 14-19 所示。

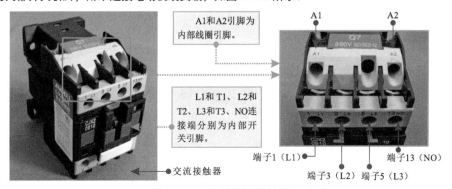

图 14-19　交流接触器的连接方式

了解交流接触器的安装方式后，便可以动手安装了。下面就演示一下交流接触器安装的全过程，如图 14-20 所示。

精彩演示

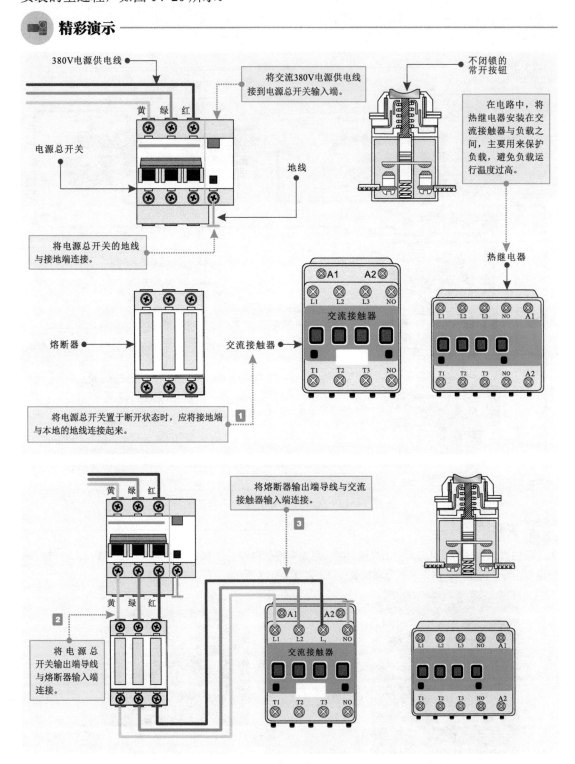

380V电源供电线

黄 绿 红

电源总开关

将交流380V电源供电线接到电源总开关输入端。

地线

不闭锁的常开按钮

在电路中，将热继电器安装在交流接触器与负载之间，主要用来保护负载，避免负载运行温度过高。

将电源总开关的地线与接地端连接。

热继电器

熔断器

交流接触器

A1 A2
L1 L2 L3 NO
交流接触器
T1 T2 T3 NO

L1 L2 L3 NO A1
T1 T2 T3 NO A2

将电源总开关置于断开状态时，应将接地端与本地的地线连接起来。 **1**

黄 绿 红

将熔断器输出端导线与交流接触器输入端连接。 **3**

黄 绿 红

2 将电源总开关输出端导线与熔断器输入端连接。

A1 A2
L1 L2 L3 NO
交流接触器
T1 T2 T3 NO

L1 L2 L3 NO A1
T1 T2 T3 NO A2

图 14-20 交流接触器的安装过程

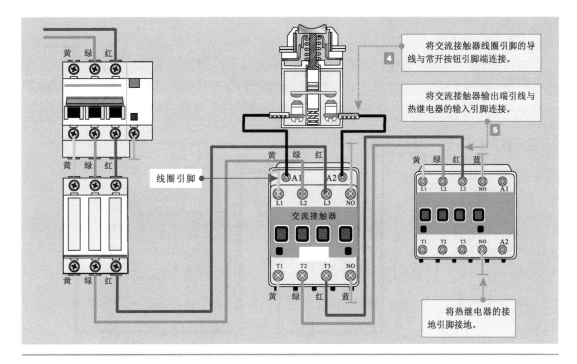

图 14-20　交流接触器的安装过程（续）

 重要提示

安装交流接触器时应注意以下几点：

· 在确定交流接触器的安装位置时，应考虑以后检查和维修的方便性。

· 交流接触器应垂直安装，底面与地面应保持平行。安装 CJ0 系列的交流接触器时，应使有孔的两面处于上下方向，以利于散热，应留有适当空间，以免烧坏相邻电器。

· 安装孔的螺栓应装有弹簧垫圈和平垫圈，并拧紧螺栓，以免因振动而松脱；安装接线时，勿使螺栓、线圈、接线头等失落，以免落入接触器内部，造成卡住或短路故障。

· 安装完毕，检查接线正确无误后，应在主触点不带电的情况下，先使线圈通电分合数次，检查动作是否可靠。只有确认接触器处于良好状态后才可投入运行。

 重要提示

电力拖动线路接线时，必须按照接线工艺要求进行，在确保接线正确的前提下，保证线路电气性能良好、接线美观。控制箱内电气部件接线的基本工艺要求如下：

· 布线通道应尽可能少，同路并行导线应单层平行密排，按主电路、控制电路分类集中。

· 同一平面的导线应高低一致或前后一致，不能交叉。

· 布线应横平竖直，分布均匀，垂直转向。

· 布线时可以接触器为中心，按先控制后主电路的顺序进行。

· 在导线的两端应套上编码套管。

· 导线与接线端子必须连接牢固，不能压导线绝缘层，也不宜露铜芯过长。

· 一个元器件接线端子上的连接导线不得多于两根，每节接线端子板上的连接导线一般只允许连接一根。

· 连接控制箱电源进线、出线、按钮及电动机保护地线等。

2 **控制箱的固定**

电路拖动控制箱内的电气部件安装、接线完成后，接下来需要将控制箱安装固定在电力拖动控制环境中。一般来说，控制箱适合于墙壁式安装或是落地式安装，确定安装位置后，将控制箱固定孔用合适的螺栓固定或底座固定即可，如图14-21所示。

精彩演示

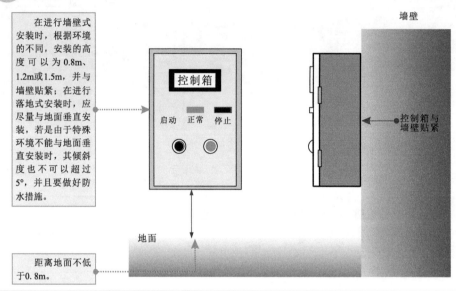

在进行墙壁式安装时，根据环境的不同，安装的高度可以为0.8m、1.2m或1.5m，并与墙壁贴紧；在进行落地式安装时，应尽量与地面垂直安装，若是由于特殊环境不能与地面垂直安装时，其倾斜度也不可以超过5°，并且要做好防水措施。

控制箱

启动　正常　停止

墙壁

控制箱与墙壁贴紧

地面

距离地面不低于0.8m。

图14-21　控制箱的固定

14.2　电力拖动系统的调试与检修

14.2.1　典型直流电动机启动控制线路的调试与检修

对直流电动机启停控制线路进行调试与检修，首先要了解线路的基本控制功能，根据线路功能逐一检查各控制部件操控是否正常、执行部件动作是否到位、直流电动机运转是否正常，并对动作异常、不灵活、不符合要求的部件进行调整，直到线路达到最佳状态。若线路异常，还需要及时检修。

1 **了解线路功能**

找到线路中的控制部件SB1、SB2，操作这两个控制部件，分析线路中各部件的动作或状态的变化，了解线路功能，如图14-22所示。

2 **调试线路，验证线路功能**

调试线路分为断电调试和通电调试两个方面。通过调试，确保线路能够完全按照设计要求实现控制功能，并正常工作，如图14-23所示。

精彩演示

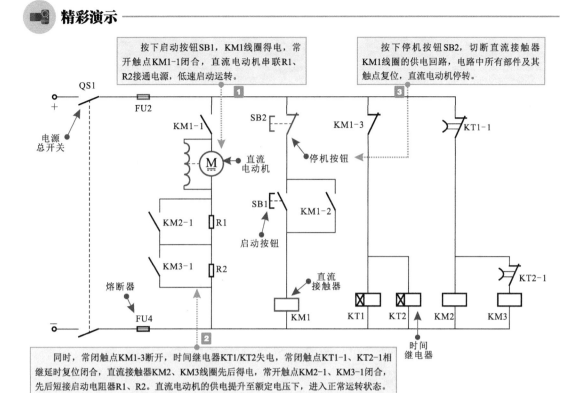

> 按下启动按钮SB1，KM1线圈得电，常开触点KM1-1闭合，直流电动机串联R1、R2接通电源，低速启动运转。

> 按下停机按钮SB2，切断直流接触器KM1线圈的供电回路，电路中所有部件及其触点复位，直流电动机停转。

> 同时，常闭触点KM1-3断开，时间继电器KT1/KT2失电，常闭触点KT1-1、KT2-1相继延时复位闭合，直流接触器KM2、KM3线圈先后得电，常开触点KM2-1、KM3-1闭合，先后短接启动电阻器R1、R2。直流电动机的供电提升至额定电压下，进入正常运转状态。

图 14-22　直流电动机启动控制线路的功能

精彩演示

【断电调试】		【通电调试】	
◆ 对应线路原理图检查线路各部件之间有无漏接、错接部位	正常	◆ 合上电源总开关QS1，接通直流电源，检查直流电动机是否运转，有无异常发热、声响等	正常
◆ 轻轻晃动或拖拽连接端子，检查部件安装和连接是否牢固	正常	◆ 按下启动按钮SB1，观察接触器触点是否动作，动作状态是否符合控制要求，有无电弧等异常现象	正常
◆ 按动操作部件SB1、SB2，检查是否灵活，有无卡死情况等	正常	◆ 按下启动按钮SB1，观察时间继电器动作前后顺序是否符合设计要求	正常
		◆ 按下停止按钮SB2，查看直流电动机是否停转，接触器、时间继电器触点等复位是否到位，有无卡死情况	正常

图 14-23　调试和验证线路控制功能

3　排查异常情况，检修故障

在调试过程中，若控制功能异常，或有电气部件动作变化与设计要求不符，需要对线路进行检修。按下启动按钮 SB1，直流电动机没有任何动作，可借助万用表对线路进行检修，如图 14-24 所示。

精彩演示

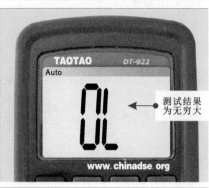

沿线路连接关系依次检测电路中直流电压均正常，怀疑启动按钮本身异常，应将其引线断开，用万用表检测控制按钮在按下和松开两种状态下的阻值情况。

实测两种状态下的阻值均为无穷大，说明内部触点损坏，更换后，故障被排除。

启动按钮

测试结果为无穷大

图 14-24　线路故障的检修

14.2.2 典型三相交流电动机启动控制线路的调试与检修

对典型三相交流电动机启动控制线路进行调试与检修，首先要了解线路的基本控制功能，根据线路功能逐一检查各控制部件操控是否正常、执行部件动作是否到位、直流电动机运转是否正常，并对动作异常、不灵活、不符合要求的位置进行调整，直到线路达到最佳状态。若线路异常，还需要及时进行检修。

1　了解线路功能

找到该线路中的控制部件 SB1（控制线路功能启动）、SB2（控制线路功能停止），操作这两个控制部件，分析线路中各部件的动作或状态的变化，了解线路功能，如图 14-25 所示。

精彩演示

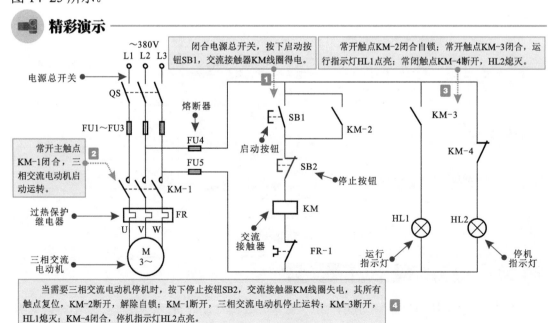

图 14-25　线路功能

2 　**调试线路，验证线路功能**

调试线路分为断电调试和通电调试两个方面。通过调试，确保线路能够完全按照设计要求实现控制功能，并正常工作，如图 14-26 所示。

 精彩演示 ────────

【断电调试】	【通电调试】
按照电路图从电源端开始，逐段确认接线有无漏接、错接之处，检查导线接点的连接是否符合工艺要求	合上总电源开关后，停机指示灯 HL2 灯亮
在断开总电源开关的状态下，用万用表欧姆挡检测控制线路线头之间（V1 和 W1 之间）的电阻值判断电路是否正常。按下启动按钮，万用表测得数值应为交流接触器 KM 线圈两端的电阻值，正常情况下应有一定的阻值	当按下启动按钮后电动机应能够正常启动，即使松开手，电动机仍能持续运转，此时运转指示灯 HL1 亮
在上述检测中，正常状态下，万用表应测得一定电阻值，此时按下停止键，相当于切断电路，万用表的读数应为无穷大	观察各种电器元件动作是否灵活、噪声是否过大、电动机运行是否正常等。若有异常，应立即停车检查

图 14-26　调试和验证线路功能

3 　**排除异常情况，检修线路故障**

在上述调试过程中，当切断电路时，交流接触器的线圈也能够断电，但发现接触器的常开主触点不能释放，有时能释放但释放速度缓慢，产生电动机不能根据需要迅速断电停机的故障。

资料扩展 ────────

根据维修经验，接触器线圈能够随控制电路操作而断电，说明线路的连接正常，接触器主触点无法释放的原因有很多种，常见的原因及解决方法如下：

（1）铁芯表面有油污导致线圈铁芯不能迅速断开，使接触器主触点不能迅速释放，清理铁芯极面即可排除故障。

（2）触点弹簧压力过小或反作用力弹簧损坏是导致出现上述故障最常见的原因。电气设备使用寿命的限制或长时间连续高强度的工作都会使弹簧性能降低，可通过调整触点弹簧力或直接更换弹簧的方法排除故障。

（3）机械卡阻。有些工矿企业，由于工作环境的复杂性，难免会有杂物进入控制板中，打开交流接触器外壳，清除卡阻物即可排除故障。

14.3　典型电力拖动系统的调试与检修案例

14.3.1　单相交流电动机启动控制线路的调试与检测

单相交流电动机的启停控制电路是指由按钮开关、接触器等功能部件实现对单相交流电动机启动和停止的电气控制。

图 14-27 为典型单相交流电动机启停控制电路的结构组成。

精彩演示

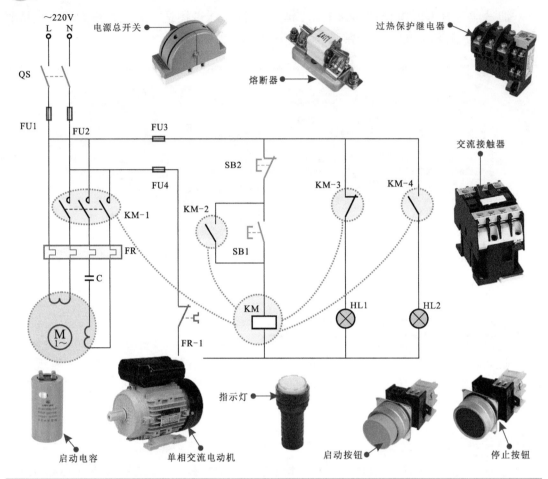

图 14-27　典型单相交流电动机启停控制线路的结构组成

 资料扩展

电源总开关，在电路中用于接通单相电源。

熔断器，在电路中用于过载、短路保护。

过热保护继电器，在电路中用于单相交流电动机的过热保护。

交流接触器，通过线圈的得电，触点动作，接通单相交流电动机的电源。

启动按钮，用于单相交流电动机的启动控制。停止按钮，用于单相交流电动机的停机控制。

指示灯，用于指示单相交流电动机的工作状态。

启动电容，用来使单相交流电动机两个绕组中的电流产生相位差，以产生旋转磁场，使单相交流电动机启动旋转。

单相交流电动机利用单相交流电源供电，其转速随负载变化略有变化，在控制线路中受启动按钮、停止按钮及交流接触器等控制部件控制，为不同的机械设备提供动力。

图 14-28 为典型单相交流电动机启停控制电路的接线关系。

精彩演示

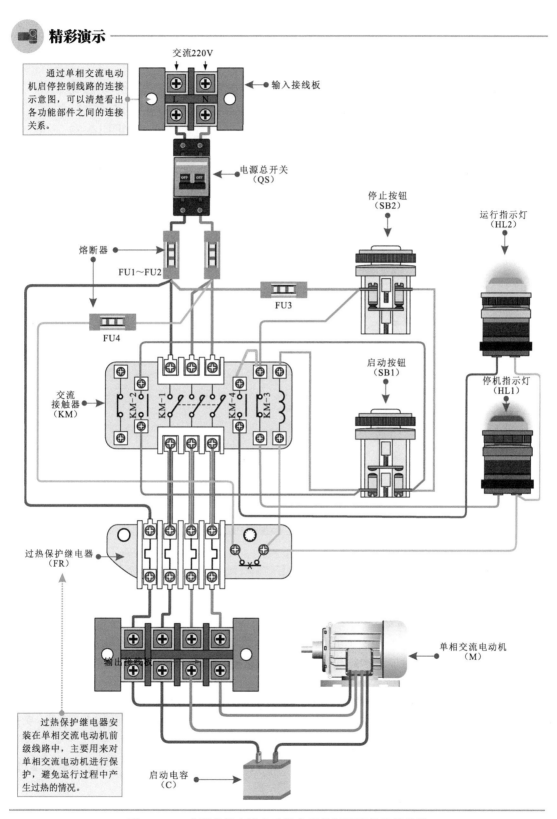

交流220V

通过单相交流电动机启停控制线路的连接示意图，可以清楚看出各功能部件之间的连接关系。

输入接线板

电源总开关（QS）

停止按钮（SB2）

运行指示灯（HL2）

熔断器

FU1～FU2

FU3

FU4

启动按钮（SB1）

停机指示灯（HL1）

交流接触器（KM）

KM-2　KM-1　KM-4　KM-3

过热保护继电器（FR）

单相交流电动机（M）

输出接线板

过热保护继电器安装在单相交流电动机前级线路中，主要用来对单相交流电动机进行保护，避免运行过程中产生过热的情况。

启动电容（C）

图 14-28　典型单相交流电动机启停控制线路的接线关系

　　结合单相交流电动机启停控制线路的结构组成和接线关系，先按照电路原理图和接线图从电源端开始，逐段确认接线有无漏接、错接之处，检查导线接点是否符合工艺要求。

　　首先，断开电源开关 QS，用验电器检测被测电路无电后，按下启动按钮 SB1，控制电路启动；按下停止按钮 SB2，控制支路供电回路被切断。根据这一控制关系，借助万用表检测控制支路的通断状态判断电路的启停功能是否正常，如图 14-29 所示。

📹 精彩演示

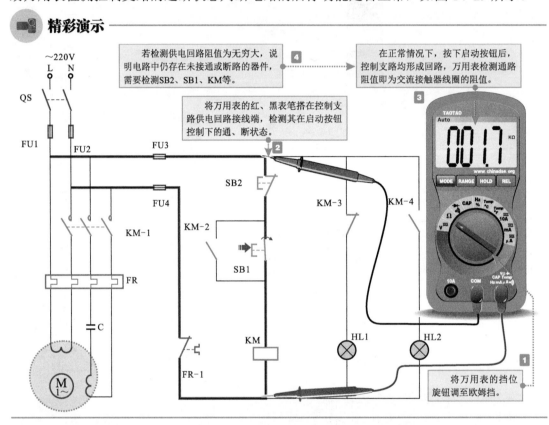

图 14-29　单相交流电动机启停控制线路启停功能的检测调试

🔋 资料扩展

　　在上述控制支路中，在按下启动按钮（保持按下状态，不能松开按钮）后，控制支路的供电回路接通，用万用表检测时，能够测得回路中各部件串联后的阻值，由于 SB2、SB1 触点在接通状态下阻值可以忽略不计，因此，当电路启动功能正常时，万用表所测得的阻值即为交流接触器线圈的阻值。若阻值过大或接近无穷大，需要对电路中的组成部件进行检测。

　　在按下停止按钮 SB2 后，该控制支路的供电回路均被切断，借助万用表检测回路阻值，所测结果应为无穷大，说明该电路的停止功能正常。若借助万用表检测时不符合上述规律，则说明停止按钮失常，需要检测停止按钮的性能，排除故障因素，恢复电路功能。

　　确定线路连接无误后，接下来进行通电测试操作，在实际操作过程中要严格执行安全操作规程中的有关规定，确保人身安全。

　　根据电路的功能，接通电源，合上电源总开关 QS 后，停机指示灯 HL1 应点亮。当按下启动按钮 SB1 时，电动机应能正常运行，同时运行指示灯 HL2 点亮，停机指示灯 HL1 熄灭;当按下停机按钮时,电动机应停止运转,停机指示灯 HL1 点亮,运行指示灯 HL2 熄灭。通电测试过程中,应同时观察各种电器元件动作是否灵活,噪声是否过大,电动机运行是否正常等情况。若有异常,应立即停机检查,如图 14-30 所示。

精彩演示

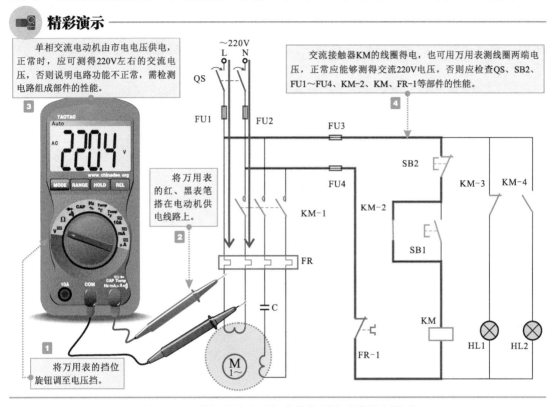

图 14-30 单相交流电动机启停控制线路的通电测试

重要提示

在测试过程中,当切断电路时,交流接触器的线圈能够断电,但发现接触器的常开主触点不能释放,有时能释放但释放速度缓慢,产生电动机不能根据需要迅速断电停机的故障时,根据维修经验,接触器线圈能够根据控制电路操作而断电,说明线路的连接正常,接触器主触点无法释放的原因有很多种:铁芯表面有油污;触点弹簧压力过小或反作用力弹簧损坏;有杂物卡住触点,需要检修或更换交流接触器,如图 14-31 所示。

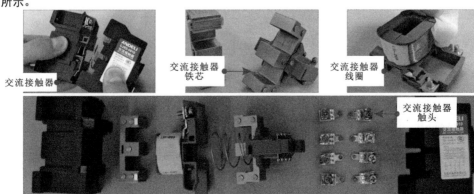

图 14-31 交流接触器的检查与修复

14.3.2 三相交流电动机反接制动控制线路的调试与检测

三相交流电动机的反接制动控制线路是指通过反接电动机的供电相序来改变电动机的旋转方向，以此来降低电动机的转速，最终达到停机的目的。电动机在反接制动时，电路会改变电动机定子绕组的电源相序，使之有反转趋势而产生较大的制动力矩，从而迅速使电动机的转速降低，最后通过速度继电器自动切断制动电源，确保电动机不会反转。

图 14-32 为典型三相交流电动机反接制动控制电路的结构组成。

精彩演示

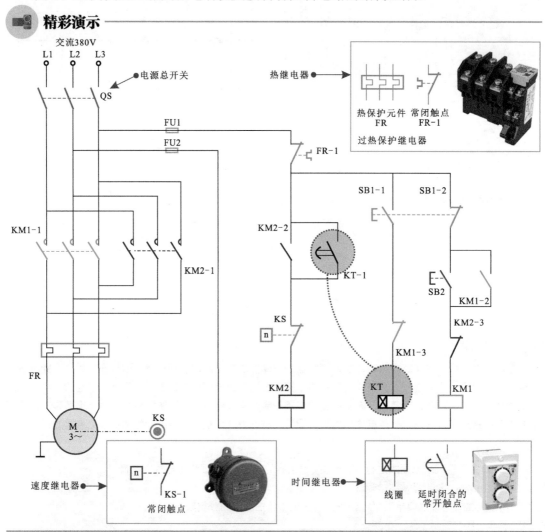

图 14-32 典型三相交流电动机反接制动控制电路的结构组成

资料扩展

速度继电器常用于三相异步电动机反接制动电路中，工作时，转子和定子与电动机相连接，当电动机的相序改变，反相转动时，速度继电器的转子也随之反转，产生与实际转动方向相反的旋转磁场，从而产生制动力矩，这时速度继电器的定子就可以触动另外一组触点，使之断开或闭合。

当电动机停止时，速度继电器的触点即可恢复原来的静止状态。

图 14-33 为典型三相交流电动机反接制动控制电路的接线关系。

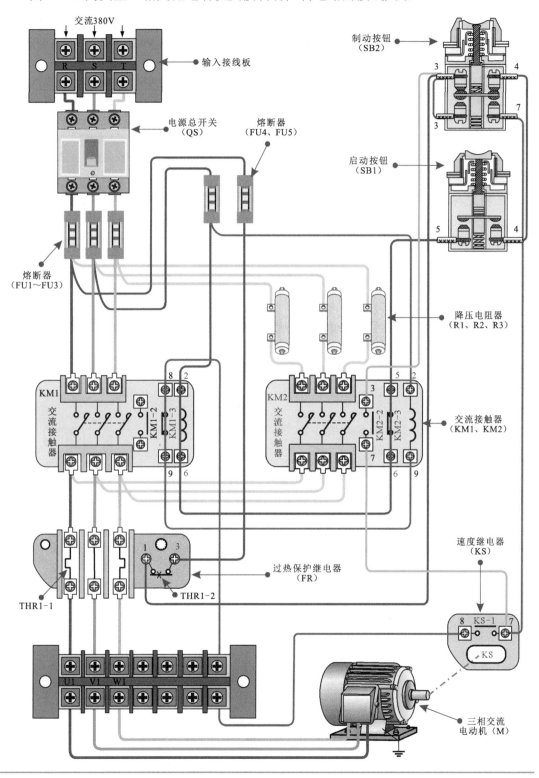

图 14-33　典型三相交流电动机反接制动控制电路的接线关系

资料扩展

合上电源总开关 QS，接通三相电源。按下启动按钮 SB2，交流接触器 KM1 线圈得电。常开主触点 KM1-1 闭合，三相交流电动机按 L1、L2、L3 的相序接通三相电源，开始正向启动运转；常开辅助触点 KM1-2 闭合，实现自锁功能；常闭触点 KM1-3 断开，防止 KT 线圈得电。

如需制动停机，按下制动按钮 SB1。常闭触点 SB1-2 断开，交流接触器 KM1 线圈失电，其触点全部复位；常开触点 SB1-1 闭合，时间继电器 KT 线圈得电。当达到 KT1 预先设定的时间时，常开触点 KT-1 延时闭合。交流接触器 KM2 线圈得电，使常开触点 KM2-2 闭合自锁、常闭触点 KM2-3 断开，防止交流接触器 KM1 线圈得电。常开触点 KM2-1 闭合，改变电动机定子绕组电源相序，电动机有反转趋势，产生较大的制动力矩，开始制动减速。当电动机转速减小到一定值时，速度继电器 KS 断开，KM2 线圈失电，其触点全部复位，切断电动机的制动电源，电动机停止运转。

三相交流电动机反接制动控制线路中，启动按钮 SB2 控制电动机启动运转；制动按钮 SB1 控制电动机反接制动停机；三相交流电动机在电路控制下实现正相序启动运转，反相序制动停机功能。因此，检查和测试三相交流电动机反接制动控制线路时，可接通电路总电源开关，按下启动按钮 SB2，检测电路电压值，根据测量结果判断电路性能。若供电正常，说明电路控制功能正常；若无供电，需要在断电状态测量控制部分所有组成部件的性能，最后完成电路的检验、调试或故障判别。

首先，在电路中按下启动按钮 SB2，控制支路部分形成供电回路，控制电路启动。根据这一控制关系，可借助万用表检测控制支路的供电电压，如图 14-34 所示。

精彩演示

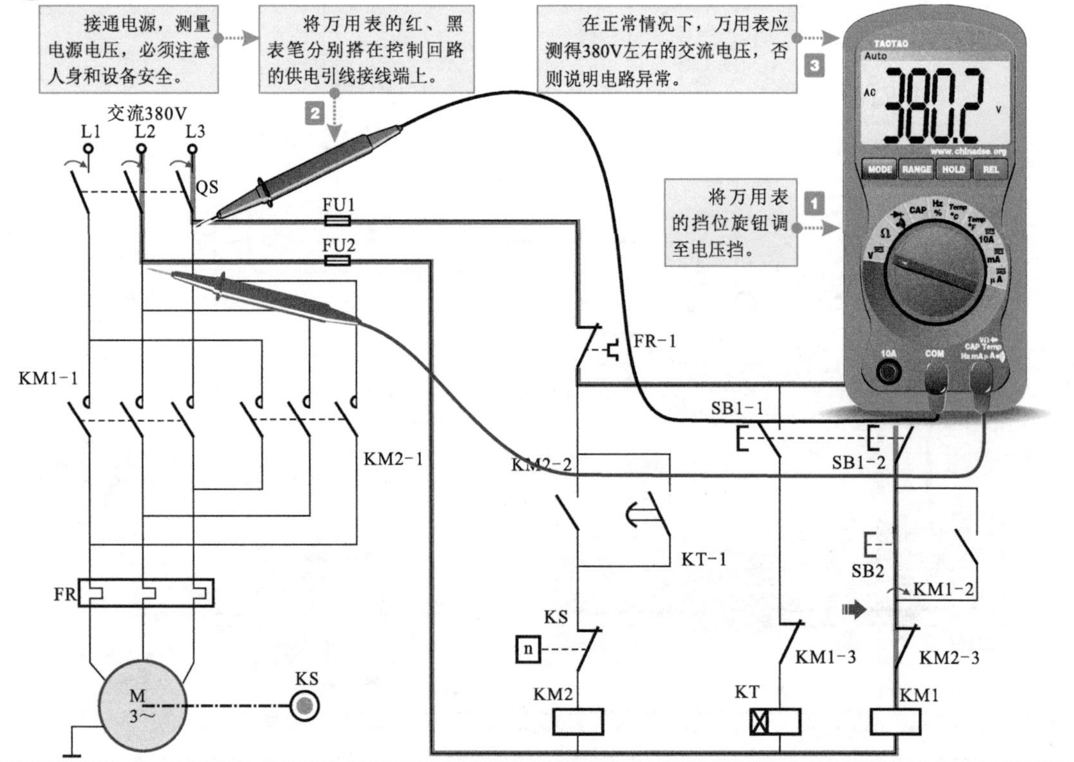

图 14-34　检查电动机反接制动控制线路并测量其供电电压

　　如果电路异常，则可进行电阻的测量。电阻测量法是指在切断电源的状态下，用万用表的电阻挡测量控制线路中电气故障的方法。该方法操作简单、方便和安全，是检修电力拖动线路最常采用的一种检测方法。

　　如图 14-35 所示，使用电阻测量法检测线路时，首先切断线路总电源，将万用表置于电阻挡，检测怀疑线路部分的电阻值，根据测量结果判断测量部位的正常与否。

精彩演示

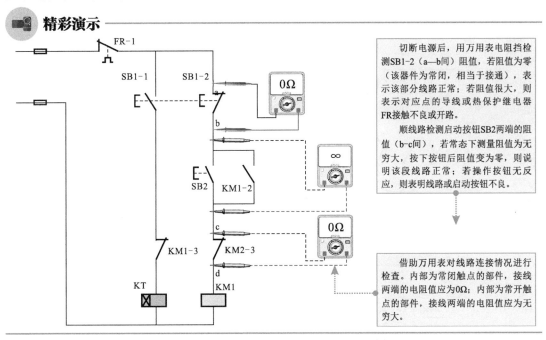

图 14-35　采用电阻测量法检测电路组成部件性能

重要提示

　　检测控制部分组成部件的性能时，还可保持万用表的一支表笔在线路开始部分不动，另一支表笔沿线路连接情况逐级向后检测，当发现阻值不正常时，即为重要的故障点，由此来判断线路中的故障，此法为电阻分阶测量法，如图 14-36 所示。

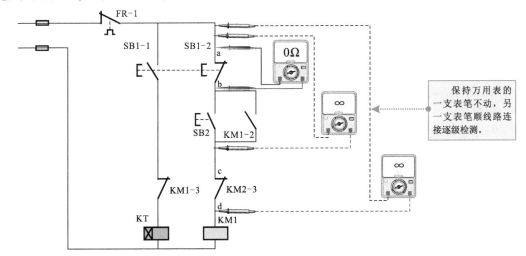

图 14-36　电阻分阶测量法检测电动机反接制动控制电路中控制部分

14.3.3 三相交流电动机调速控制线路的调试与检测

三相交流电动机调速控制线路是指利用时间继电器控制电动机的低速或高速运转，用户可以通过低速运转按钮和高速运转按钮实现对三相交流电动机低速和高速运转的切换控制。图14-37为典型三相交流电动机调速控制线路的结构组成。

精彩演示

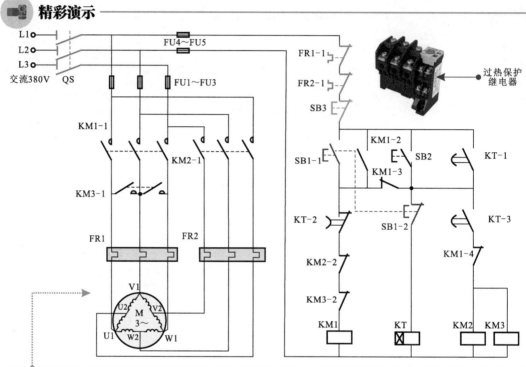

根据控制电路可知，该电路主要的部件有电源总开关QS、低速运转按钮SB1、高速运转按钮SB2、停止按钮SB3、交流接触器KM1/KM2/KM3、时间继电器KT、过热保护继电器FR1/FR2等。

当高速运行时，电动机定子绕组为YY连接，这种连接是将三相电源L1、L2、L3连接在定子绕组的出线端U2、V2、W2上，且将接线端U1、V1、W1连接在一起，此时电动机每相绕组的①②线圈相互并联，电动机磁极为2极，同步转速为3 000r/min。

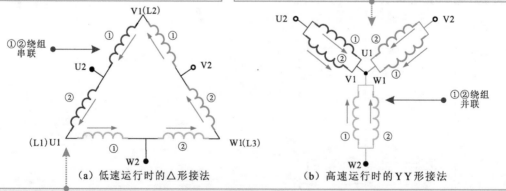

(a) 低速运行时的△形接法　　　　　(b) 高速运行时的YY形接法

双速三相交流电动机通过内部定子绕线的不同连接方式实现速度调整。当低速运行时，电动机定子为三角形（△）连接，这种接法中，电动机的三相定子绕组接成三角形，三相电源线L1、L2、L3分别连接在定子绕组三个出线端U1、V1、W1上，且每相绕组中点接出的接线端U2、V2、W2悬空不接，此时电动机三相绕组构成了三角形连接，每相绕组的①②线圈相互串联，电路中电流方向如图中箭头所示。若此时电动机磁极为4极，则同步转速为1500r/min。

图14-37　典型三相交流电动机调速控制线路的结构组成

图 14-38 为典型三相交流电动机调速控制线路的接线关系。

精彩演示

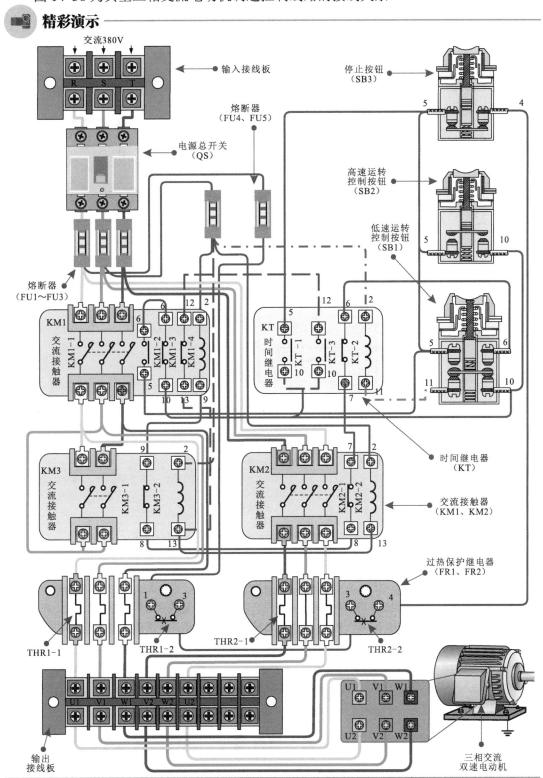

图 14-38 典型三相交流电动机调速控制线路的接线关系

　　三相交流电动机调速控制线路在通电试机前，需要对其连接线路进行测试操作。首先按照电路原理图和接线图从电源端开始，逐段确认接线有无漏接、错接之处，检查导线连接点是否符合工艺要求。若各处连接均正常，则需要对控制线路的通断情况进行检测，如图 14-39 所示。

精彩演示

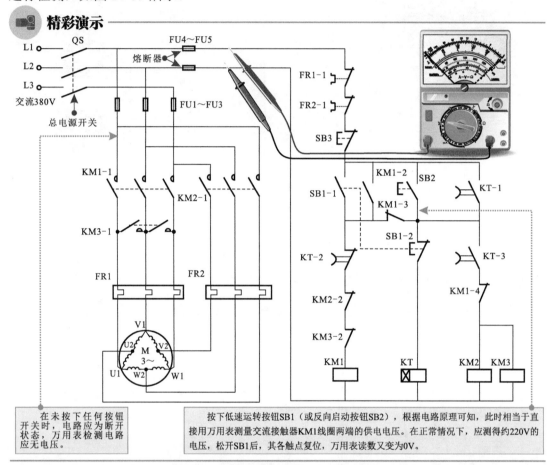

图 14-39　检查电动机调速控制线路并测量其供电电压

重要提示

　　若检测线路均正常，则以同样的方法检测交流接触器及停止按钮，在正常情况下，手动操作交流接触器的主触点使其闭合，检测控制电路部分接通，此时用万用表两支表笔接在控制电路线端，按下停止按钮 SB3 后，切断电路，万用表读数应为无穷大。检测均正常后，需要通电并按动各功能键，若能实现调速，则电路正常。

　　若电路持续运转相当长的一段时间后，过热保护器因电动机过热自动切断保护电路，但在电动机及周围环境冷却后，闭合过热保护器触点，接通电源，按下低速运转按钮，电动机不能启动运转，应检测过热保护继电器或更换过热保护继电器。

14.3.4　电动机拖动水泵构成的农田排灌控制线路的调试与检测

　　农田灌溉控制线路是一种具有农田灌溉过程中自动停机功能的电路，即能够根据排灌渠中水位的高低自动控制排灌电动机的启动和停机，从而防止了排灌渠中无水而排灌电动机仍然工作的现象，起到保护排灌电动机的作用。

图 14-40 为农田排灌控制线路的结构组成。

精彩演示

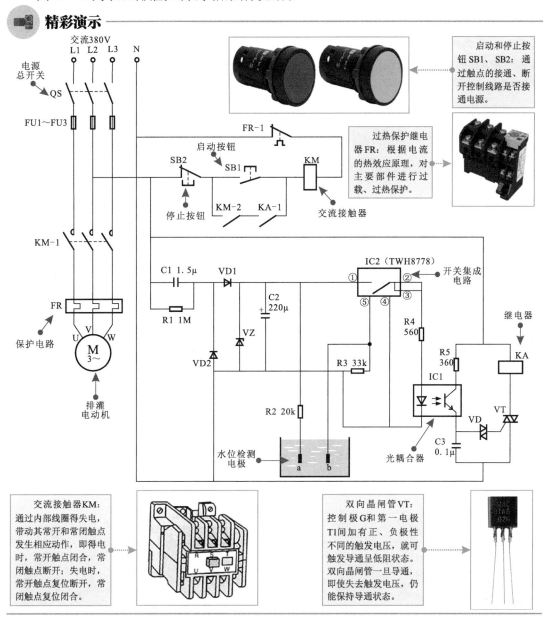

图 14-40　农田排灌控制线路的结构组成

资料扩展

　　闭合电源总开关 QS，交流 220V 电压经电容器 C1 降压，通过整流二极管 VD1、VD2 整流，稳压二极管 VZ 稳压，滤波电容器 C2 滤波后，输出 +9V 直流电压。9V 电压一路加到开关集成电路 IC2 的①脚，　另一路经 R2 和电极 a、b 加到 IC2 的⑤脚，⑤脚为高电平，使开关集成电路 IC2 内部电子开关导通。

　　开关集成电路 IC2 内部的电子开关导通，由其②脚输出 +9V 电压。+9V 电压经 R4 为光耦合器 IC1 供电，IC1 工作后输出触发信号，双向触发二极管 VD 导通，触发双向晶闸管 VT 导通，中间继电器 KA 线圈得电，常开触点 KA-1 闭合。

　　按下启动按钮 SB1，交流接触器 KM 的线圈得电，自锁触点 KM-2 闭合自锁，锁定启动按钮 SB1，即使松开 SB1，KM 线圈仍保持得电状态；同时，KM 的主触点 KM-1 闭合，接通电源，水泵电动机 M 带动水泵运转，对农田进行灌溉。

　　排水渠水位降低至最低，水位检测电极 a、b 由于无水而处于开路状态，IC2 的⑤脚变为低电平，开关集成电路 IC2 内部的电子开关复位断开。光耦合器 IC1、双向触发二极管 VD、双向晶闸管 VT 均截止，中间继电器 KA 线圈失电，触点 KA-1 复位断开。交流接触器 KM 的线圈失电，触点复位，为控制电路下次启动做好准备，电动机电源被切断，电动机停止运转，自动灌溉结束。

　　农田排灌控制线路在实际工作时，与线路功能不一致或异常，需要对线路进行调试和检测，如图 14-41 所示。

🎥 精彩演示

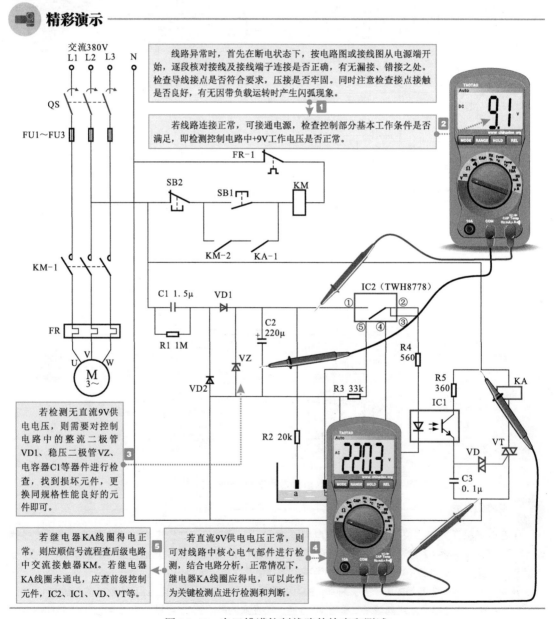

图 14-41　农田排灌控制线路的检查和测试

14.3.5　电动机拖动机床构成铣床控制线路的调试与检测

电动机拖动机床设备常见的有铣床、车床、磨床、钻床、刨床等，下面以典型铣床控制线路为例进行介绍。

铣床用于对工件进行铣削加工。图 14-42 为典型铣床控制线路的结构组成。该电路配置两台电动机，分别为冷却泵电动机 M1 和铣头电动机 M2。其中，铣头电动机 M2 采用调速和正反转控制，可根据加工工件对其运转方向及旋转速度进行设置；冷却泵电动机则根据需要通过转换开关直接控制。

精彩演示

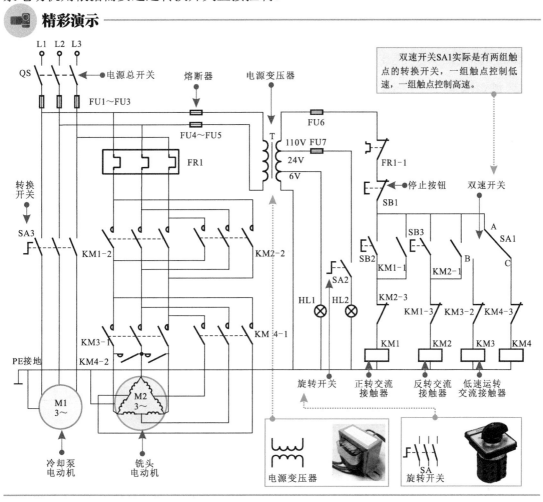

图 14-42　典型铣床控制线路的结构组成

资料扩展

合上 QS，按下正转启动按钮 SB2，KM1 的线圈得电，其常开辅助触点 KM1-1 闭合，实现自锁功能；同时，常开主触点 KM1-2 闭合，为 M2 正转做好准备；常闭辅助触点 KM1-3 断开，防止 KM2 的线圈得电。

转动 SA1，触点 A、B 接通，KM3 的线圈得电，其常闭辅助触点 KM3-2 断开，防止 KM4 的线圈得电；常开主触点 KM3-1 闭合，电源为 M2 供电。铣头电动机 M2 绕组呈△形连接接入电源，开始低速正向运转。

闭合旋转开关 SA3，冷却泵电动机 M1 启动运转。转动双速开关 SA1，触点 A、C 接通，KM4 的线圈得电，相应触点动作，其常闭辅助触点 KM4-3 断开，防止 KM3 的线圈得电；同时，常开触点 KM4-1、KM4-2 闭合，电源为铣头电动机 M2 供电，铣头电动机 M2 绕组呈 Y 形连接接入电源，开始高速正向运转。

当铣头电动机 M2 需要高速反转运转加工工件时，按下反转启动按钮 SB3，其内部常开触点闭合，交流接触器 KM2 动作，电路控制过程与正转相似。

当铣削加工完成后，按下停止按钮 SB1，无论电动机处于任何方向或速度运转，接触器线圈均失电，铣头电动机 M2 停止运转。

典型万能铣床在实际工作时，与线路功能不一致或异常，需要对线路进行调试和检测。根据控制线路原理，该机床设备铣头的变速运行受控制线路中调速开关 SA1 的控制，若电动机调速控制失常，主要检查控制线路中调速开关 SA1 及交流接触器 KM1 ～ KM4 线圈和触点是否正常。

在电路接通电源状态下，当调速开关 SA1 的 A、B 触点接通时，交流接触器 KM3 线圈上应有交流 110V 电压，如图 14-43 所示，否则说明调速开关 SA1 控制失常。

精彩演示

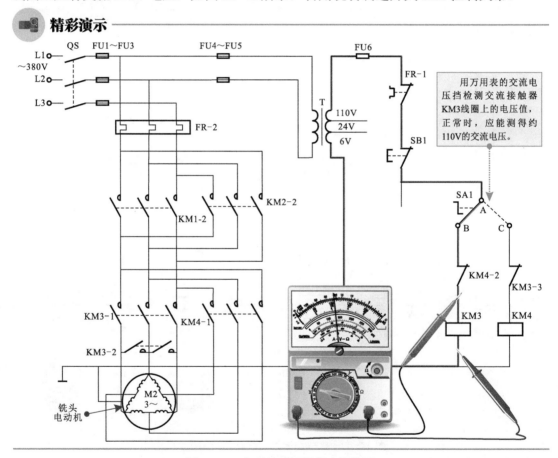

用万用表的交流电压挡检测交流接触器 KM3 线圈上的电压值，正常时，应能测得约 110V 的交流电压。

图 14-43　典型铣床控制线路的检测

 重要提示

在检测过程中，若铣头电动机 M2 无法启动，应对主电路及控制电路进行检测。

· 检查总电源开关 QS、熔断器 FU1 ～ FU3 是否存在接触不良或连线断路。

· 检查控制电路中热继电器是否有常闭触点不复位或接触不良，可手动复位、修复或更换。

· 检查控制电路中启动按钮 SB2、SB3 触点接触是否正常，连接是否存在断路，可修复或更换。

· 检查交流接触器线圈是否开路或连线断路，更换同规格接触器或将连线接好。

第15章 变频器与变频电路

15.1 变频器的种类特点

15.1.1 变频器的种类

变频器的英文名称 VFD 或 VVVF，它是一种利用逆变电路的方式将恒频恒压的电源变成频率和电压可变的电源，进而对电动机进行调速控制的电器装置。

图 15-1 为变频器的实物外形。

精彩演示

图 15-1　变频器的实物外形

变频器种类很多，其分类方式也是多种多样，按照不同的分类方式，具体的类别也不相同。

1　按变换方式分类

变频器按照变换方式的不同主要分为两类：交—直—交变频器和交—交变频器。

如图 15-2 所示，交—直—交变频器又称间接式变频器，该变频器是先将工频交流电通过整流单元转换成脉动的直流电，再经中间电路中的电容平滑滤波，为逆变电路供电，在控制系统的控制下，逆变电路将直流电源转换成频率和电压可调的交流电后，提供给负载（电动机）进行变速控制。

如图 15-3 所示，交—交变频器又称直接式变频器，该变频器是将工频交流电直接转换成频率和电压可调的交流电，提供给负载（电动机）进行变速控制。

2　按电源性质分类

根据交—直—交变频器中间电路的电源性质的不同，可将变频器分为两大类：电压型变频器和电流型变频器。

 精彩演示

交—直—交变频器又
称为间接式变频器。 ┈┈┈┈┈┈▶ 变频器

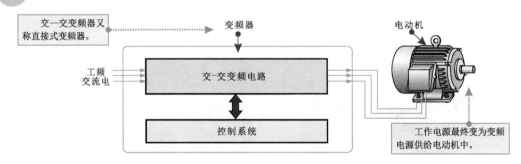

图 15-2　交—直—交变频器

 精彩演示

交—交变频器又
称直接式变频器。 ┈┈┈┈┈┈▶ 变频器

图 15-3　交—交变频器

如图 15-4 所示，电压型变频器的特点是中间电路采用电容器作为直流储能元件，缓冲负载的无功功率。直流电压比较平稳，直流电源内阻较小，相当于电压源，故电压型变频器常选用于负载电压变化较大的场合。

 精彩演示

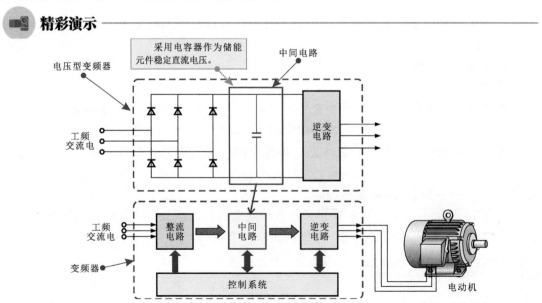

图 15-4　电压型变频器

如图 15-5 所示，电流型变频器的特点是中间电路采用电感器作为直流储能元件，用以缓冲负载的无功功率，即扼制电流的变化，使电压接近正弦波，由于该直流内阻较大，可扼制负载电流频繁而急剧的变化，因此，电流型变频器常适用于负载电流变化较大的场合。

精彩演示

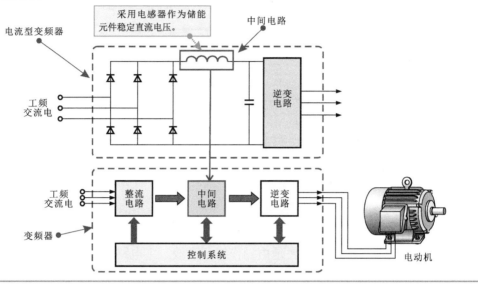

图 15-5 电流型变频器

3 按调制方法分类

变频器按照调制方法的不同主要分为两类：PAM 变频器和 PWM 变频器。

如图 15-6 所示，PAM 是 Pulse Amplitude Modulation（脉冲幅度调制）的缩写。PAM 变频器是按照一定规律对脉冲列的脉冲幅度进行调制，控制其输出的量值和波形。实际上就是输出能量的大小用脉冲的幅度来表示，整流输出电路中增加开关管（门控管 IGBT），通过对该 IGBT 的控制改变整流电路输出的直流电压幅度（140 ～ 390 V），这样变频电路输出的脉冲电压不但宽度可变，而且幅度也可变。

精彩演示

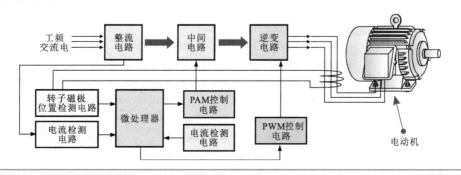

图 15-6 PAM 变频器

如图 15-7 所示，PWM 是英文 Pulse Width Modulation（脉冲宽度调制）缩写。PWM 变频器同样是按照一定规律对脉冲列的脉冲宽度进行调制，控制其输出量和波形的。实际上就是输出能量的大小用脉冲的宽度来表示，此种驱动方式，整流电路输出的直流供电电压基本不变，变频器功率模块的输出电压幅度恒定，控制脉冲的宽度受微处理器控制。

精彩演示

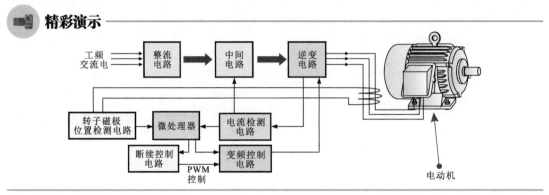

图 15-7　PWM 变频器

15.1.2 变频器的结构

如图 15-8 所示，变频器主要是由操作显示面板、主电路接线端子、控制接线端子、控制逻辑切换跨接器、PU 接口、电流 / 电压切换开关、冷却风扇及内部电路等构成的。

精彩演示

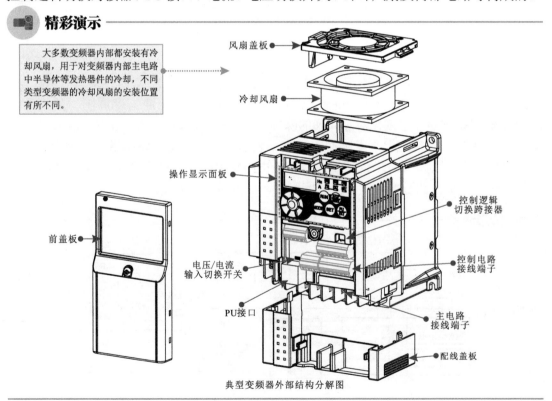

图 15-8　典型变频器的结构组成

1　操作显示面板

操作显示面板是变频器与外界实现交互的关键部分，目前多数变频器都是通过操作显示面板上的显示屏、操作按键或键钮、指示灯等进行相关参数的设置及运行状态的监视。图 15-9 为典型变频器的操作显示面板结构图。

精彩演示

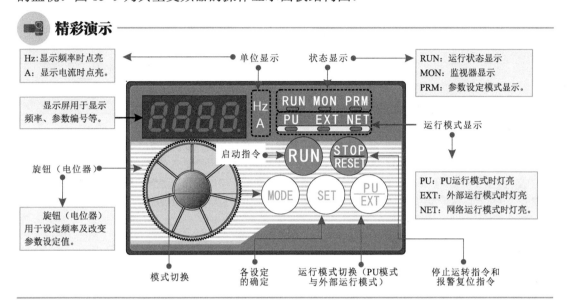

图 15-9　典型变频器的操作显示面板结构图

2　接线端子

变频器的接线端子有两种：一种为主电路接线端子；另一种为控制接线端子。其中电源侧的主电路接线端子主要用于连接三相供电电源，而负载侧的主电路接线端子主要用于连接电动机。图 15-10 为典型变频器的接线端子。

精彩演示

图 15-10　典型变频器的接线端子

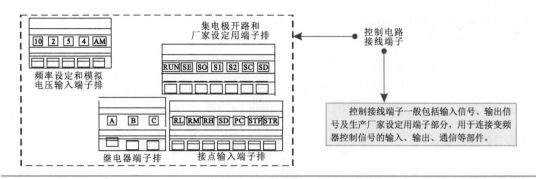

图 15-10 典型变频器的接线端子（续）

 资料扩展

控制接线端子一般包括输入信号、输出信号及生产厂家设定用端子部分，用于连接变频器控制信号的输入、输出、通信等部件。其中，输入信号接线端子一般用于为变频器输入外部的控制信号，如正反转启动方式、频率设定值、PTC 热敏电阻输入等；输出信号端子用于输出对外部装置的控制信号，如继电器控制信号等；生产厂家设定用端子一般不可连接任何设备，否则可能导致变频器故障。

3 内部电路

变频器的内部电路主要是由整流单元（电源电路板）、控制单元（控制电路板）、其他单元（通信电路板）、高容量电容、电流互感器等部分构成的。图 15-11 为典型变频器的内部电路。

 精彩演示

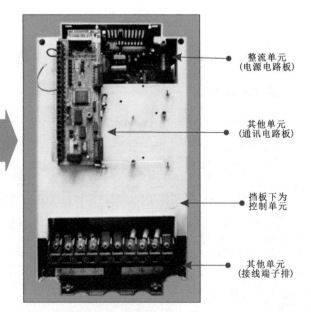

（a）变频器的后面板视图　　　　　　　（b）变频器的前面板视图

图 15-11 典型变频器的内部电路

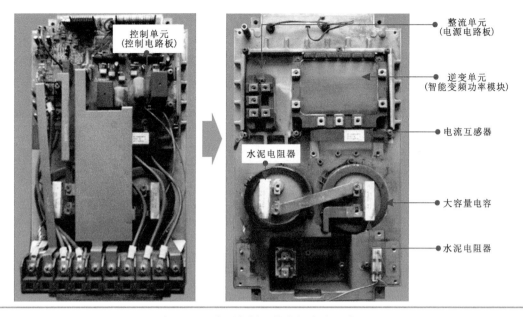

图 15-11　典型变频器的内部电路（续）

15.1.3 变频器的功能特点

变频器的作用是改变电动机驱动电流的频率和幅值，进而改变其旋转磁场的周期，达到平滑控制电动机转速的目的。变频器的出现，使得复杂的调速控制简单化，变频器与交流鼠笼式感应电动机组合，替代了大部分原先只能用直流电动机完成的工作，缩小了体积，降低了故障发生的概率，使传动技术发展到新阶段。

图 15-12 为变频器的功能原理图。由于变频器既可以改变输出的电压又可以改变频率（即可改变电动机的转速），可实现对电动机的启动及对转速进行控制。

🔍 精彩演示

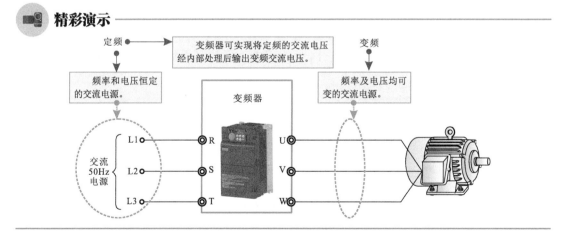

图 15-12　变频器的功能原理图

变频器用于将频率一定的交流电源，转换成频率可变的交流电源，从而实现对电动机的启动、对转速进行控制。变频器是将启停控制、变频调速、显示及按键设置功能、保护功能等于一体的控制装置。

1　启停控制功能

变频器受到启动和停止指令后，可根据预先设定的启动和停车方式控制电动机的启动与停机，其主要控制功能包含软启动控制、加 / 减速控制、停机及制动控制等。图 15-13 为变频启动的特点。

精彩演示

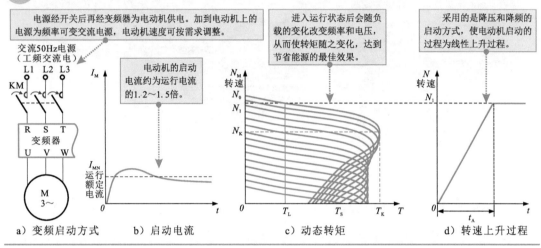

电源经开关后再经变频器为电动机供电。加到电动机上的电源为频率可变交流电源，电动机速度可按需求调整。

进入运行状态后会随负载的变化改变频率和电压，从而使转矩随之变化，达到节省能源的最佳效果。

采用的是降压和降频的启动方式，使电动机启动的过程为线性上升过程。

电动机的启动电流约为运行电流的 1.2～1.5 倍。

a）变频启动方式　　b）启动电流　　　　c）动态转矩　　　　d）转速上升过程

图 15-13　变频启动的特点

2　变频器调速功能

变频器的变频调速功能是其最基本的功能。在传统电动机控制系统中，电动机直接由工频电源（50Hz）供电，其供电电源的频率 f_1 是恒定不变的，因此，其转速也是恒定的；而在电动机的变频控制系统中，电动机的调速控制是通过改变变频器的输出频率实现的，通过改变变频器的输出频率，很容易实现电动机工作在不同电源频率下，从而自动完成电动机调速控制。图 15-14 为传统电动机控制系统与变频控制系统的比较。

3　监控和故障诊断功能

变频器的面板上一般都设有显示屏、状态指示灯及操作键，可用于对变频器各项参数进行设定以及对设定值、运行状态等进行监控显示。

大多变频器内部设有故障诊断功能，该功能可对系统构成、硬件状态、指令的正确性等进行诊断。当发现异常时，会控制报警系统发出报警提示声，同时在显示屏上显示错误信息；当故障严重时则会发出控制指令停止运行，从而提高变频器控制系统的安全性。

4　保护功能

变频器内部设有保护电路，可实现对其自身及负载电动机的各种异常保护功能，其中主要实现过载保护和防失速保护。

精彩演示

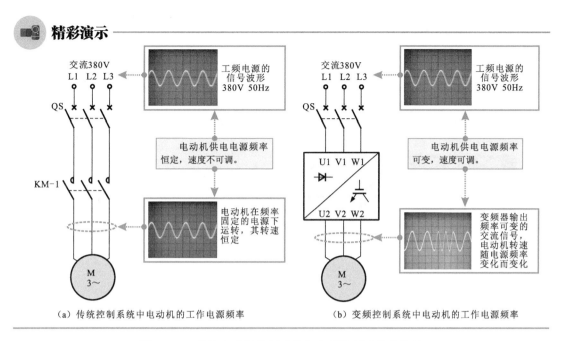

（a）传统控制系统中电动机的工作电源频率　　　　　（b）变频控制系统中电动机的工作电源频率

图 15-14　传统电动机控制系统与变频控制系统的比较

5　通信功能

图 15-15 为变频器的通信功能。为了便于通信以及人机交互，变频器上通常设有不同的通信接口，可用于与 PLC 自动控制系统以及远程操作器、通信模块、电脑等进行通信连接。

精彩演示

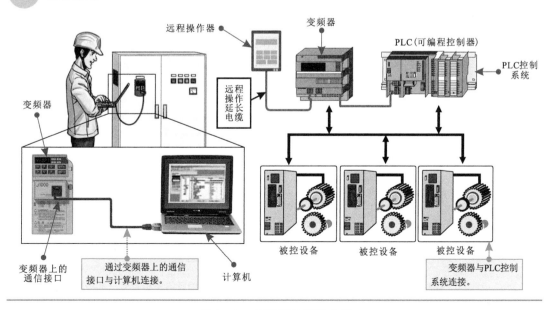

图 15-15　变频器的通信功能

15.2 变频电路中的主要器件

15.2.1 变频电路中的晶闸管

晶闸管是晶体闸流管的简称，它有单向和双向两种结构。由于其导通后内阻很小，管压降很低，所以电源电压全部加在负载上。因此，常用在可控整流线路中。

① 单向晶闸管

如图 15-16 所示，单向晶闸管，电路标识为"VT"，它有三个电极，分别为阳极（A）、阴极（K）和控制极（G，又称栅极），且根据控制极的位置不同，晶闸管可分阴极受控和阳极受控两类。

 精彩演示

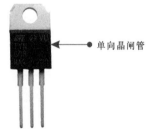

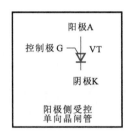

（a）单向晶闸管的实物外形　　　（b）单向晶闸管的图形符号及文字标识

图 15-16　单向晶闸管的实物外形及电路符号

② 双向晶闸管

如图 15-17 所示，双向晶闸管（TRIAC），在电路中的名称标识通常为"VT"，由于其可双向导通，因此，除控制极 G 外的另两个电极不再分阳极、阴极，而称之为主电极 T1、T2，即第一电极 T1，第二电极 T2。

 精彩演示

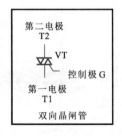

（a）双向晶闸管的实物外形　　　（b）双向晶闸管的图形符号及文字标识

图 15-17　双向晶闸管的实物外形及电路符号

15.2.2　变频电路中的场效应管

场效应晶体管（Field-Effect Transistor）简称 FET，它是一种电压控制的半导体器件，具有输入阻抗高、噪声小、热稳定性好、便于集成等特点。场效应晶体管根据结构的不同，可分为结型场效应晶体管和绝缘栅型场效应晶体管。

1　结型场效应晶体管

结型场效应晶体管简称 BJT，一般用字母"VF"标识。图 15-18 为结型场效应晶体管的外形与电路符号。

 精彩演示

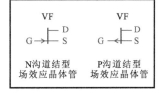

（a）结型场效应晶体管的实物外形　　　（b）结型场效应晶体管的电路符号及文字标识

图 15-18　结型场效应晶体管的外形与电路符号

2　绝缘栅型场效应晶体管

绝缘栅型场效应晶体管简称为 MOS，是应用十分广泛的一类场效应晶体管。该晶体管是利用感应电荷的多少，改变沟道导电特性来控制漏极电流的。绝缘栅型场效应晶体管可以分为 N 沟道增强型、P 沟道增强型、N 沟道耗尽型、P 沟道耗尽型、双栅 N 沟道耗尽型、双栅 P 沟道耗尽型。

图 15-19 为绝缘栅型场效应晶体管的实物外形与电路符号。

 精彩演示

（a）绝缘栅型场效应晶体管的实物外形　　　（b）绝缘栅型场效应晶体管的电路符号及文字标识

图 15-19　绝缘栅型场效应晶体管的实物外形与电路符号

15.2.3 变频电路中的其他功率器件

在变频电路中的其他功率器件还有绝缘栅双极型晶体管和功率模块。

1 绝缘栅双极型晶体管（IGBT）

绝缘栅双极型晶体管，简称 IGBT 或门控管，是一种高压、高速的大功率半导体器件。图 15-20 为 IGBT 的实物外形与电路符号。

精彩演示

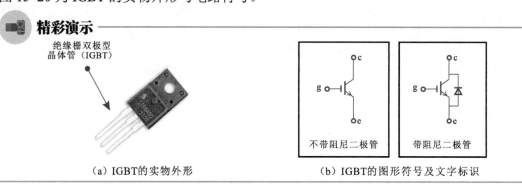

（a）IGBT的实物外形　　　　　　　（b）IGBT的图形符号及文字标识

图 15-20　IGBT 的实物外形与电路符号

2 单 IGBT 功率模块

如图 15-21 所示，单 IGBT 功率模块的代表型号为 CM300HA-24H，其内部只有 1 个 IGBT 和 1 个阻尼二极管，通常应用在电压值较高、电流很大的驱动电路中。

精彩演示

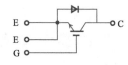

（a）单IGBT功率模块实物外形　　　　（b）单IGBT模块内部电路

图 15-21　典型单 IGBT 功率模块的实物外形及内部电路

3 双 IGBT 功率模块

双 IGBT 管功率模块的代表型号为 BS M100 GB120 DN2，其内部共有 2 个 IGBT 和 2 个阻尼二极管，通常应用在大功率变频驱动电路中。图 15-22 为双 IGBT 功率模块的实物外形及内部电路。

4 六 IGBT 逆变器模块

图 15-23 为 6 IGBT 逆变器模块，代表型号为 6MBI50L-060，这种逆变器模块内部主要由 6 个 IGBT 和 6 个阻尼二极管构成，在其外部可看到有 12 个较细的引脚（小电

精彩演示

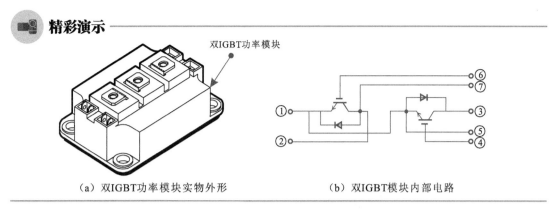

（a）双IGBT功率模块实物外形   （b）双IGBT模块内部电路

图 15-22 典型双 IGBT 功率模块的实物外形及内部电路

流信号端），分别为 G1 ～ G6 和 E1 ～ E6。

    控制电路将驱动信号加到 IGBT 的控制极（G1 ～ G6），驱动其内部的 IGBT 工作，而较粗的引脚（U、V、W 输出端）则主要为变频压缩机的电动机提供变频驱动信号，P、N 端分别接与直流供电电路的正负极，为功率模块提供工作电压。

精彩演示

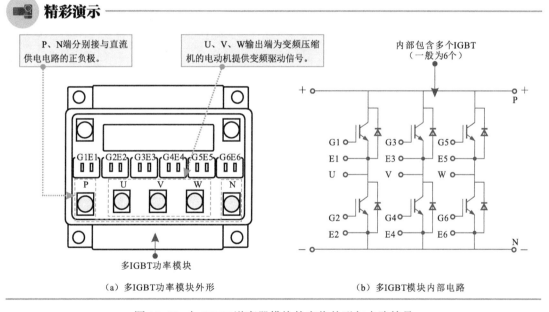

（a）多IGBT功率模块外形   （b）多IGBT模块内部电路

图 15-23 六 IGBT 逆变器模块的实物外形与电路符号

15.3 变频电路的工作原理

15.3.1 变频电路中的整流电路

    整流电路是一种把工频交流电源整流成直流电压的电路，在单相供电的变频电路中多采用单相桥式整流堆，可将 220 V 工频交流电源整流为 300 V 左右的直流电压；在三相供电的变频电路中则一般是由三相整流桥构成的，可将 380 V 的工频交流电源整流为 510 V 直流电压。图 15-24 为变频器主电路的单相整流桥和三相整流桥。

精彩演示

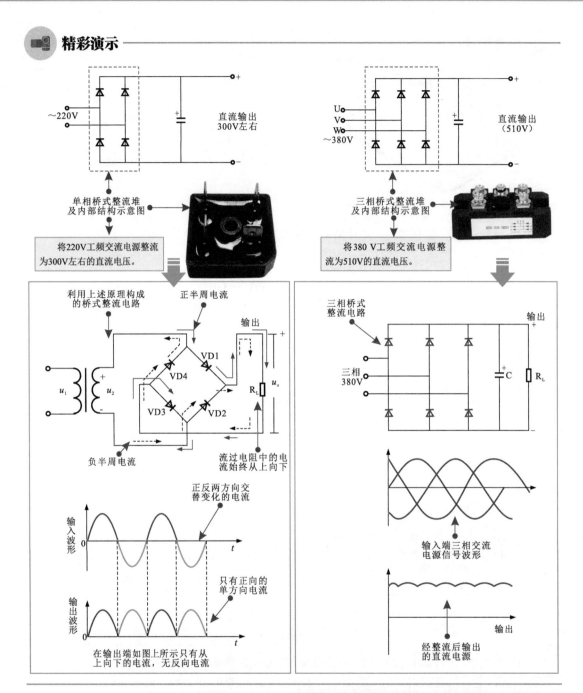

图 15-24 变频器主电路部分的单相整流桥和三相整流桥

15.3.2 变频电路中的中间电路

变频电路的中间电路包括平滑滤波电路和制动电路两部分。

1 平滑滤波电路

平滑滤波电路的功能是对整流电路输出的脉动电压或电流进行平滑滤波，为逆变电路提供平滑稳定的直流电压或电流。

图 15-25 为电容滤波电路。电容滤波电路中，电容器接在整流电路的输出端，当整流电路输出的电压较高时，会对电容器充电，当整流电路输出的电压偏低时，电容器会对负载放电，因而会起到稳压的作用，其容量越大稳压效果越好。

精彩演示

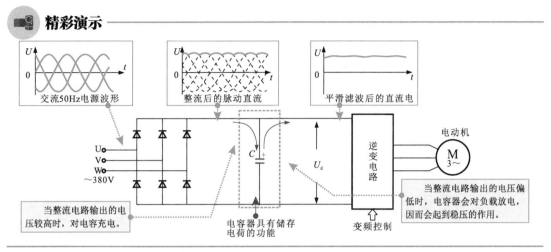

图 15-25 电容滤波电路

图 15-26 为电感滤波电路。电感滤波电路是在整流电路的输入端接入一个电感量很大的电感线圈（电抗器）作为滤波元件。由于电感线圈具有阻碍电流变化的性能，当启动电源时，冲击电流首先进入电感线圈 L，此时电感线圈会产生反电动势，阻止电流的增强，从而起到抗冲击的作用；当外部输入电源波动，使电流减小时，电感线圈会产生正向电动势，维持电流不变，从而实现稳流的作用。

精彩演示

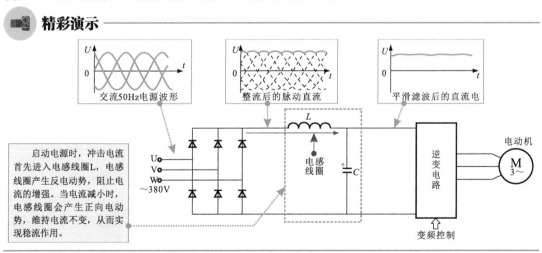

图 15-26 电感滤波电路

2 制动电路（反向电流吸收电路）

图 15-27 为变频器中的制动电路的工作原理。在变频器控制系统中，电动机由正常运转状态转入停机状态时需要断电制动，由于惯性，电动机会继续旋转，这种情况

由于电磁感应的作用会在电动机绕组中产生感应电压。断电后转子惯性转动，相当于发电机，会引起定子线圈产生电流，为了吸收线圈产生的电能，需要在此期间由晶体管和电阻R1对电动机产生的电能进行吸收，从而顺利完成电动机的制动过程。

精彩演示

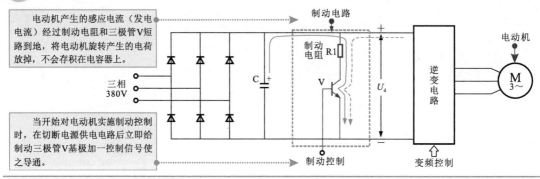

图15-27 变频器中制动电路的工作原理

15.3.3 变频电路中的转速控制电路

转速控制电路主要通过对逆变电路中电力半导体器件的开关控制，来实现输出电压频率的变化，进而实现控制电动机转速的目的。转速控制电路主要有交流变频和直流变频两种控制方式。

① 交流变频

图15-28为交流变频的工作原理。

精彩演示

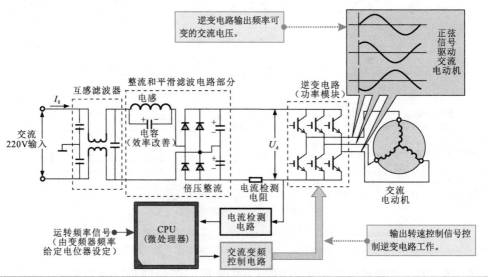

图15-28 交流变频的工作原理

交流变频是把 380/220V 交流市电转换为直流电源，为逆变电路提供工作电压，逆变电路在变频器的控制下将直流电"逆变"成交流电，该交流电再去驱动交流感应电动机，"逆变"的过程受转速控制电路的指令控制，输出频率可变的交流电压，使电动机的转速随电压频率的变化而相应改变，这样就实现了对电动机转速的控制和调节。

2　直流变频

图 15-29 为直流变频的工作原理。直流变频同样是把交流市电转换为直流电，并送至逆变电路，逆变电路同样受微处理器指令的控制。微处理器输出转速脉冲控制信号经逆变电路变成电动机的驱动信号，该电动机采用直流无刷电动机，其绕组也为三相，特点是控制精度更高。

精彩演示

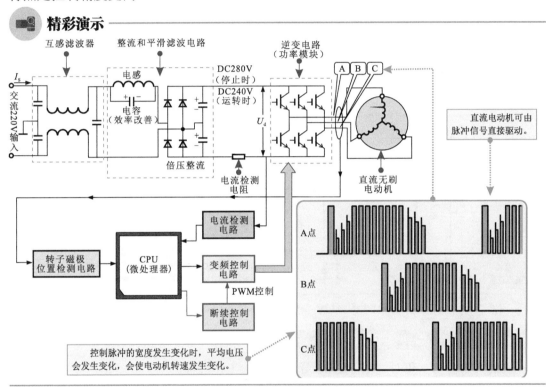

图 15-29　直流变频的工作原理

15.3.4　变频电路中转速控制电路的工作原理

逆变电路的工作过程就是将直流电压变为频率可调的交流电压的过程，即逆变过程，实现逆变功能的电路称为逆变电路或逆变器。

逆变电路的逆变过程可分解成 3 个周期。第一个周期是 U+ 和 V- 两只 IGBT 导通；第二个周期是 V+ 和 W- 两只 IGBT 导通；第三个周期是 W+ 和 U- 两只 IGBT 导通。

1　U+ 和 V– 两只 IGBT 导通

图 15-30 为 U+ 和 V- 两只 IGBT 导通周期的工作过程。

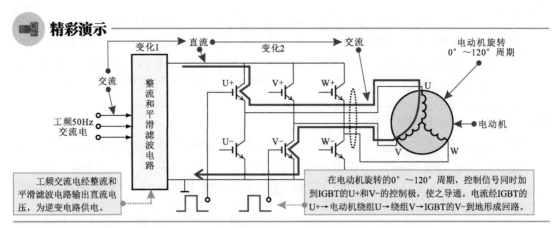

图 15-30　U+ 和 V- 两只 IGBT 导通周期的工作过程

2　V+ 和 W– 两只 IGBT 导通

图 15-31 为 V+ 和 W- 两只 IGBT 导通周期的工作过程。

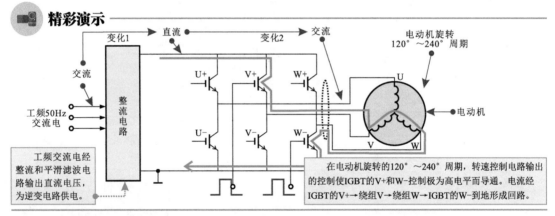

图 15-31　V+ 和 W- 两只 IGBT 导通周期的工作过程

3　W+ 和 U– 两只 IGBT 导通

图 15-32 为 W+ 和 U- 两只 IGBT 导通周期的工作过程。

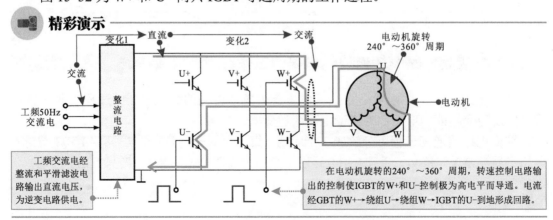

图 15-32　W+ 和 U- 两只 IGBT 导通周期的工作过程

第16章 PLC 与 PLC 控制电路

16.1 PLC 的功能特点

16.1.1 PLC 的种类

PLC 的英文全称为 Programmable Logic Controller，即可编程控制器。根据其内部结构的不同，分成整体式 PLC 和组合式 PLC 两大类。

1 整体式 PLC

整体式 PLC 是将 CPU、I/O 接口、存储器、电源等部分全部固定安装在一块或几块印制电路板上，使之成为统一的整体。图 16-1 为整体式 PLC 的实物外形。目前，小型、超小型 PLC 多采用整体式结构。

精彩演示

 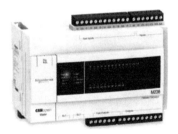 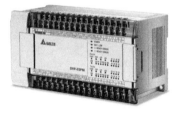

图 16-1 整体式 PLC 的实物外形

2 组合式 PLC

如图 16-2 所示，组合式 PLC 的 CPU、I/O 接口、存储器、电源等部分都是以模块形式按一定规则组合配置而成（因此也称模块式 PLC）。这种 PLC 可以根据实际需要进行灵活配置。中型或大型 PLC 多采用组合式结构。

16.1.2 PLC 的功能

PLC 控制系统通过软件控制取代了硬件控制，用标准接口取代了硬件安装连接。用大规模集成电路与可靠元件的组合取代线圈和活动部件的搭配。不仅大大简化了整个控制系统，而且也使得控制系统的性能更加稳定，功能更加强大。另外，在拓展性和抗干扰能力方面也有了显著的提高。

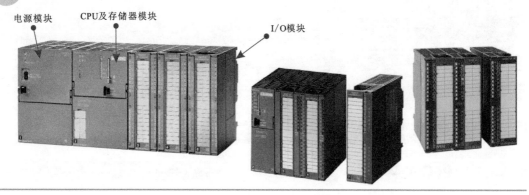

电源模块　　CPU及存储器模块　　　　　　　　　I/O模块

图 16-2　组合式 PLC 的实物外形

图 16-3 为工业控制中，继电器－接触器控制系统与 PLC 控制系统的效果对比。PLC 不仅实现了控制系统的简化，而且在改变控制方式和效果时不需要改动电气部件的物理连接线路，只需要重新编写 PLC 内部的程序即可。

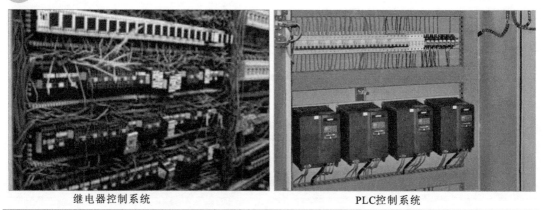

继电器控制系统　　　　　　　　　　　　　PLC控制系统

图 16-3　继电器－接触器控制系统和 PLC 控制系统的效果对比

计算机、网络及通信技术与 PLC 的融合与发展，使得 PLC 功能更加强大。

1　编程与调试功能

PLC 通过存储器中的程序对 I/O 接口外接的设备进行控制，程序可根据实际应用编写，一般可将 PLC 与计算机通过编程电缆进行连接，实现对其内部程序的编写、调试、监视、实验和记录。这也是区别于继电器等其他控制系统最大的功能优势。

2　通信联网功能

PLC 具有通信联网功能，可以与远程 I/O、与其他 PLC 之间、与计算机之间、与智能设备（如变频器、数控装置等）之间进行通信。

3　数据采集、存储与处理功能

PLC 具有数学运算、数据的传送、转换、排序、位操作等功能，可完成数据采集、分析、处理等功能。这些数据还可与存储器中的参考值进行比较，完成一定的控制操作，也可以将数据进行传输或直接打印输出。数据处理一般用于大型控制系统，如造纸、冶金、食品工业等无人控制的柔性制造系统。

4　开关逻辑和顺序控制功能

PLC 的开关逻辑和顺序功能是其应用最为广泛的领域，是用于取代传统继电器的组合逻辑控制、定时、计数、顺序控制等。既可用于单台设备的控制，也可用于多机群控及自动化流水线。如注塑机、印刷机、组合机床、包装生产线、电镀流水线等。

5　运动控制功能

PLC 使用专用的运动控制模块，对直线运动或圆周运动的位置、速度和加速度进行控制。例如机床、机器人、电梯等。

6　过程控制功能

过程控制是指对温度、压力、流量、速度等模拟量的闭环控制。作为工业控制计算机，PLC 能编制各种各样的控制算法程序，完成闭环控制。

16.1.3　PLC 技术的应用

目前，PLC 已经成为生产自动化、现代化的重要标志。众多电子器件生产厂商都投入到了 PLC 产品的研发中，PLC 的品种越来越丰富，功能越来越强大，应用也越来越广泛，无论是生产、制造还是管理、检验，无不可以看到 PLC 的身影。

1　PLC 在电子产品制造设备中的应用

PLC 在电子产品制造设备中应用主要用来实现自动控制功能。PLC 在电子元件加工、制造设备中作为控制中心，使元件的输送定位驱动电动机、加工深度调整电动机、旋转电动机和输出电动机能够协调运转，相互配合实现自动化工作。

图 16-4 为 PLC 在电子产品制造设备中的应用。

2　PLC 在自动包装系统中的应用

在自动包装控制系统中，产品的传送、定位、包装、输出等一系列都按一定的时序（程序）进行动作，PLC 在预先编制的程序控制下，由检测电路或传感器实时监测包装生产线的运行状态，根据检测电路或传感器传输的信息，实现自动控制。

图 16-5 为 PLC 在自动包装系统中的应用。

精彩演示

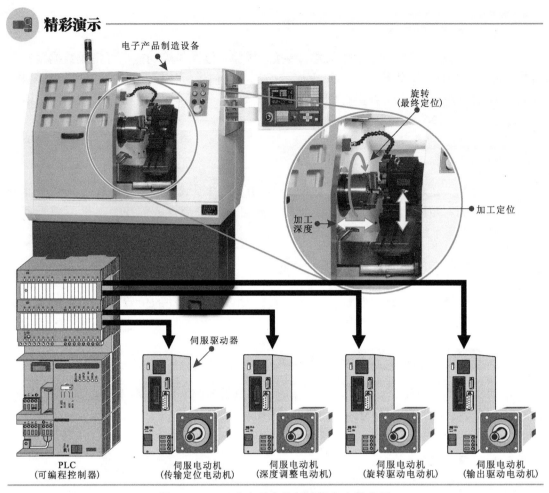

图 16-4　PLC 在电子产品制造设备中的应用

精彩演示

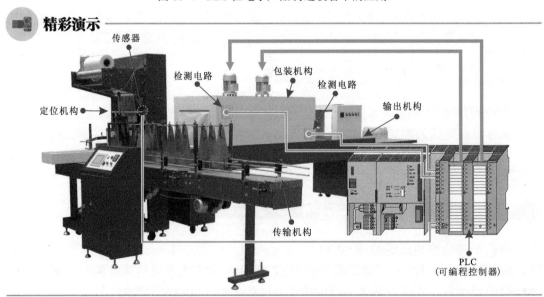

图 16-5　PLC 在自动包装系统中的应用

3 **PLC 在自动检测装置中的应用**

用以检测所生产零件弯曲度的自动检测系统中，检测流水线上设置有多个位移传感器，每个传感器将检测的数据送给 PLC，PLC 即会根据接收到的测量数据进行比较运算，得到零部件弯曲度的值，并与标准进行比对，从而自动完成对零部件是否合格的判定。图 16-6 为 PLC 在自动检测装置中的应用。

📹 精彩演示

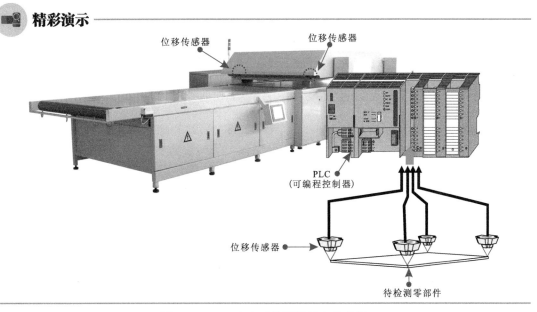

图 16-6　PLC 在自动检测装置中的应用

16.2　PLC 的基本组成与工作原理

16.2.1 PLC 的基本组成

PLC 属于精密的电子设备，从功能电路上讲，主要由输入电路、运算控制电路、输出电路等构成。输入电路的作用是将被控对象的各种控制信息及操作命令转换成 PLC 输入信号，然后送给运算控制电路部分；运算控制电路以内部的 CPU 为核心，按照用户设定的程序对输入信息进行处理，然后由输出电路输出控制信号，这个过程实现算术运算和逻辑运算等多种处理功能；输出电路由 PLC 输出接口和外部被控负载构成，CPU 完成的运算结果由 PLC 输出接口提供给负载。其中，输入电路和输出电路都具备人机对话功能。

不同的电路功能需要借助不同的电路和内部程序协作完成，图 16-7 为典型 PLC 电路结构及协同工作原理示意图。

1 **PLC 的硬件系统**

PLC 的硬件系统主要由 CPU 模块、存储器、编程接口、电源模块、基本 I/O 接口电路等五部分组成。其中，CPU 模块是 PLC 的核心，CPU 的性能决定了 PLC 的整体性能。

精彩演示

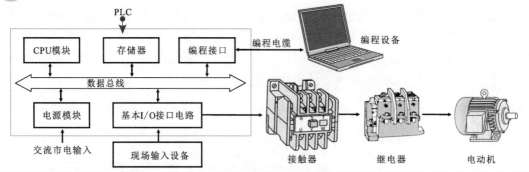

图 16-7 典型 PLC 电路结构和协同工作原理示意图

存储器主要存储用户程序，由只读存储器（ROM）和随机存储器（RAM）两大部分构成。系统程序存放在 ROM 中，用户程序和中间运算数据存放在 RAM 中。

编程接口通过编程电缆与编程设备（计算机）连接，电脑通过编程电缆对 PLC 进行编程、调试、监视、试验和记录。

电源模块用于为 PLC 内部电路提供多路工作电压。

基本 I/O 接口电路可分为 PLC 输入电路和 PLC 输出电路两种。现场输入设备将输入信号送入 PLC 输入电路，经 PLC 内部 CPU 处理后，由 PLC 输出电路输出送给外部设备。

2 PLC 的软件系统

PLC 软件系统可分为系统程序和用户程序两大类。其中，系统程序是由 PLC 制造厂商设计编写的，不能直接读写和更改，一般包括系统诊断程序、输入处理程序、编译程序、信息传送程序、监控程序等。而用户程序是用户根据控制要求，按系统程序允许的编程规则，用厂家提供的编程语言编写的程序。

16.2.2 PLC 的工作原理

PLC 是一种以微处理器为核心的数字运算操作的电子系统装置，是专门为大中型工业用户现场的操作管理而设计，它采用可编程序存储器，用以在其内部存储执行逻辑运算、顺序控制、定时 / 计数和算术运算等操作指令，并通过数字式或模拟式的输入、输出接口，控制各种类型的机械或生产过程。

图 16-8 为 PLC 的整机工作原理框图。

 资料扩展

其中，CPU（中央处理器）是 PLC 的控制核心，它主要由控制器、运算器和寄存器三部分构成。通过数据总线、控制总线和地址总线与 I/O 接口相连。

PLC 的程序是由工程技术人员通过编程设备（简称编程器）输入的。目前，PLC 的编程有两种方式：一种是通过 PLC 手持式编程器编写程序，然后传送到 PLC 内。另一种是利用 PLC 通信接口（I/O 接口）上的 RS232 串口与计算机相连后，通过计算机上专门的 PLC 编程软件向 PLC 内部输入程序。

编程器或计算机输入的程序输入到 PLC 内部，存放在 PLC 的存储器中。通常，PLC 的存储器分为系统程序存储器、用户程序存储器和工作数据存储器。

用户编写的程序主要存放在用户程序存储器中，系统程序存储器中主要用于存放系统管理程序、系统监控程序以及对用户编制程序进行编译处理的解释程序。

当用户编写的程序存入后，CPU 会向存储器发出控制指令，从系统程序存储器中调用解释程序将用户编写的程序进行进一步的编译，使之成为 PLC 认可的编译程序。

存储器中的工作数据存储器是用来存储工作过程中的指令信息和数据的。通过控制及传感部件发出的状态信息和控制指令通过输入接口（I/O 接口）送入存储器的工作数据存储器中。在 CPU 控制器的控制下，这些数据信息从工作数据存储器中调入 CPU 的寄存器，与编译程序结合，由运算器进行数据分析、运算和处理。最终，将运算结果或控制指令通过输出接口传送给继电器、电磁阀、指示灯、蜂鸣器、电磁线圈、电动机等外部设备及功能部件。这些外部设备及功能部件即会执行相应的工作。

在整个工作过程中，PLC 的电源始终为各部分电路提供工作电压。确保 PLC 工作的顺利进行。

精彩演示

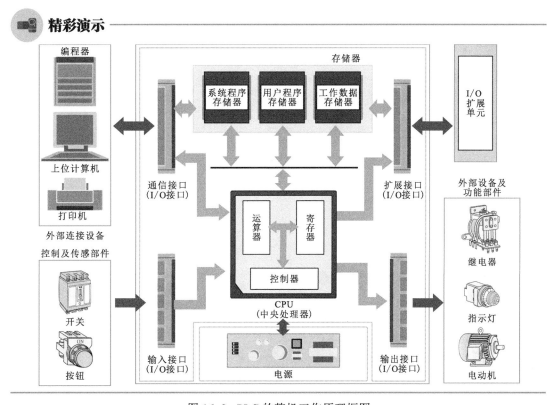

图 16-8 PLC 的整机工作原理框图

16.3 PLC 电路的控制方式

16.3.1 PLC 对三相交流电动机连续运行的控制方式

连续控制是指按下电动机启动键后再松开，控制电路仍保持接通状态，电动机能够继续正常运转，在运转状态按下停机键，电动机停止运转，松开停机键，复位后，电动机仍处于停机状态。因此，这种控制方式也称为自锁控制。

图 16-9 为三相交流电动机连续运行控制电路的基本结构。

精彩演示

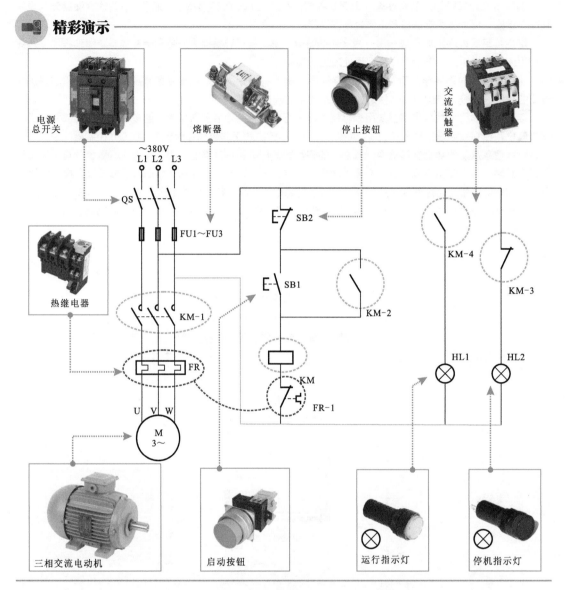

图 16-9 三相交流电动机连续运行控制电路的基本结构

资料扩展

图 16-9 电路是一种典型的三相交流感应电动机的控制电路。它主要由主电源开关、交流接触器、过热保护继电器、启动键、停机键以及启停指示灯等部分构成。

主电源开关用于接通或切断交流三相 380V 电源。

交流接触器主要用于控制接通或断开电动机供电的电源。

过热保护继电器接在供电电路中，在温度过高的情况下自动切断电动机的供电，实现自动保护。

启动键用于为交流接触器提供启动电压，使电路进入启动运转状态。

停机键的功能是切断交流接触器线圈的供电通道，通过交流接触器使电动机停机。

指示灯为操作者提供工作状态的指示。

三相交流电动机连续控制电路基本上采用了交流继电器、接触器的控制方式。该种控制方式由于电气部件的连接过多，存在人为因素的影响，具有可靠性低、线路维护困难等缺点，将直接影响企业的生产效率。

由此，很多生产型企业中采用 PLC 控制方式对其进行改进。图 16-10 为采用 PLC 对三相交流电动机连续运行的控制方式。

 精彩演示

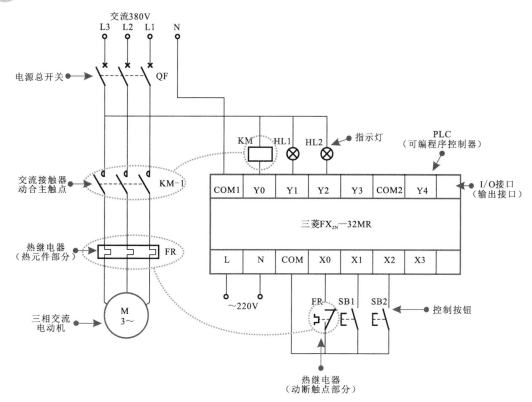

采用三菱 FX_{2N} 系列 PLC 控制电动机连续运行电路的 I/O 分配表

输入信号及地址编号			输出信号及地址编号		
名称	代号	输入点地址编号	名称	代号	输出点地址编号
热继电器	FR1	X0	交流接触器	KM	Y0
启动按钮	SB1	X1	运行指示灯	HL1	Y1
停止按钮	SB2	X2	停机指示灯	HL2	Y2

图 16-10　采用 PLC 对三相交流电动机连续运行的控制方式

该控制电路采用三菱 FX_{2N} 系列 PLC。通过 PLC 的 I/O 接口与外部电器部件进行连接，提高了系统的可靠性，并能够有效地降低故障率，维护方便。当使用编程软件向 PLC 中写入的控制程序，便可以实现外接电器部件及负载电动机等设备的自动控制了。想要改动控制方式时，只需要修改 PLC 中的控制程序即可，大大提高调试和改装效率。

图 16-11 为采用三菱 FX_{2N} 系列 PLC 对电动机的连续控制梯形图。

精彩演示

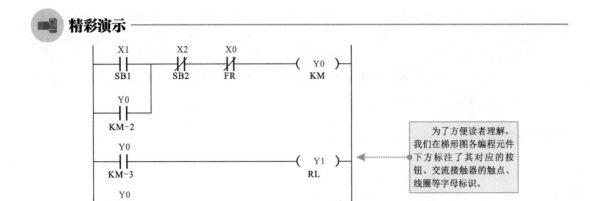

图 16-11 采用三菱 FX$_{2N}$ 系列 PLC 对电动机的连续控制梯形图

1 三相交流电动机的启动过程

采用三菱 FX$_{2N}$ 系列 PLC 启动电动机工作的过程如图 16-12 所示。

精彩演示

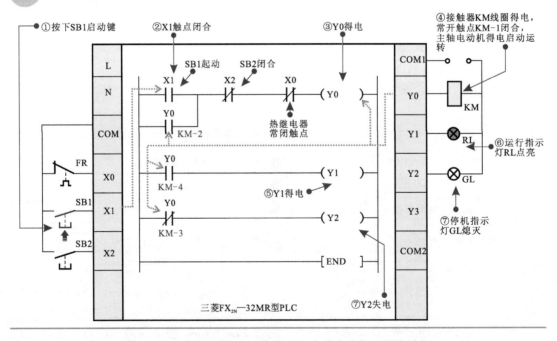

图 16-12 采用三菱 FX$_{2N}$ 系列 PLC 启动电动机工作的过程

2 三相交流电动机的停机过程

采用三菱 FX$_{2N}$ 系列 PLC 控制电动机停机的工作过程如图 16-13 所示。

精彩演示

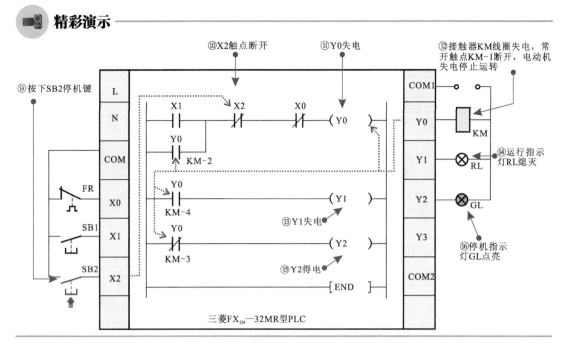

图 16-13　采用三菱 FX$_{2N}$ 系列 PLC 控制电动机停机的工作过程

采用三菱 FX$_{2N}$ 系列 PLC 控制电动机停机的工作过程如图 16-13 所示。

当按下停机键 SB2 时，其将 PLC 内的 X2 置"0"，即该触点断开，使得 Y0 失电，PLC 外接交流接触器线圈 KM 失电。

Y0 失电，动合、动断触点 Y0（KM-2、KM-3、KM-4）复位，Y1 失电，Y2 得电，运行指示灯 RL 熄灭，停机指示灯 GL 点亮。

KM 失电，主电路中的动合触点 KM-1 断开，电动机停止运转。

16.3.2 PLC 对三相交流电动机串电阻降压启动的控制方式

三相交流电动机的减压启动是指在电动机启动时，加在定子绕组上的电压小于额定电压，当电动机启动后，再将加在定子绕组上的电压升至额定电压。防止启动电流过大，损坏供电系统中的相关设备。该启动方式适用于功率在 10kW 以上的电动机或由于其他原因不允许直接启动的电动机上。

图 16-14 为三相交流电动机串电阻降压启动控制电路的基本结构。

重要提示

该电路主要由供电电路和控制电路两部分构成。供电电路是由总电源开关 QS、熔断器 FU1 ~ FU3、交流接触器 KM1、KM2 的主接触点（KM1-1、KM2-1）、启动电阻 R1 ~ R3、热继电器 FR1 以及电动机 M 等构成的。控制电路由熔断器 FU4、FU5，控制电路部分的动断停止按钮 SB3、全压启动按钮 SB2、降压启动按钮 SB1、交流接触器 KM1、KM2 的线圈以及动合触点（KM1-2、KM2-2）等构成。

另外，全压启动按钮 SB2 和减压启动按钮 SB1 具有顺序控制的能力，电路中 KM1 的动合触头串联在 SB2、KM2 线圈支路中起顺序控制的作用，也就是说只有 KM1 线圈先接通后，KM2 线圈才能够接通，即电路先进入减压启动状态后，才能进入全压运行状态，达到减压启动、全压运行的控制目的。

精彩演示

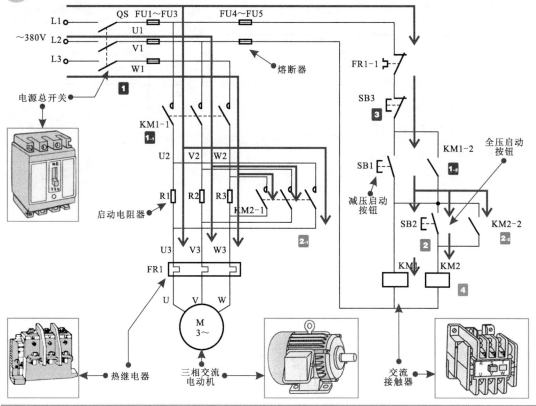

图 16-14　三相交流电动机串电阻降压启动控制电路的基本结构

1 合上电源总开关，按下启动按钮 SB1，交流接触器 KM1 线圈得电。

　　1₋₁ 动合触点 KM1-1 接通，电源经串联电阻器 R1、R2、R3 为电动机供电，电动机减压启动开始。

　　1₋₂ 动合触点 KM1-2 接通实现自锁功能。

2 当电动机转速接近额定转速时，按下全压启动按钮 SB2，交流接触器 KM2 的线圈得电。

　　2₋₁ KM2-1 接通，短接启动电阻器 R1、R2、R3，电动机在全压状态下开始运行。

　　2₋₂ 交流接触器的动合触点 KM2-2 接通实现自锁功能。

3 当需要电动机停止工作时，按下停机按钮 SB3。

4 KM1、KM2 线圈同时失电，触点 KM1-1、KM2-1 断开，电动机停止运转。

　　下面我们具体介绍用 PLC 实现对三相交流电动机降压启动的控制原理。

　　三相交流电动机的 PLC 降压启动控制电路如图 16-15 所示。

　　在典型三相交流电动机减压启动的 PLC 控制电路中，可以看到，该电路主要由供电部分（包括电源总开关 QS、熔断器 FU1 ～ FU3、降压电阻器 R1 ～ R3、交流接触器的动合主触点 KM1-1、KM2-1 组成、热继电器主触点 FR）和控制部分（主要由控制部件、西门子 S7-200 型 PLC 和执行部件构成。其中，控制部件（FR-1、SB1 ～ SB3）和执行部件（KM1、KM2）都直接连接到 PLC 相应的接口上。

　　当使用编程软件向 PLC 中写入的控制程序，便可以实现外接电器部件及负载电动机等设备的自动控制了。想要改动控制方式时，只需要修改 PLC 中的控制程序即可，

精彩演示

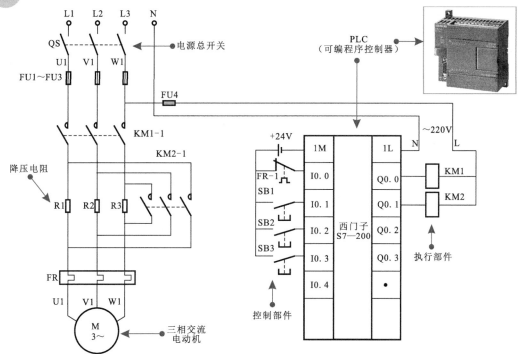

采用西门子S7-200型PLC的三相交流电动机减压起动控制电路I/O分配表

输入信号及地址编号			输出信号及地址编号		
名称	代号	输入点地址编号	名称	代号	输出点地址编号
热继电器	FR1	I0.0	减压启动接触器	KM1	Q0.0
减压启动按钮	SB1	I0.1	全压启动接触器	KM2	Q0.1
全压启动按钮	SB2	I0.2			
停止按钮	SB3	I0.3			

图 16-15　三相交流电动机的 PLC 降压启动控制电路

大大提高调试和改装效率。

图 16-16 为采用西门子 S7-200 型 PLC 对电动机的串电阻减压启动控制梯形图。

 精彩演示

图 16-16　采用西门子 S7-200 型 PLC 对电动机的串电阻减压启动控制梯形图

1　三相交流电动机的降压启动过程

采用西门子 S7-200 型 PLC 实现三相交流电动机降压启动的过程如图 16-17 所示。

■ 精彩演示

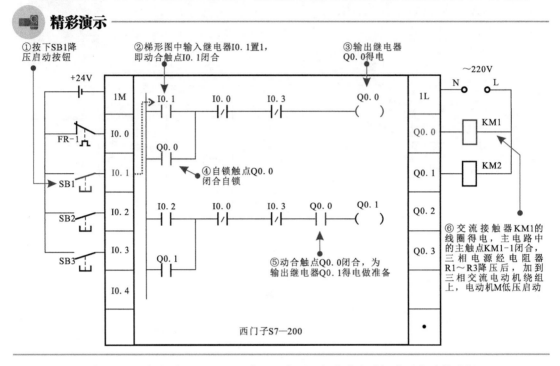

图 16-17　采用西门子 S7-200 型 PLC 实现三相交流电动机降压启动的过程

当按下降压启动按钮 SB1 时，其将 PLC 内的 I0.1 置 "1"，即该触点接通，使得 Q0.0 得电，控制 PLC 外接交流接触器 KM1 线圈得电。

Q0.0 得电，动合触点 Q0.0（KM1-2）闭合自锁；Y1 线路上的 Y0 闭合，为 Y1 得电做好准备，即为全压启动做好准备。

KM1 得电，动合触点 KM1-1 闭合，电流经电阻 R1 ～ R3 降压后，为电动机供电，使得电动机在降压情况下启动运转。

2　三相交流电动机的全压启动过程

采用西门子 S7-200 型 PLC 实现三相交流电动机全压启动的过程如图 16-18 所示。

当按下全压启动按钮 SB2 时，其将 PLC 内的 I0.2 置 "1"，即该触点接通，使得 Q0.1 得电，控制 PLC 外接交流接触器线圈 KM2 得电。

Y1 得电，动合触点 Y1（KM2-2）闭合自锁；KM2 得电，动合触点 KM2-1 闭合，此时启动电阻 R1 ～ R3 被短接，电流经接触器动合触点 KM1-1、KM2-1，热继电器 FR1 后，为电动机进行全压供电。

3　三相交流电动机的停机过程

采用西门子 S7-200 型 PLC 实现三相交流电动机停机的过程如图 16-19 所示。

精彩演示

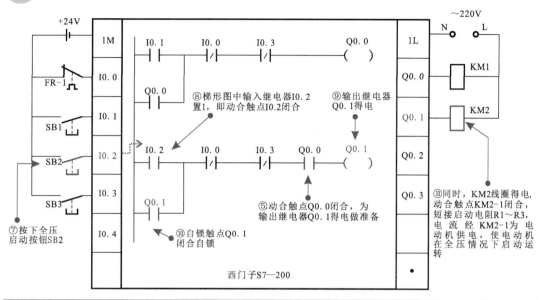

图 16-18　采用西门子 S7-200 型 PLC 实现三相交流电动机全压启动的过程

精彩演示

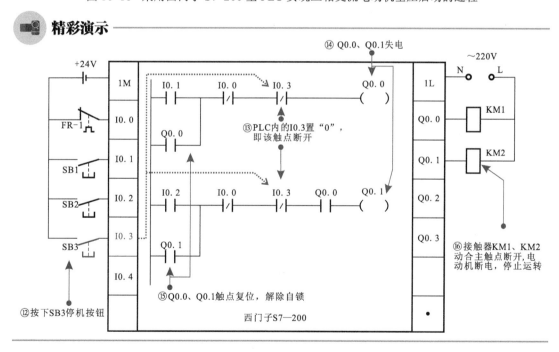

图 16-19　采用西门子 S7-200 型 PLC 实现三相交流电动机停机的过程

　　当按下停机按钮 SB3 时，其将 PLC 内的 I0.3 置"0"，即该触点断开，使得 Q0.0、Q0.1 失电，动合触点 Q0.0（KM1-2）、Y1（KM2-2）复位断开，接触自锁。PLC 外接交流接触器线圈 KM1、KM2 失电，主电路中的主触点 KM1-1、KM2-1 复位断开，切断电动机电源，电动机停止运转。

16.3.3 PLC 对三相交流电动机 Y-△ 降压启动的控制方式

电动机 Y-△降压启动控制电路是指三相交流电动机启动时，先由电路控制三相交流电动机定子绕组连接成 Y 形方式进入降压启动状态，待转速达到一定值后，再由电路控制三相交流电动机定子绕组换接成△形，进入全压正常运行状态。

图 16-20 为三相交流电动机 Y-△降压启动控制电路的基本结构。

精彩演示

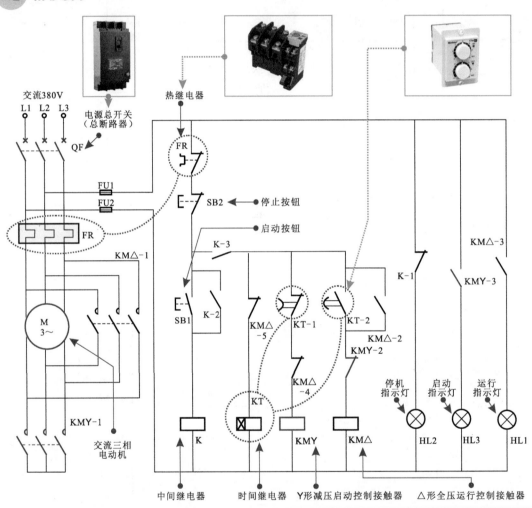

图 16-20　三相交流电动机 Y-△降压启动控制电路的基本结构

重要提示

典型电动机 Y-△降压启动控制电路。该电路主要由总断路器 QF、启动按钮 SB1、停止按钮 SB2、电磁继电器 K、交流接触器 KMY/KM△、时间继电器 KT、指示灯（HL1～HL3）、三相交流电动机等构成。

三相交流电动机的接线方式主要有星形连接（Y）和三角形连接（△）两种方式，如图 16-21 所示。对于接在电源电压 380V 的电动机来说，当它采用星形连接时，电动机每相绕组承受的电压为 220V；当电动机采用三角形连接时，电动机每相绕组承受的电压为 380V。

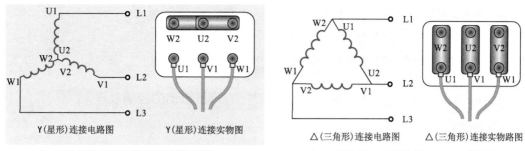

（a）三相交流电动机绕组 Y(星形)连接　　　　　　（b）三相交流电动机绕组△(三角形)连接

图 16-21　三相交流电动机绕组的连接方式

　　三相交流电动机 Y-△减压启动是指三相交流电动机在 PLC 控制下，启动时绕组 Y（星形）连接减压启动；启动后，自动转换成△（三角形）连接进行全压运行。

　　图 16-22 为三相交流电动机在 PLC 控制下实现 Y-△降压启动的控制电路。

📹 精彩演示

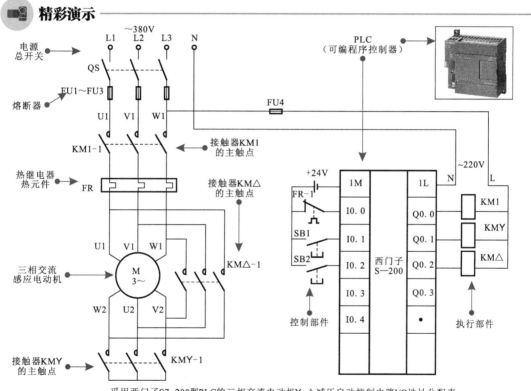

采用西门子S7-200型PLC的三相交流电动机Y-△减压启动控制电路I/O地址分配表

输入信号及地址编号			输出信号及地址编号		
名称	代号	输入点地址编号	名称	代号	输出点地址编号
热继电器	FR-1	I0.0	电源供电主接触器	KM1	Q0.0
启动按钮	SB1	I0.2	Y连接接触器	KMY	Q0.1
停止按钮	SB2	I0.3	△连接接触器	KM△	Q0.2
		I0.4			

图 16-22　三相交流电动机在 PLC 控制下实现 Y-△降压启动的控制电路

识读并分析三相交流电动机 Y- △减压启动的 PLC 控制电路，需将 PLC 内部梯形图与外部电气部件控制关系结合进行识读。

1 三相交流电动机的降压启动过程

图 16-23 为 PLC 控制下三相交流电动机 Y- △降压启动的控制过程。

精彩演示

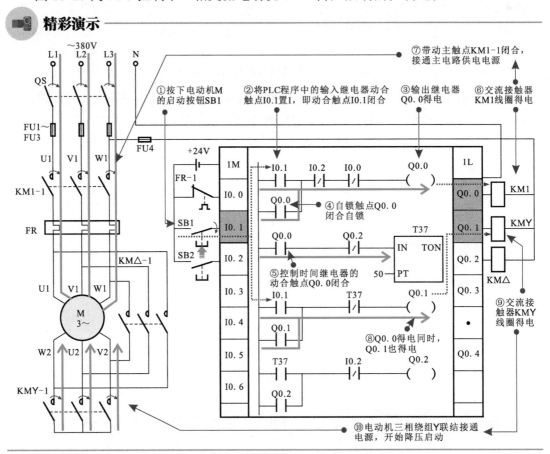

图 16-23　PLC 控制下三相交流电动机 Y- △降压启动的控制过程

按下电动机 M 的启动按钮 SB1，将 PLC 程序中的输入继电器动合触点 I0.1 置"1"，即动合触点 I0.1 闭合。

输出继电器 Q0.0 线圈得电，自锁动合触点 Q0.0 闭合，实现自锁；控制定时器 T37 的动合触点 Q0.0 闭合，定时器 T37 线圈得电，开始计时；同时，控制 PLC 外接接触器 KMY 线圈得电，带动主电路中主触点 KMY-1 闭合，电动机三相绕组 Y 形连接。

输出继电器 Q0.1 线圈同时得电，自锁动合触点 Q0.1 闭合实现自锁功能，控制 PLC 外接电源供电主接触器 KM1 线圈得电，带动主触点 KM1-1 闭合，接通主电路供电电源，电动机开始降压启动。

2 三相交流电动机的全压运行过程

图 16-24 为 PLC 控制下三相交流电动机 Y- △全压运行的控制过程。

精彩演示

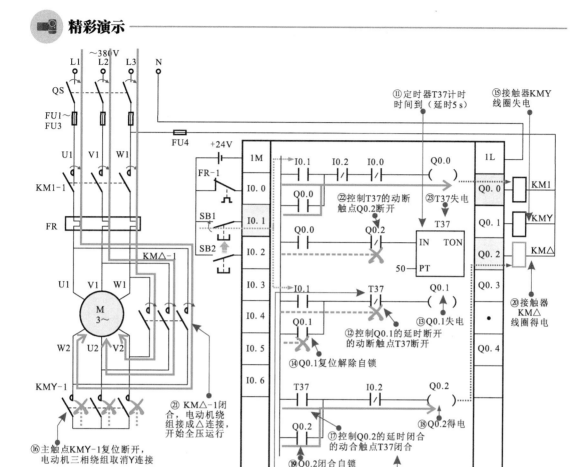

图 16-24　PLC 控制下三相交流电动机 Y—△ 全压运行的控制过程

定时器 T37 计时时间到（延时 5 s）：

控制输出继电器 Q0.1 的延时断开的动断触点 T37 断开，输出继电器 Q0.1 线圈失电，其自锁动合触点 Q0.1 复位断开，解除自锁；控制 PLC 外接 Y 形接线接触器 KMY 线圈失电，电动机三相绕组取消 Y 形连接方式。

控制输出继电器 Q0.2 的延时闭合的动合触点 T37 闭合；输出继电器 Q0.2 线圈得电，自锁动合触点 0.2 闭合，实现自锁功能；控制定时器 T37 的动断触点 Q0.2 断开；控制 PLC 外接△形接线接触器 KM △线圈得电，带动主电路中主触点 KM △ -1 闭合，电动机三相绕组接成△形，电动机开始△形连接运行。

定时器 T37 线圈失电，控制输出继电器 Q0.2 的延时闭合的动合触点 T37 复位断开，但由于 Q0.2 自锁，仍保持得电状态；同时，控制输出继电器 Q0.1 的延时断开的动断触点 T37 复位闭合，为 Q0.1 下一次得电做好准备。

③　三相交流电动机的停机过程

图 16-25 为 PLC 控制下三相交流电动机停机的控制过程。

精彩演示

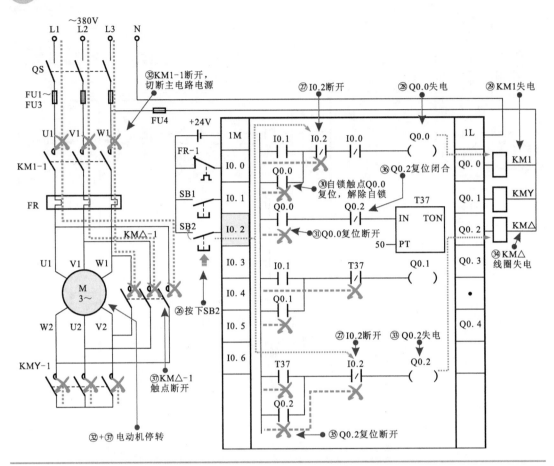

图 16-25　PLC 控制下三相交流电动机停机的控制过程

当需要电动机停转时，按下停止按钮 SB2。将 PLC 程序中的输入继电器动断触点 I0.2 置 0，即动断触点 I0.2 断开。输出继电器 Q0.0 线圈失电，自锁动合触点 Q0.0 复位断开，解除自锁；控制定时器 T37 的动合触点 Q0.0 复位断开；控制 PLC 外接电源供电主接触器 KM1 线圈失电，带动主电路中主触点 KM1-1 复位断开，切断主电路电源。

同时，输出继电器 Q0.2 线圈失电，自锁动合触点 Q0.2 复位断开，解除自锁；控制定时器 T37 的动断触点 Q0.2 复位闭合，为定时器 T37 下一次得电做好准备；控制 PLC 外接△连接接触器 KM △线圈失电，带动主电路中主触点 KM △ -1 复位断开，三相交流电动机取消△连接，电动机停转。

16.3.4　PLC 对两台三相交流电动机联锁启停的控制过程

两台三相交流电动机联锁的控制电路是指电路中两台或两台以上的电动机顺序启动、反顺序停机的控制电路。电路中，电动机的启动顺序、停机顺序由控制按钮进行控制。

图 16-26 为两台三相交流电动机联锁启停控制电路的基本结构。

精彩演示

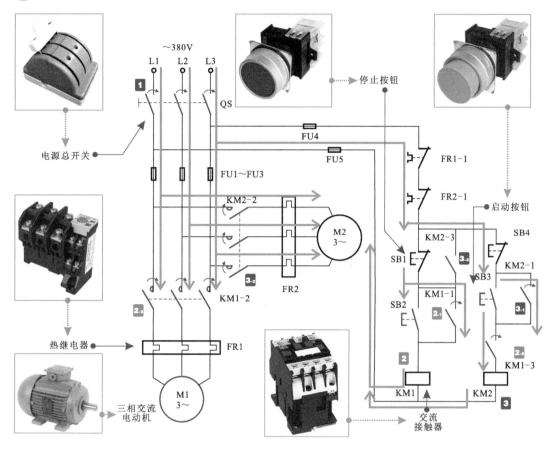

图 16-26 两台三相交流电动机联锁启停控制电路的基本结构

1 合上电源总开关 QS，并按下启动按钮 SB2。

2 交流接触器 KM1 线圈得电，对应触点动作。

    2₂ 动合辅助触点 KM1-1 接通实现自锁功能。

    2₂ 动合主触点 KM1-2 接通，电动机 M1 开始运转。

    动合辅助触点 KM1-3 接通，为电动机 M2 启动做好准备，也用于防止接触器 KM2 线圈先得电，使电动机 M2 先运转，起顺序启动的作用。

3 当需要电动机 M2 启动时，按下启动按钮 SB3。交流接触器 KM2 线圈得电。

    3₃ 动合辅助触点 KM2-1 接通，实现自锁功能。

    3₃ 动合主触点 KM2-2 接通，电动机 M2 开始运转。

    3₃ 动合辅助触点 KM2-3 接通，锁定停机按钮 SB1，防止启动电动机 M2 时，按下电动机 M1 的停止按钮 SB1，而关停电动机 M1，起反顺序停机的作用。

    两台三相交流电动机联锁启停的 PLC 控制电路是指通过 PLC 与外接电气部件配合实现对两台电动机先后启动、反顺序停止进行控制。

    图 16-27 为采用 PLC 对两台三相交流电动机联锁启停的控制方式。

精彩演示

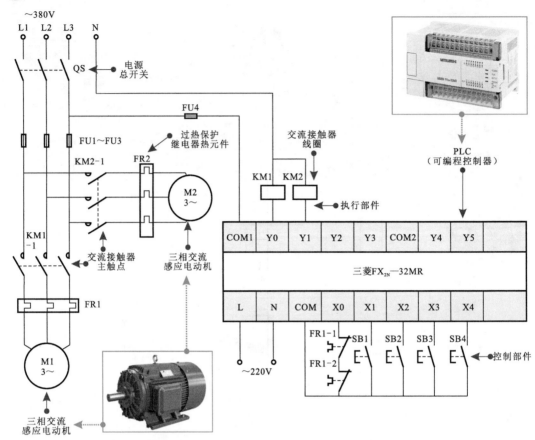

由三菱FX$_{2N}$-32MR PLC控制的电动机顺序启动，反顺序停机控制系统的I/O分配表

输入信号及地址编号			输出信号及地址编号		
名称	代号	输入点地址编号	名称	代号	输出点地址编号
热继电器	FR1、FR2	X0	电动机M1交流接触器	KM1	Y0
M1停止按钮	SB1	X1	电动机M2交流接触器	KM2	Y1
M1启动按钮	SB2	X2			
M2停止按钮	SB3	X3			
M2启动按钮	SB4	X4			

图 16-27 采用 PLC 对两台三相交流电动机联锁启停的控制方式

1 两台三相交流电动机顺序启动过程

采用三菱FX$_{2N}$系列PLC控制两台三相交流电动机顺序启动的过程如图16-28所示。

闭合电源总开关 QS，按下电动机 M1 的启动按钮 SB2，PLC程序中输入继电器动合触点 X2 置 "1"，即动合触点 X2 闭合，输出继电器 Y0 线圈得电，其自锁动合动合触点 Y0 闭合实现自锁；同时控制输出继电器 Y1 的动合触点 Y0 闭合，为 Y1 得电做好

精彩演示

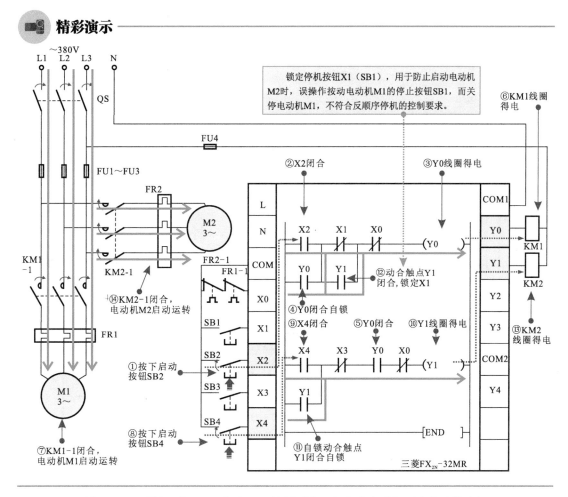

图 16-28 采用三菱 FX$_{2N}$ 系列 PLC 控制两台三相交流电动机顺序启动的过程

准备：PLC 外接交流接触器 KM1 线圈得电，主电路中的主触点 KM1-1 闭合，接通电动机 M1 电源，M1 启动运转。

    按下电动机 M2 的启动按钮 SB4，PLC 程序中的输入继电器动合触点 X4 置"1"，即动合触点 X4 闭合，输出继电器 Y1 线圈得电，其自锁动合触点 Y1 闭合实现自锁功能；控制输出继电器 Y0 的动合触点 Y1 闭合，锁定动断触点 X1，即锁定停机按钮 SB1，用于防止启动电动机 M2 时，误操作按动电动机 M1 的停止按钮 SB1，而关停电动机 M1，不符合反顺序停机的控制要求。

    PLC 外接交流接触器 KM2 线圈得电，主电路中的主触点 KM2-1 闭合，接通电动机 M2 电源，M2 继 M1 之后启动运转。

2   **两台三相交流电动机反顺序停机过程**

    采用三菱 FX$_{2N}$ 系列 PLC 控制两台三相交流电动机反顺序停机的过程如图 16-29 所示。

    按下电动机 M2 的停止按钮 SB3，将 PLC 程序中的输入继电器动断触点 X3 置"1"，

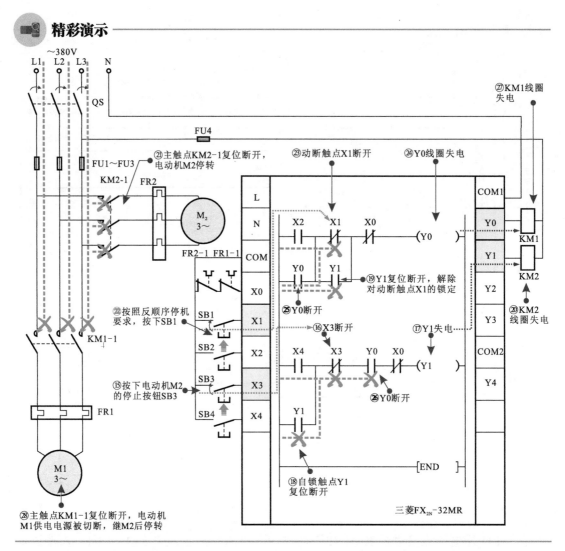

图 16-29 采用三菱 FX$_{2N}$ 系列 PLC 控制两台三相交流电动机反顺序停机的过程

即动断触点 X3 断开，输出继电器 Y1 线圈失电，其自锁动合触点 Y1 复位断开，解除自锁功能；同时联锁动合触点 Y1 复位断开，解除对动断触点 X1 的锁定，即解除停机按钮 SB1 的锁定，为可操作停机按钮 SB1 断开接触器 KM1 做好准备，实现反顺序停机的控制要求。

Y1 线圈失电后，控制 PLC 外接的交流接触器 KM2 线圈失电，主电路中的主触点 KM2-1 复位断开，电动机 M2 供电电源被切断，M2 停转。

按照反顺序停机的控制要求，按下停止按钮 SB1，将 PLC 程序中输入继电器动断触点 X1 置"1"，即动断触点 X1 断开，输出继电器 Y0 线圈失电，其自锁动合触点 Y0 复位断开，解除自锁功能；同时，控制输出继电器 Y1 的动合触点 Y0 复位断开，以防止在 Y0 未得电的情况下，Y1 先得电，不符合顺序启动控制要求。

Y0 线圈失电后，控制 PLC 外接的交流接触器 KM1 线圈失电，主电路中的主触点 KM1-1 复位断开，电动机 M1 供电电源被切断，M1 继 M2 后停转。